Die Wolis und die Konstruktion Mensch

AF223001

Für alle, die fühlen, dass der Mensch mehr ist, als das, was die Wissenschaft uns einreden möchte. Für alle, die fühlen, dass mit unserer Gesellschaft etwas nicht stimmt. Besonders für diejenigen, die daran etwas ändern wollen.

Manfred Werding war Offizier und Pilot der Luftwaffe, danach Flugbetriebsleiter und Testpilot in der Luftfahrtindustrie, danach selbstständiger Zahnarzt bis zum Erreichen der Altersgrenze. Er beschäftigt sich jetzt mit biologischen und physikalischen Themen.

Manfred Werding

Die Wolis und die Konstruktion Mensch

Bibliografische Information der Deutschen Nationalbibliothek

Die Deutsche Nationalbibliothek verzeichnet diese Publikation in der Deutschen Nationalbibliografie; detaillierte bibliografische Daten sind im Internet über http://dnb.d-nb.de abrufbar.

© Manfred Werding 2009

Herstellung und Verlag: Books on Demand GmbH, Norderstedt

ISBN 978-3-8370-9471-8

Inhalt

Vorwort

Eigentlich ist dieses Buch „aus dem Bauch heraus" entstanden. Schon lange „wusste" ich, dass ich ein Buch schreiben würde. Erst dachte ich, dass es die Physik sei, mit der ich mich auseinandersetzen „muss". Als ich aber mit fast 40 Jahren noch einmal ein Studium ins Auge fasste, entschloss ich mich aus praktischen Gründen nicht zu einem Physikstudium, sondern zu einem Zahnmedizinstudium. Damit rückte der Mensch ins Zentrum meiner Interessen. Als meine Zahnarztpraxis etabliert war, begann ich mein Studium nachzuarbeiten. Die Frage: „Was gibt es sonst noch?" brachte mich dazu, die Freiräume der nächsten 10 Jahre mit Fortbildungen in alternativer Medizin zu füllen.

Die Beschäftigung mit der alternativen Medizin führte zu weiteren Fragen ganz grundsätzlicher Art. Niemand konnte mir erklären, wie Akupunktur funktioniert. Niemand konnte mir erklären, wie Homöopathie funktioniert. Aber dass diese Verfahren funktionieren, weiß ich aus Erfahrung. Wo sind die Ansatzpunkte im Menschen? Wie ist der Mensch im Detail aufgebaut? Mein bisher erworbenes Wissen in dieser Richtung endete bei einer oberflächlichen Betrachtung der Zellen des menschlichen Körpers. Was man halt in Histologie und Zytologie (Gewebekunde und Zellkunde) während eines medizinischen Studiums Anfang der 70er Jahre des 20. Jahrhunderts gelernt hat. 1995 kaufte ich mir ein dickes Lehrbuch der Molekularbiologie der Zelle und begann begierig nachzulesen, was in dieser Fachrichtung schon alles bekannt war. Es war faszinierend.

Mich hat die Beschäftigung mit dem Menschen im Detail zu einer neuen Weltsicht geführt. Eigentlich hatte ich ja selber, für mich, etwas lernen wollen. Ich habe vieles, was mir im Zusammenhang mit meinem Detailstudium des Menschen in den Sinn kam, aufgeschrieben. Das geschah oft sehr automatenhaft, quasi aus dem Unterbewusstsein heraus. So hatte ich später die Möglichkeit nachzuarbeiten und mein Wissen zu vertiefen. Auch kamen mir Gedanken, die meines Wissens bisher noch nicht veröffentlicht worden sind. Gedanken können die Eltern neuer Gedanken sein … Das Ganze begann sich auszuweiten.

Die meisten Menschen wissen über sich selbst sehr wenig. Sollte man ihnen mitteilen, was alles in ihnen selbst vorgeht? Vielleicht würden sie dann auch zu einer neuen Weltsicht gelangen? Ich habe eigentlich kein „Sendungsbewusstsein". Ich neige eher dazu, jeden nach seiner Facon selig werden zu lassen. Es gibt so viel Wissen in unserer Welt. Jeder hat die Möglichkeit sich das zu beschaffen, wonach er sucht. Aber das, was ich für neu halte, was bisher noch nicht veröffentlicht wurde, sollte ich das doch sicherheitshalber veröffentlichen? Für Menschen, die nach Erklärungen suchen für Phänomene ihres Innenlebens, die sie verstehen möchten und die ihnen bisher keiner zufrieden stellend erklären konnte, wäre das vielleicht sinnvoll.

Also habe ich mich entschlossen, meine frühe Ahnung in die Tat umzusetzen und aus meinen Notizen ein Buch zu gestalten. Dieses Buch befasst sich mit neuen Ideen in Bezug auf den Menschen. Hinführend und begleitend muss dazu auch seine Herkunft, sein Aufbau, seine körperliche, geistige und psychische Beschaffenheit und, aus einem persönlichen Bedürfnis heraus, auch seine Zukunft betrachtet werden. Das ist ein so weit gespannter Bogen, dass ich nur Schlaglichter setzen kann, die aber das Wesentliche illustrieren. Hauptsächlich ausgehend von Lexikon- und Lehrbuchwissen und von eigenen Beobachtungen versuche ich meine Erweiterungen (oder Veränderungen?) des bisher bekannten Wissens zu vermitteln.

Lexikon- und Lehrbuchwissen als Ausgangsbasis halte ich für ausreichend, da einerseits dieses Wissen gefestigter ist, als die Ergebnisse neuester Studien und andererseits nur die Stimmigkeit meiner Ideen mit den bekannten Gegebenheiten geprüft werden soll. (Wo ich auf aktuelle Publikationen Bezug nehme, gebe ich die Quelle im Text an). Und die eigenen Beobachtungen kann jeder an sich selbst nachvollziehen. Damit das alles nicht zu trocken wird versuche ich mit allerlei Tricks den Leser zu fesseln. Ich hoffe, es hilft Ihnen, liebe Leserinnen und Leser.

Dies ist schon von daher kein wissenschaftliches Buch. Darüber hinaus behandelt es Themen, deren Probleme mit den derzeit gültigen Paradigmen der Wissenschaft nach meiner Anschauung nicht zu lösen sind. Deshalb kann es sowieso kein wissenschaftliches Buch sein.

Das ist aber auch kein religiöses Buch, da es nicht zum Glauben, sondern zum Nachdenken in des Wortes ursprünglichster Bedeutung anregen möchte.

Der Prozess des Denkens ist schwieriger als man aus Erfahrung meint. Wir lernen ja während unserer Ausbildung das, was Wissenschaftler, was bedeutende Denker vor uns schon erforscht und gedacht haben. Das Gelernte ist Bestandteil unseres Wissens. Von diesem Wissen ausgehend denken wir weiter. Insofern sind wir voreingenommen, wenn uns etwas Neues, anders Dargestelltes, begegnet. Wir vergleichen es mit unserem Wissen. Auch wenn wir „unvoreingenommen" sein wollen, wird es uns schwerfallen, erlerntes Wissen „außer Kraft zu setzen" und neu zu denken.

Der häufig gebrauchte Begriff der Halbwertszeit des Wissens zeigt aber auch, dass sich unser Wissen nicht nur erweitert, sondern auch ändert. Neue Erkenntnisse zwingen immer wieder zu neuem Denken, zur Veränderung des Wissens. Solange diese Veränderungen des Wissens „an der Oberfläche" bleiben, sozusagen keinen großen „Tiefgang" haben, fällt es uns nicht schwer, sie zu akzeptieren. Anders ist es, wenn es an die Basis unseres Wissens geht.

Unser Wissen ist vergleichbar mit einem Gebäude. Wenn an dessen Fassade nach einiger Zeit ausgebessert wird, ist das normal. Wenn aber an einer Grundmauer etwas geändert werden soll, hat das weit reichende Folgen. Alle darüber liegenden Strukturen sind betroffen. Das bedeutet großen Aufwand und der Gedanke, ob sich das nicht vermeiden lässt, liegt nahe. Man könnte sagen, Masse und Geist unterliegen da gleichermaßen dem physikalischen Prinzip der Trägheit. Das ist prinzipiell gut so, manchmal aber nicht. Sie werden es in diesem Buch erleben.

Für manche wird es viele neue Begriffe geben. Machen Sie regen Gebrauch vom anhängenden Glossar.

1 Einführung in ein neues Gebiet

Neues kann man nicht wissen. Wird man mit neuen Ideen oder gar Theorien konfrontiert, so kann man diese Sachverhalte nur glauben oder nicht glauben. Jenseits des Wissens liegt eben der Bereich des Glaubens, und der schleißt auch das Nichtglauben mit ein. Wenn jemand behauptet, er hätte Kontakt mit Außerirdischen gehabt, dann können Sie das glauben oder nicht. Wenn er nicht in der Lage ist, Beweise für seine Behauptung vorzulegen, dann werden Sie ihm wohl eher nicht glauben.

Sie werden sich sagen, dass es zwar grundsätzlich möglich ist, dass es außerirdische Lebewesen gibt. Aber in der näheren Umgebung unserer Erde gibt es wohl keine weiteren bewohnten Planeten. Das sagen unsere Wissenschaftler. Die Reise von fernen Planeten wird wohl zu weit sein, sagen Sie sich.

Sie gehen dabei davon aus, dass diese Lebewesen so sind wie die Menschen. Etwa so groß wie wir, etwa so geformt wie wir, etwa so klug wie wir und, natürlich, man muss sie sehen und anfassen können. Wenn das aber nicht zutrifft?

Es könnte ja auch sein, dass diese Lebewesen unsichtbar wären. Und wenn es trotzdem Beweise oder zumindest Indizien für deren Existenz gäbe? Würden Sie dann glauben, dass es solche Lebewesen gibt? Vielleicht sind sie ja schon längst da. Vielleicht schon länger als die Menschen?

Wo das Wissen aufhört, fängt der Bereich des Glaubens an. Die Entwicklung des Wissens beginnt beim Nichtglauben von etwas Neuem. Sie kann sich über das Glauben und das Erkennen irgendwann in das Wissen verwandeln. Oder der Prozess bleibt irgendwo stecken. Das hängt davon ab, welche Indizien, welche Beweise sich zur Bestätigung des Neuen finden lassen. Das Neue stelle ich Ihnen in diesem Kapitel vor. Schauen wir mal, ob wir im weiteren Verlaufe dieses Buches eine Menge von Indizien zu Erkenntnissen verdichten können und ob aus diesen Erkenntnissen im Laufe der Jahre Wissen werden kann, auch ohne Sehen und Anfassen. Fangen wir bei den biologischen Zellen an.

1.1 Die Zelle, das unbekannte Wesen

Dass alles Leben auf dieser Erde auf biologischen Zellen basiert, dürfte allgemein bekannt sein. Na klar, so etwas lernt man, aber denkt man auch darüber nach?

Die kleinsten Lebewesen sind die Einzeller, zum Beispiel die Amöben. Die Einzeller vermehren sich durch Zellteilung. Ein menschliches Wesen ist ein Zusammenschluss von ca. 60 bis 100 Billionen Zellen. Auch die vermehren sich durch Zellteilung. Aber die machen noch viel mehr! Die gehen nach der Teilung nicht eigene Wege, sondern sie bleiben zusammen und bilden ein Gesamtwesen. Während die Einzeller einfach nur leben und sich selbst reproduzieren, machen unsere menschlichen Zellen viele Umwandlungsprozesse durch, bis der Körper eines Menschen entstanden ist. Und dann, am Ende der Umwandlungsprozesse, haben sich auch Zellen entwickelt, die das Gesamtwesen reproduzieren können!

Nach Ende des Wachstums finden nur noch Zellteilungen statt, um Defekte oder Verschleiß auszugleichen. Aber selbst wenn sich unsere Zellen nicht mehr teilen, wenn man also „von außen" keine Aktivitäten mehr sieht, herrscht in den Zellen ein reges „Leben". Wenn Forscher also in lebende Zellen hineinschauen, dann stellen sie sehr viele Bewegungen fest. Das Hineinschauen ist heute mit bestimmten Mikroskopen beschränkt möglich, wird aber mit dem neuen, von dem Wissenschaftler Stefan Hell erfundenen Mikroskop[1] wahrscheinlich besser möglich sein. Dann wird man das, was man heute nur an toten, gefärbten Zellen

---

[1] Näheres unter: www.deutscher-zukunftspreis.de

beobachten kann, wahrscheinlich lebendig, in Bewegung
sehen.

Mit ausgeklügelten Methoden haben Forscher auch
jetzt schon die Transportwege von Proteinen und anderen
Molekülen in den Zellen herausgefunden. Auch deren Herstellung, Ausbau, Umbau, Abbau und Vieles mehr ist bekannt. Wenn ich das alles auf mich wirken lasse, dann ergibt
sich für mich das Bild der biologischen Zelle als das Bild
einer wohl organisierten Stadt.

Von außen kommen Baustoffe und Brennstoffe. Die
Energieerzeugung findet dezentral in den so genannten
Mitochondrien statt. Die Aufbereitung der Brennstoffe von
dem Eintritt in die Zelle bis zur tatsächlichen „Verfeuerung"
gleicht einem industriellen Prozess. Die Proteine, welche die
Zelle für den Gesamtorganismus produzieren muss, werden
mit Hilfe von Gen-Schablonen in einer Art von Maschinen,
den so genannten Ribosomen, angefertigt. Das sind aber nur
die Grundformen der Proteine. Die Weiterverarbeitung
findet zum Beispiel in verschiedenen Abteilungen des so
genannten Golgi-Apparates statt. Der Transport findet ge-
ordnet von einer Abteilung zur anderen statt. Ausschuss
wird aussortiert! Abfall wird wiederaufbereitet oder aus der
Zelle transportiert. Größere Stoffmengen werden in Behältern, den so genannten Vesikeln, durch die Zelle transportiert. Das geschieht mittels Motorproteinen, die sich entlang
der Zellstraßen, der so genannten Mikrotubuli, zu ihren
Zielorten bewegen. Die Mikrotubuli wiederum sind Röhren,
deren Wände aus kleineren röhrenförmigen Untereinheiten
aufgebaut sind, und die so bei Bedarf auf- und abgebaut
werden können.

Hinzu kommen Informationssysteme. Die Zelle wird
benachrichtigt, wann sie produzieren soll und wann es

genug ist. Zum Beispiel bei der Produktion von Insulin. Auch innerhalb der Zelle wird informiert. Proteine tragen „Etiketten", die den Zielort in der Zelle bestimmen.

Als ich darüber nachdachte, wie wohlgeordnet das „Leben" in der Zelle abläuft, war ich versucht, die Anführungszeichen wegzulassen. Zwar sagen die meisten Naturwissenschaftler: Das Leben ist aus sich selbst entstanden und Intelligenz ist erst am Ende einer langen Entwicklung im menschlichen Gehirn entstanden. Es sind aber nur Meinungen.

Als ich sah, wie eine Zelle funktioniert, wie sie sich teilt, wie aus einer Eizelle und einer Samenzelle auf einem langen Weg in sehr geordneter Weise ein Mensch entsteht, da kam mir der Gedanke, dass da tatsächlich Leben in der Zelle ist. Wie wäre es denn, dachte ich, wenn es kleine Lebewesen gäbe, die in den Zellen leben und für den wohl geordneten Betrieb der Zellen sorgen? Eine verrückte Idee? Dass die Erde eine Kugel ist, war einst auch eine verrückte Idee, da doch jeder sieht, dass sie flach ist und einen Horizont hat.

Sie werden sagen: „Warum sehen die Forscher dann niemanden, wenn sie in die Zellen schauen?" Weil ihre Wahrnehmungsmöglichkeiten nicht ausreichen, um so kleine Strukturen zu bemerken. Stellen Sie sich bitte Folgendes vor: Sie sind Mitglied einer Expedition, die eine außerirdische Zivilisation entsandt hat, um die Erde zu erforschen. Da es Anhaltspunkte dafür gibt, dass die Erde von aggressiven Lebewesen bewohnt ist, landet die Expedition zunächst auf dem Mond, um von dort aus die Erde zu beobachten. Mit den Beobachtungsgeräten, die ihrer Expedition zur Verfügung stehen, lassen sich vom Mond aus noch Objekte wahrnehmen, die auf der Erde 3 Meter groß sind. Weiter reicht Ihre Wahrnehmungsmöglichkeit nicht. Was würden Sie

beobachten? Sie würden sehen, dass es Gebäude der verschiedensten Formen gibt. Sie würden sehen, dass es Schiffe
gibt, die von Kränen entladen werden. Sie würden Züge,
Lastwagen und gerade noch Personenwagen sehen. Aber
Menschen würden Sie nicht sehen.

So geht es dem Mikrobiologen, der durch das Mikroskop in eine Zelle schaut. Er sieht in der Zelle verschiedene
Zellorganellen, vergleichbar mit den Bauwerken. Er erkennt
Ribosomen, an denen Proteine zusammengebaut werden,
der Größe nach vergleichbar mit den Kränen. Er erkennt
Motorproteine mit Vesikeln, die sich durch die Zelle bewegen, vergleichbar mit Lastwagen. Aber diejenigen, die alles
in Gang halten, die sieht er nicht.

Ja, aber, werden Sie sagen, wenn diese Lebewesen so
klein sind, dass man sie gar nicht sehen kann, wie sind die
dann gebaut? Und was tun die? Und wo kommen dann diese
Lebewesen her? Das könnte ja immer so weiter gehen. Das
sind ernsthafte Fragen, die ich gerne aus meiner Sicht beantworten möchte.

1.2 Überlegungen zu Lebewesen in den Zellen

Wie also könnten diese hypothetischen Lebewesen gebaut
sein? Wie könnten wir uns eine Vorstellung von deren Aufbau machen?

Wie wir in der uns zugänglichen, in der von uns er-
fassbaren Welt leicht feststellen können, ist alles aus Teilen
oder Teilchen aufgebaut und selbst Teil einer größeren
Einheit oder eines Systems. Häuser sind aus Teilen zusammengebaut und Teil einer Siedlung oder einer Stadt. Maschi-

nen sind aus Teilen zusammengebaut und Teil einer Produktionskette oder eines Betriebes. Menschen sind aus Teilen zusammengebaut, nämlich aus Zellen, und sie sind selber Teil einer Gesellschaft. Die Zellen wiederum sind aus Molekülen zusammengesetzt und diese aus Atomen. Die Kette lässt sich sowohl nach oben wie auch nach unten fortsetzen.

Der Zusammenbau aus Teilen scheint ein Naturprinzip zu sein, ein „Teilchenprinzip" sozusagen. Also werden diese kleinen Lebewesen, sollten sie existieren, notwendigerweise auch aus Teilen zusammengesetzt sein und zwar aus sehr vielen, wie wir auch. Nun kann man zwar ein Atom nicht sehen, aber sehr viele Atome im Verbund kann man sehr wohl sehen, das ist klar. Da wir diese hypothetischen Lebewesen nicht sehen, sie aber aus sehr vielen Teilchen bestehen müssten, sollten diese Teilchen wesentlich kleiner als Atome sein.

Was ist denn da an beständigen Teilchen, die nicht sofort wieder verschwinden, bekannt? Neutronen, Protonen, Quarks, Elektronen. Unterhalb dieser Teilchen haben wir nach derzeitiger Anschauung das Phänomen, dass die Masse aufhört, die Teilchen aber weitergehen: Photonen, Neutrinos, Gluonen. Wir kommen in das Gebiet der Quantenphysik. Hier treten ganz neue Phänomene auf. Um diese beschreiben zu können, haben die Physiker neue Vereinbarungen getroffen. Diese Vereinbarungen sind geprägt von dem Bestreben, die Prämissen der Physik möglichst aufrecht zu erhalten: Messbarkeit, Reproduzierbarkeit. Die Anschaulichkeit geht dabei allerdings verloren.

Es ist nicht einzusehen, dass Teilchen keine Masse mehr haben sollen, nur weil diese nicht mehr messbar ist. Es ist auch nicht einzusehen, dass das Teilchenprinzip da enden soll, wo unsere Wahrnehmungsmöglichkeiten enden. Das ist dann eben nicht mehr Sache der Physik, aber vorstellen kann man sich sehr gut, dass es jenseits der Wahrnehmung und auch jenseits der Messbarkeit noch Teilchen und Teilchensysteme gibt. Man kann sich auch vorstellen, dass hypothetische Lebewesen in den Zellen aus so kleinen Teilchen und Teilchensystemen zusammengesetzt sind, dass sie sich unserer Wahrnehmung und unseren Messungen entziehen. Wenn Sie religiös gläubig sind, dann haben Sie sicher keine Schwierigkeiten, sich unsichtbares Leben vorzustellen. Wenn sie wissenschaftsgläubig sind, können sie sich diese hypothetischen kleinen Lebewesen ja „gequantelt" vorstellen.

Wie die äußere Form dieser hypothetischen kleinen Lebewesen beschaffen ist, lässt sich leider nicht sagen. Dass sie eine äußere Form haben müssen, die durch innere Kräfte zusammengehalten wird, das ist klar. Diese äußere Form muss veränderbar, beweglich sein, damit sie selber Kräfte ausüben können. Sie müssen auch eine innere Organisation haben, mit der sie ihre Kraftwirkungen planen und regeln können. Ich stelle mir vor, dass sie sich ernähren, dass sie sich vermehren, dass sie auch sterben, dass sie über Intelligenz verfügen und auch Gefühle haben. Um ein Arbeitsmodell zu haben, stelle ich mir diese hypothetischen kleinen Lebewesen einfach vor wie kleine Menschen.

Wie klein muss man sie sich vorstellen? Wenn diese hypothetischen Lebewesen die Ordnung in den Zellen aufrechterhalten sollen, dann müssen sie mit Atomen und Molekülen umgehen können. Sie müssen Atome und Moleküle bewegen können. Das heißt nicht, dass sie so groß wie Moleküle sein müssen. Von Ameisen und Menschen wissen wir, dass sie, wenn sich viele ihrer Art zusammentun, auch Dinge transportieren können, die viel größer sind als sie selber. Aber die Größenordnung lässt sich wohl doch ab-schätzen. Ein Wassermolekül ist etwa 0,25 Nanometer groß. Zwischen etwa dieser Größe und etwa dem Faktor 10 kleiner sollte sich die Größe der hypothetischen Lebewesen in den Zellen bewegen. Das ist aber sehr vage, da der Transportver-gleich natürlich hinkt.

Während wir uns mit Kräften herumplagen, die der Schwerkraft zu verdanken sind, haben diese kleinen Lebe-wesen in den Zellen wohl mehr mit elektrischen Kräften zu kämpfen. Die Zellen sind ja mit Wasser gefüllt. Wasser ist elektrisch nicht neutral. Ein Wassermolekül ist ein Dipol. Auf der einen Seite ein wenig elektrisch positiv, auf der anderen Seite ein wenig elektrisch negativ. Die Atome und Moleküle mit denen sie umgehen, sind häufig auch nicht elektrisch neutral, entwickeln also elektrische Kräfte. Während wir uns nur mit der in eine Richtung wirkenden Schwerkraft ausei-nandersetzen müssen, haben es die Lebewesen in den Zellen mit Kräften zu tun, die in alle Richtungen wirken. Das Leben in den Zellen stellt also an deren hypothetische Bewohner höhere Anforderungen an Intelligenz und Beweglichkeit als unser Erdenleben an uns Menschen.

Wenn es diese Lebewesen in den Zellen gäbe, und in jeder menschlichen Zelle wäre nur ein Einziges, dann wären in einem Menschen mindestens 60 bis 100 Billionen vorhan-den. Der Mensch wäre ein Staat mit Billionen von Einwoh-nern. Dass da, wie bei uns Menschen, die verschiedensten Charaktere, Fähigkeiten, Bildungsebenen, Sozialstrukturen und Kommunikationseinrichtungen vorhanden sein müssen, ist eigentlich klar.

Soviel zur Frage nach der Beschaffenheit der hypothe-tischen Lebewesen in den Zellen. Nun könnte man weiter fragen: Was tun diese Lebewesen eigentlich?

Da haben wir nur uns selber als Vergleichsmöglich-
keit. Wir betrachten uns ja auch als intelligente Lebewesen.
Man kann also nur annehmen, dass diese kleinen hypothetischen Lebewesen sich verhalten wie wir auch, vielleicht
etwas intelligenter. Wenn ich das sage, dann habe ich diejenigen im Blick, die in uns leben. Aber prinzipiell wäre es
möglich, dass diese Lebewesen überall leben, wo Wasser ist.
Ich werde das später näher ausführen. So wie wir unsere
Umwelt auf unserer Ebene gestalten, so muss man analog
annehmen, dass diese kleinen hypothetischen Lebewesen
ihre Umwelt auf ihrer Ebene gestalten. Sie wären dann zum
Beispiel für den Bau und die Instandhaltung von lebenden
Zellen verantwortlich. Und das Reich der Zellen auf dieser
Erde ist sehr vielfältig. Das werde ich Ihnen noch zeigen.

Nun gibt es Menschen, die fragen auch noch: Wo sollen denn diese hypothetischen kleinen Lebewesen herkommen? Das wirft die Frage auf, wo denn das Leben überhaupt
herkommt. Da streiten sich ja die Gelehrten. Die gängigste
Theorie ist wohl: Das Leben ist aus sich selbst entstanden.
Eine wichtige Rolle dabei spielte die Selbstreduplikation von
Nukleinsäuren, also von Molekülen aus der Gruppe, in der
auch unser Erbmaterial enthalten ist. Nimmt man kleine
Lebewesen in den Zellen an, dann kann das natürlich nicht
die Lösung sein. Das Problem stellt sich dann eine Ebene
tiefer. Man kann dann natürlich weiterfragen: Wie viele
Ebenen gibt es? Daraus, dass sich diese Frage nicht beantworten lässt, schließen manche Menschen, dass diese Denkrichtung falsch sein muss.

Wir Menschen haben große Probleme mit Gegebenheiten, deren Ende wir nicht erkennen können. Wir blocken
das normalerweise innerlich ab. Ein gutes Beispiel für diese
Problematik habe ich in dem Buch „Das Gehirn und seine

Wirklichkeit" von Gerhard Roth (Suhrkamp 1996) gefunden. Auf Seite 98 schreibt Herr Roth über die Annahme visueller Abbildungen im Gehirn: „Eine grundsätzliche Schwierigkeit bei dieser Annahme ergibt sich daraus, dass wir in einem solchen Fall eine Instanz annehmen müssten, welche sich die Abbildung ‚ansieht'. Eine Abbildung ohne eine Instanz, die sich die Abbildung ansieht, ist widersinnig. Nehmen wir aber eine solche Instanz an, so geraten wir in einen unendlichen Regress, wie er in Abbildung 10[1] dargestellt ist, denn diese Instanz benötigt wiederum einen ‚Abbildungsapparat', in dem sich die Problematik wiederholt. Wir entkommen diesem infiniten Regress nur durch den konsequenten Verzicht auf die Annahme, im Gehirn entstünden Abbilder der Außenwelt, auch wenn uns das intuitiv sehr schwer fällt."

Der Hirnforscher Gerhard Roth möchte also dem unendlichen Rückgriff entkommen. Warum er das möchte, sagt er nicht. Ich meine, vom Verstande her und von seiner ganzen Person her möchte er gern die visuellen Funktionen im Gehirn ergründen und dieser Wille ist tief in ihm drin. Der Rückgriff in das Unendliche schließt ein endgültiges Ergründen scheinbar von vornherein aus. Daher wird dieser Aspekt einfach aus einem Teil seines Unterbewusstseins heraus blockiert, auch wenn dabei in dem größeren Teil seines Unterbewusstseins ein ungutes Gefühl entsteht („… intuitiv sehr schwer fällt.").

Was ist denn so schlimm daran, wenn etwas in das Unendliche geht? Man kann doch das, was man beobachten, messen und überblicken kann, auch trotz des Begleitumstandes erforschen, dass es einen Regress in das Unendliche gibt.

---

[1] Abbildung 10 des Zitats zeigt einen Kopf, der eine Rose ansieht. In seinem Gehirn ist wiederum ein Kopf dargestellt, der die dort abgebildete Rose betrachtet und in dessen Gehirn wiederum Kopf und Rose.

Mathematiker sind auch Wissenschaftler und die haben keine Probleme damit, dass eine Kurve aus dem Unendlichen kommt und in das Unendliche geht. Mit dem Stück der Kurve, das sie auf ihrem Blatt Papier oder auf dem Bildschirm haben, können sie sehr gut arbeiten.

Im Übrigen: Der Begriff „Unendlich" ist Bestandteil der Mathematik. Die Mathematik ist in den Gehirnen der Menschen entstanden. Also ist „unendlich" sowieso in irgendeiner Weise Bestandteil des zu erforschenden Gehirns. Durch das Gehirn ist „unendlich" in unser Wissen, das heißt in unser Bewusstsein gelangt, und im Gehirn ist es auch gespeichert. Wer Gehirn und Bewusstsein erforschen will, der sollte das akzeptieren. Das mag jetzt für manche verkürzt oder auch demagogisch klingen. Was ich sagen will: In der Teilchenkette stecken wir irgendwo mitten drin. Unsere Erkenntnismöglichkeiten sind sowohl nach oben, als auch nach unten begrenzt. Ein Teil kann nie das Ganze ergründen, schon gar nicht, wenn das Ganze wahrscheinlich unendlich ist. Trotzdem sollten wir uns bemühen, möglichst viel vom Ganzen zu begreifen. Das ist meine Meinung.

Für die Unbelehrbaren habe ich noch ein Gleichnis parat: Wenn Sie meinen, dass eine Denkrichtung falsch sein muss, weil sie in einen unendlichen Regress führt, dann kann ich mit der gleichen Logik behaupten, dass Sie nicht existieren. ???!!!??? Wenn Sie existieren sollten, dann müssten Sie ja einen Vater haben. Das kann aber nicht sein, denn dann müsste der ja wieder einen Vater haben und der wieder einen Vater und so weiter. Fazit: Da ein unendlicher Regress nicht sein kann, existieren Sie nicht.

1.3 Die Wolis

Vorbemerkungen

Vor mehr als zwanzig Jahren habe ich für mich beschlossen, anzunehmen, dass es Lebewesen in den Zellen gibt. Ich habe sie „Wolis" genannt. In allen Situationen des täglichen Lebens sind also seitdem die Wolis bei mir präsent und ich kann immer vergleichen, wie Gegebenheiten und Abläufe sich mit oder ohne Wolis darstellen. Für mich sind die bisherigen Ergebnisse sehr befriedigend. Ich bin mittlerweile davon überzeugt, dass es die Wolis tatsächlich gibt.

Wenn nun alle Menschen von der Annahme ausgingen, dass sich Lebewesen also Wolis in den Zellen befinden, was für Weiterungen ergäben sich daraus, welche Konsequenzen könnte diese Annahme haben?

Zunächst hätte die Wissenschaft ein leichteres Arbeiten, da sie sich Teleologien und damit eine menschengerechtere Betrachtungsweise gestatten könnte. Eine teleologische Sichtweise wird in der Wissenschaft zurzeit vermieden. Naturphänomenen eine Zweckmäßigkeit, gar eine Absicht zu unterstellen, ist „unwissenschaftlich". Dennoch haben Naturwissenschaftler manchmal bei der Beschreibung von Phänomenen, die lebende Strukturen betreffen, Schwierigkeiten, ohne teleologische gefärbte Beschreibungen auszukommen. Ich werde später dafür Beispiele nennen. Die Annahme von Lebewesen in den Zellen würde darüber hinaus neue Denkansätze, neue Experimente und neue Hypothesen ermöglichen.

Ich sehe voraus, dass Philosophie, Religion, Sinnfindung, Spiritualität wieder mehr Platz in der Gesellschaft finden würden. Dadurch würde sich die Gesellschaft zum Positiven verändern. Die Gefahr, dass sich die Menschheit selbst ausrottet, würde geringer.

Es wird sich herausstellen, dass sich für Phänomene und Sachverhalte auf sehr vielen Gebieten Erklärungsmöglichkeiten anbieten, wenn man von den Wolis in den Zellen ausgeht. Vorab nur drei Beispiele:

1. Die Annahme von Lebewesen in den biologischen Zellen kann die Diskrepanz zwischen biblischer Schöpfungsgeschichte und Darwin'scher Evolutionstheorie lösen: Die Bibel kann sich auf die Lebewesen in den Zellen beziehen, die von Gott geschaffen wurden (dann waren Adam und Eva Wolis). Die Evolutionstheorie betrifft aber nur die Veränderung der „Woli-Konstruktionen" als Ausdruck von Erfolg oder Misserfolg von Populationen der Lebewesen in den Zellen.

2. Ein Virus ist etwas Rätselhaftes. Viren haben keinen eigenen Stoffwechsel, sind daher definitionsgemäß keine Lebewesen, obwohl sie wie diese die Fähigkeit zur Vermehrung haben. Ein Virus besteht aus einer Kapsel, in der sich scheinbar außer dem Erbgut nichts befindet. Das Virus dockt zielgerichtet an Zellen an, schleust seine Nukleinsäure in die Zelle ein und gibt die Kapsel auf. In der Zelle entstehen darauf neue Viren. Welch seltsamer Vorgang: Ein Virus zerlegt sich, sein Erbgut gelangt in die Zelle. Wozu? Wenn wir Lebewesen in den Zellen und im Virus annehmen, macht das alles einen Sinn. Das Virus ist ein „Vehikel" mit einer räuberischen Wolimannschaft, die wir nicht sehen können. Die räuberische Mannschaft verschafft sich Zugang zu bestimmten Zellen und zwingt die Bewohner dieser Zellen, für sie neue „Vehikel" zu bauen. Die Baupläne bringen sie mit, den Rest holen sie sich aus den befallenen Zellen.

3. Lebewesen in den Zellen würden ja im Menschen zellübergreifend eine Einheit bilden, wie wir Menschen im Staate. Es ließen sich Vergleiche herstellen und Analogien bilden und in beide Richtungen Schlüsse ziehen. Zum Beispiel: Da wir Menschen unsere Infrastruktur und unsere Maschinen selbst erfunden haben, müssten die Bewohner der Zellen ihre Zellen, Mitochondrien, Ribosomen und so weiter auch erfunden haben. Sie müssten also intelligent sein, auf ihrer Ebene intelligenter als wir auf unserer, denn im Verhältnis gesehen haben sie mehr erreicht als wir Menschen.

Liebe Leserin, lieber Leser, „sträubt sich Ihnen das Gefieder" oder sind Sie eher in „Entdeckerlaune"? Wollen wir den Versuch wagen und einfach einmal so tun, als gäbe es die Lebewesen in den Zellen, die Wolis, tatsächlich? Dann hieße es nun nicht mehr: „Die Zellen sind die Lebewesen" sondern „Die Lebewesen sind in den Zellen".

Die Lebewesen in den Zellen sind aus meiner Sicht der Schlüssel zum Verständnis der Konstruktion des Menschen. Wenn wir den Menschen unter diesem Blickwinkel betrachten, können wir, so meine ich, ganz neue Erkenntnisse gewinnen. Das hoffe ich in diesem Buch zeigen zu können.

Nach all den Vorbemerkungen beginnt nun das eigentliche Buch. Ich beschreibe Ihnen Erkenntnisse der Wissenschaft, die meines Erachtens durch die Mitwirkung der Wolis sich besser erklären lassen als ohne die Wolis. Ich erkläre Beobachtungen, die jeder Mensch machen kann, die aber von der Wissenschaft nicht erklärt werden. Ich erzähle ihnen die Geschichte der Wolis, als wenn es sie gäbe. Davon bin ich ja mittlerweile sowieso fest überzeugt. Also vergessen wir den Konjunktiv und fangen wir an.

Die Wolis und die Evolution

Die Geschichte der Wolis ist die Geschichte der Evolution. Wenn wir fragen: Was tun die Wolis, dann lässt sich allgemein sagen, sie gestalten auf ihrer Ebene die Welt der Atome und der Moleküle. Irgendwann haben sie angefangen Atome und Moleküle nach ihrem Willen zusammenzusetzen. Eines der Endprodukte, nach Milliarden von Jahren, ist der Mensch.

Wann haben sie angefangen? Es lässt sich zeigen, dass alle Konstruktionen der Wolis so gebaut sind, dass Wasser vorhanden ist. Die Wolis brauchen offensichtlich das Wasser wie wir die Luft. In jeder Zelle ist Wasser. Ohne Wasser funktionieren wir nach kurzer Zeit nicht mehr. Daher haben nach meiner Überzeugung die Wolis auf unserer Erde angefangen zu gestalten, als sich Kontinente und Meere gebildet haben. Die Geschichte der Wolis auf dieser Erde beginnt also mit dem Wasser vor etwa 4,3 Milliarden Jahren.

Die Wolis kamen in eine Welt der Atome und Moleküle. Getreu dem Motto „Machet euch die Welt untertan" gingen sie daran diese Welt nach ihrem Willen zu verändern. Ihre Bausteine waren (und sind) die Atome. Da die meisten Atome zu den verschiedensten Molekülen zusammengefügt waren, mussten sie mit Energie umgehen können. Man braucht Energie, um Verbindungen von Atomen zu lösen oder Atome zusammenzufügen. Die Wolis bauten sich also die Moleküle, die sie brauchten. Da sie verstandesbegabte Wesen sind, kann man ihnen unterstellen, dass sie nur soviel Umbau wie nötig vornahmen und geeignete Moleküle ganz in ihre Konstruktionen übernahmen. Aminosäuren zum Beispiel müssen damals sehr häufig vorgekommen sein. Sie bauten daraus komplizierte Gebilde, die zunächst zu Fäden verknüpft sind, dann aber ähnlich wie beim Stricken zu Mustern verknüpft werden. Das aber nicht nur zwei- sondern dreidimensional. Da die Wolis deutlich gezeigt haben, das sie mehr vom Wesen der Energie verstehen, als unsere Naturwissenschaft heute, haben sie auch Werkzeuge bauen können, die ihnen das mühselige und für sie vielleicht auch gefährliche Auseinanderschneiden und Zusammensetzen von Molekülen erleichtern. Unsere Naturwissenschaftler bedienen sich übrigens gerne der Erfindungen der Wolis. Die dreidimensionalen Strickmuster nennen sie Proteine oder Eiweiße, die Trenn- oder Verknüpfungswerkzeuge nennen sie Enzyme. Die Wissenschaftler wissen zum Beispiel, was die Enzyme tun. Wie das allerdings geschieht, das wissen sie nicht. Natürlich haben die Wolis im Laufe der Weiterentwicklung der Lebewesen noch viele Erfindungen gemacht. Allerdings ist auch einiges danebengegangen. Es ist wie bei uns. Wo gearbeitet wird, passieren Fehler. Kleine Verbesserungen ergeben sich manchmal von selbst und große Erfindungen sind eher selten.

Die Fehler der Wolis bei der „täglichen" Arbeit nennen die Wissenschaftler Mutationen. Entweder wurden Schäden, die durch äußere Einflüsse entstanden, nicht bemerkt und dadurch Informationen falsch weitergegeben oder es wurde einfach falsch übertragen. Die Wolis haben nämlich ihre Bau- und Arbeitspläne aufgeschrieben. Die Wissenschaftler meinen, dass das in Form der Desoxyribonukleinsäure (DNS) geschehen ist. Ich meine, dass die DNS nur den Kopiermaschinenpark darstellt, wahrscheinlich aber nicht die Konstruktions- und Ablaufpläne. Wenn wir die Wolis nicht sehen, werden wir ihre Bücher und Blaupausen auch nicht sehen. Wohl eher den Kopiermaschinenpark, aber bestimmt nicht seine Gebrauchsanweisungen. Auf jeden Fall wird, wenn die Wolis beschließen, aus einer Zelle zwei zu machen, dieser gesamte Kopiermaschinenpark, die DNS, verdoppelt. Bei den sonstigen Zellorganellen (den Gebäuden, Vorrichtungen, Werkzeugen) darf es auch etwas weniger sein, was die Zellen bei der Teilung mitbekommen. Aber es sieht so aus, als sei das gesamte Wissen, das die Wolis in der Evolution angesammelt haben, in jeder Zelle vorhanden. Und beim Kopieren treten ab und zu Fehler auf.

Mit diesen Fehlern wollen manche Wissenschaftler auch die Entstehung der Arten erklären. Bei den vielen Generationsfolgen über die Jahrtausende, oder gar Jahrmillionen hinweg sollen sich durch Ansammlung von Fehlern neue Arten entwickelt haben. Kann das so sein? Es ist denkbar, dass Ansammlungen von Fehlern zum Aussterben von Arten geführt haben. Das ist leicht einzusehen. Es kann auch sein, dass Mutationen nicht stören, das soll heißen, sie beeinträchtigen die Überlebens-Chancen der Merkmalsträger nur wenig. Ändern sich später einmal die Umweltbedingungen in die passende Richtung, so können diese Mutationen einen Vorteil bedeuten. Aber diese Mutationen sind nur sehr kleine Schritte. Nehmen wir an, der Vorteil, der zum Überleben eines Mutanten führt, während die nicht mutierte Muttergeneration ausstirbt, besteht aus einer Reihe von Einzelmutationen, ohne dass die Zwischenschritte einen evolutionären Vorteil bedeuten (zum Beispiel die Entwicklung von Gliedmaßen). Da die Änderungen, die ja nach Auffassung der Wissenschaftler nach dem Zufallsprinzip erfolgen, chaotisch sind, das heißt, keine einheitliche Richtung haben, ergibt sich hier ein Erklärungsnotstand. Nur eine bestimmte Reihenfolge hat zum Überleben des Mutanten geführt. Die Wahrscheinlichkeit oder vielmehr die Unwahrscheinlichkeit, dass so etwas passiert wächst mit zunehmender Zahl der

Einzelmutationen in astronomische Bereiche. Das Auftauchen eines neuen Enzyms ließe sich so schwerlich erklären. Die Metamorphose eines Schmetterlings schon gar nicht. Eine Raupe in einen Schmetterling umzubauen, das ist kein Zufall, das ist genial. Das ist eine Glanzleistung der Wolis.

Die Entstehung von höheren Arten in der Evolution ist mit einem Zuwachs an DNS verbunden. Das heißt, auf irgendeine geheimnisvolle Weise muss eine vorhandene DNS vermehrt worden sein, und zwar so, dass es einen Sinn ergibt. Dass dieser Sinn, nämlich die Entstehung einer lebensfähigen neuen Art, durch chaotische Variationen und deren Auslese entstanden ist, halte ich für ausgeschlossen. Das Prinzip des genetischen Codes der DNS und seiner Übersetzung zur Herstellung von Proteinen ist seit über einer Milliarde von Jahren gleich geblieben, trotz aller Umwelteinflüsse, Variationen und Mutationen. Das spricht allenfalls für eine hervorragenden Wartungs-, Pflege- und Reparaturarbeit der Wolis, nicht aber dafür, dass die Vermehrung der DNS nach dem Zufallsprinzip erfolgte.

Es sieht viel eher so aus, als hätten die Wolis auch ihre Michelangelos und ihre Edisons gehabt, die kühne Pläne entworfen haben und diese dann auch verwirklichen konnten. So ist die Entstehung eines Schmetterlings aus einer Raupe oder das Entstehen von Enzymen als Werkzeuge für einen bestimmten Zweck vorstellbar.

Eine Analogie aus unserem menschlichen Bereich soll uns die Evolution vom Einzeller zum Menschen besser verständlich machen: Man betrachte, wie sich Autos entwickelt haben. Das Schema lautet: Erfindungen auf den verschiedensten Gebieten, Verbesserungen, und nach Erreichen einer gewissen Reife Zusammenfügen einzelner Erfindungen. Zum Beispiel: Erfindung des Rades. Verbesserung zu

Karren, Wagen, Kutschen. Erfindung des Mörsers (Mit Hilfe
einer Explosion eine Kanonenkugel in eine bestimmte Rich-
tung bewegen), diese Kraft in eine Drehbewegung umleiten
(Erfindung des Verbrennungsmotors), Verbesserung des
Motors und Zusammenführen mit der schon vorhandenen
Kutsche ... Heutiger Stand: Personenwagen der verschiedensten Größen, Formen, Ausstattungen, Farben und so
weiter. Lastwagen, Traktoren, Rennwagen und so weiter.
Und die Änderung der Umweltbedingungen, wie Straßen-
bau, Sommersmog, Modeerscheinungen, Medienlandschaft,
Änderung der Kaufkraft und andere wirken selektiv auf die
Artenvielfalt der Automobile ein. So kann plausibel erklärt
werden, wie es in der Evolution zugegangen ist. Die Darwin-
sche Evolutionstheorie allein kann das nicht erklären, aber
gemeinsam mit den Wolis geht es. Variation durch die Wolis,
Selektion durch die Umwelt.

*Von Einzellern, Vielzellern, Exoten und ihren Überle-
bensstrategien*

Der Sprung vom Einzeller zum Vielzeller ist schwer vorzustellen ohne die Intelligenz der Wolis. Wie sollen Zellen, die
an einanderkleben, auf zufällige Weise dieses Prinzip wei-
terverfolgen? Sollen zufällig bei allen Zellen im Verbund die
gleichen Haftelemente entstanden sein, die sich auch wieder
lösen lassen? Bei den unechten Schleimpilzen (zellulären
Myxomyceten) schließen sich Einzeller bei ungünstigen
Umweltbedingungen zu einem Gesamtgebilde zusammen.
Dieses Gebilde kann sich bewegen und als Gesamtwesen auf
Nahrungssuche gehen. Es kann sich auch wieder in Einzel-

zellen auflösen. Es kann aber auch aus Zellen aufgebaute Fruchtkörper ausbilden

Hier betrachten wir Verhalten. Das mag sehr wohl den Prinzipien der Variation und Selektion unterliegen, erklärt wird es dadurch aber nicht. Erklärt wird es durch die Anwesenheit der Wolis, die miteinander kommunizieren, Absprachen zwischen den Zellen treffen, Haftelemente schaffen, die auch wieder gelöst werden können. Der Zusammenschluss bringt Vorteile für alle, wenn das Energieniveau sinkt. Er schafft aber auch Probleme, die, mit dem Maßstab der Evolution gemessen, sehr plötzlich gelöst werden müssen. Wer da auf den Zufall wartet, stirbt aus. Wer die falschen Ideen hat, dem geht es ebenso. Wir können dann nur noch die Versteinerungen betrachten und häufiger wahrscheinlich nicht einmal diese.

Die Evolution läuft in Richtung höherer Ordnung. Der Energieverbrauch zur Aufrechterhaltung dieser Ordnung steigt, das Niveau der frei verfügbaren Energie sinkt. Zu der Zeit, als das sichtbare Leben auf der Erde im Anfangsstadium war, schwammen die ersten Einzeller wahrscheinlich in einer alles ernährenden Suppe. Je zahlreicher sie wurden, desto dünner wurde die Suppe. Es waren Strategien für den Nahrungserwerb gefragt. Beweglichkeit war eine zweckmäßige Erfindung, Entwicklung von Wahrnehmungsorganen zur Ortung von Nahrungsquellen eine andere. Als beste Möglichkeit erwiesen sich Wachstum und Zusammenschluss, die Kooperation im Verbund. So konnte man, wenn aus der Umgebung nicht mehr genügend Moleküle aufgenommen werden konnten, auch an bereits verbaute Moleküle gelangen. Als Vielzeller konnte man Einzeller fangen, diese zerlegen und deren Bausteine selber verarbeiten. Da war es mit dem paradiesischen Leben vorbei. Man musste eine andere Ordnung zerstören, um die eigene Ordnung aufzubauen. Das Prinzip war so erfolgreich, dass wir es heute noch anwenden. Es mussten allerdings, wie oben schon erwähnt, im engen zeitlichen Zusammenhang mit dem Zusammenschluss verschiedene Probleme gelöst werden. Wie fangen wir Beute? Wie zerlegen wir die Beute? Wie verteilen wir die Bestandteile? Wie werden wir den Müll los? Das mag beim Vielzeller noch einfach sein. Hydra, der Süßwasserpolyp hat nur zwei Zelllagen.[1] Aber er ist groß genug, um den höher organisierten Wasserfloh zu fangen. Jedoch beim Übergang vom Vielzeller zum Massenzeller haben die Woli-Ingenieure Schwerstarbeit vollbringen müssen. Wir werden uns im übernächsten Kapitel näher damit befassen.

Es scheint aber bei den Wolis genauso zu sein, wie bei den Menschen. Es gibt welche, die scheuen die Arbeit, vagabundieren nur herum und versuchen zu ihrer Vermehrung in Viel- oder Massenzellern Unterschlupf zu finden, was zu Auseinandersetzungen mit den dort ansässigen Wolis führt. Liebe Leserin, lieber Leser, Sie haben es erkannt, ich meine die Krankheitserreger, insbesondere Bakterien, Viren und Prionen.

Warum eigentlich gibt es nach Milliarden Jahren der Evolution noch Bakterien? Überlebenskünstler aus der Urzeit? Reisende aus dem Weltraum? Abspalter oder Ausgestoßene von Vielzellern? Alles ist möglich. Am ehesten das Erstere. Aber wir wissen es nicht. Tatsache ist, dass allein in einem Milliliter menschlichen Speichels zwischen 200.000 und 500.000 Keime der verschiedensten Arten zu finden sind. Die meisten sind harmlos. Ihre Wolis haben sicher erkannt, dass es sich nicht lohnt, mit den Wirtswolis Krieg zu

---

[1] Sehr schöne Bilder von Hydra befinden sich auf: www.hydro-kosmos.de

führen. Aber es gibt ja auch Andere. Denen ist es offenbar egal, ob sie Ihren Wirt umbringen. Ihre Strategie ist nicht Kooperation, sondern Krieg. Sie haben wohl bei dem Auftrag „Wachset und mehret euch" die Ausführungsbestimmungen anders interpretiert. Sie brauchen den Wirt zu ihrer Vermehrung (manche brauchen sogar mehrere), schließen aber keine Kooperationsverträge, sondern versuchen es mit Gewalt. Der Wissenschaftler sagt dann, hier liegt keine Symbiose (friedliches Zusammenleben zu gegenseitigem Nutzen) sondern eine Infektion (Eindringen von bösartigen Erregern in einen Wirt) vor.

Wir wissen ja mittlerweile, dass die Zelle die Behausung der Wolis ist. Da gibt es also Wolis, deren Häuser beweglich sind, Wohnwagen sozusagen. Das sind zum Beispiel bestimmte Bakterien. Es gibt Wolis, die anscheinend so faul sind, dass sie nur ein Primitivgefährt für ihre Kopiermaschinen bauen. Das sind die Viren. Und dann scheint es noch welche zu geben, die haben anscheinend so wenig Wissen, dass sie ohne Maschinen auskommen. Nichts desto weniger verursachen sie den Rinderwahnsinn. Die Forscher können natürlich nicht wissen, dass es sie gibt, aber sie nennen die von ihnen veränderten Proteine Prionen. Ich glaube, sie wundern sich nicht einmal darüber, dass diese Prionen sich anscheinend bewegen, dass sie den Weg vom Darm ins Gehirn suchen und auch finden.

Von geistigen Produkten bei Menschen und Wolis

Da gibt es übrigens eine interessante Beobachtung. 1997 hatte ja der amerikanische Professor Stanley B. Prusiner den Nobelpreis für seine Forschung über Prionen erhalten. Er hatte festgestellt, dass Prionen ursprünglich Eiweiße sind, die natürlicherweise in den Zellen vorkommen. Krankmachend werden sie erst durch eine bestimmte Formveränderung. Hat diese Formveränderung des Eiweißes zum Prion stattgefunden, dann ist es für die Enzyme der Zelle nicht mehr abbaubar und kann offenbar andere Eiweiße zu Prionen umbauen. Prionen sind also infektiös. Nun, nach dem bisher Gesagten können wir uns da schon einen Reim darauf machen, aber die Wissenschaftler konnten das natürlich nicht. Sie gingen davon aus, dass die Umwandlung des Eiweißes in die Prionform genügt, um die Infektiosität zu bewirken. Also bemühten sie sich, die Umwandlung zu erreichen, was ihnen auch gelang. Und siehe da, die so erzeugten Prionen waren nicht infektiös! Im Klartext: Es sind bestimmte Wolis, die den Umbau der Eiweiße bewerkstelligen. Sie sorgen auch dafür, dass die Prionen nicht abgebaut werden können. Im Reagenzglas waren solche Wolis nicht vorhanden. Die Eiweiße waren steril, unbelebt. Im Reagenzglas waren nur Wissenschaftler am Werk. Allerdings in der Hoffnung, durch die Umformung des Eiweißes seine Infektiosität zu bewirken.

Analogie: Wenn ich einen Apfel mit einer braunen Stelle berührend neben einen gesunden Apfel lege, dann kann ich beobachten, dass der gesunde Apfel nach ein paar Tagen auch eine braune Stelle bekommt. Analog dem Reagenzglasversuch könnte ich diese Beobachtung zum Anlass nehmen, um mit brauner Farbe einen Fleck auf einen gesunden Apfel zu malen und zu hoffen, dass der so bemalte Apfel bei einem anderen Apfel auch eine braune Stelle verursacht. Das jedoch würde uns albern vorkommen. Wir wissen ja, dass die braune Stelle des Apfels ein Fäulnisprozess ist, der durch Bakterien ausgelöst wird. Bakterien sind anerkanntermaßen Lebewesen. Die Wolis sind zwar noch nicht anerkannt, aber eine gute Erklärung für die Infektiosität von Prionen.

Naturwissenschaftler sind bemüht, exakt zu beobachten, zu protokollieren. Das ist notwendig für die Reproduzierbarkeit von Ergebnissen, aus denen die Wissenschaft Wissen schafft. Es mündet aber leicht in Gewohnheit, die ein Feind der Kreativität ist. Ich war elektrisiert, als ich während meines zweiten Studiums das Phänomen des aktiven Transports kennen lernte. Meine Lehrer und meine Kommilitonen hat das überhaupt nicht berührt.

Da steigt zum Beispiel die Konzentration der Salzsäure im Magen an, obwohl rundherum eine niedrigere Konzentration herrscht. Das ist in der unbelebten Natur nicht möglich. Da kann man im Herbst nicht das Fenster aufmachen und die 5 Grad Celsius von draußen zu den 18 Grad Celsius im Zimmer hereinlassen, um dann 23 Celsius im Zimmer zu haben. Das geht nur mit Hilfe eines findigen Ingenieurs, der eine Wärmepumpe baut, die entgegen dem Temperaturgefälle Wärme von draußen nach drinnen schafft. Es geht also nur in der belebten Natur, wo Lebewesen in der Lage sind, zielgerichtete Denk- und Arbeitsprozesse zu vollziehen, Erfindungen zu machen und, im physikalischen Sinne, Ordnung zu produzieren.

Die Wärmepumpe ist von Menschen erfunden worden. Ein Gerät aus unserer Welt, in Größenordnungen, die uns geläufig sind. Die Pumpen, die Wasserstoffionen und Chlorionen als Bestandteile der Salzsäure gegen ein Konzentrationsgefälle in den Magen pumpen, sind Teile von Drüsenzellen der Magenschleimhaut. Diese Pumpen müssen wir wohl den kleinen Ingenieuren bei den Wolis zuschreiben, da nach all unserer Erfahrung solche Erfindungen nur durch

Lebewesen zustandekommen. Sie sind dann wohl Erfindungen der Wolis.

Bevor die Wolis aber so weit waren, solche Erfindungen zu machen, hatten sie einen langen Weg zu gehen. Adam und Eva reichen da nicht als Anfang. Mit den Wolis fängt die Evolution auch früher an, als das unsere Wissenschaft annimmt. Daher sollen im nächsten Kapitel die wichtigsten Etappen auf dem Weg zum Menschen geschildert werden.

2 Die Meilensteine der Evolution

Es gab viele revolutionäre Erfindungen, welche die Wolis im Laufe der Evolution machten. Die Konstruktion des Menschen wäre ohne sie nicht denkbar. Zum Beispiel die Sexualität. Stellen Sie sich vor, ihre Kinder würden Ihnen sozusagen als Knospen aus dem Leib wachsen. Ganz ohne Sex! Die Wolis von Hydra, dem Süßwasserpolypen, machen das so. Warum sind unsere Wolis einen anderen Weg gegangen? Wenn wir den Weg der Wolis durch die Evolution einmal überfliegen und die Sahnestückchen herauspicken, könnte es uns dämmern, dass die vielen zufälligen Änderungen vielleicht doch keine Zufälle waren.

2.1 Leben ohne Zellen

Die Wolis leben in den Zellen, haben wir gesagt. Zellen sind bei genauer Betrachtung recht komplexe Gebilde. Das heißt, die Zellen mussten auch erst mal erfunden und entwickelt werden. Wolis gab und gibt es mit Sicherheit auch ohne Zellen. Das, was wir über Prionen wissen, legt nahe, dass sich zellenlose Wolis auch in Proteinen einnisten können. Auch die Betrachtung der Enzymwirkung erfordert eigentlich die Annahme, dass freischwimmende Enzyme Wolis quasi als Maschinenführer haben.

Unsere Chemiker sind ja auch in der Lage, chemische Verbindungen zu lösen und zu knüpfen. Sie können natürlich nicht gezielt einzelne Moleküle bearbeiten. Sie müssen daher eine große Menge der Moleküle, die sie trennen oder zusammenfügen wollen, in reiner Form im Reagenzglas haben. Am besten zig-trillionenfach, damit man die Ausbeute auch sehen kann. Liegen die Bestandteile in fester Form vor, dann brauchen sie ein Lösungsmittel. Diese Trillionensuppe müssen sie erhitzen, bis die Moleküle im Reagenzglas durch die Wärmebewegung so wild herumwirbeln, dass ein Teil der Moleküle in der passenden Weise zusammenschlagen und aneinander hängen bleiben. Nach dem Massenwirkungsgesetz können sie sich auch ausrechnen, wie viel von den Stoffen A und B sich in die gewünschte Verbindung AB verwandelt haben.

Oder sie besorgen sich ein Enzym der Wolis, das diese Reaktion katalysiert. Dann können sie den Bunsenbrenner vergessen, die Reaktion läuft bei Körpertemperatur ab. Sie brauchen außerdem nicht so lange zu warten. Die Reaktion läuft millionenfach schneller ab.

Wenn ein Enzym in der Lage ist, die Moleküle so viel schneller zu verbinden, und das ohne die Hilfe einer kräftigen

Wärmebewegung, dann muss es entweder in der Lage sein, eine ungerichtete Fernwirkung auf diese Moleküle auszuüben, oder eine gerichtete Wirkung ermöglichen. Die ungerichtete Fernwirkung könnte man sich vorstellen wie bei einem Staubsauger. Der saugt die Staubkörner aus der Umgebung der Düse an. Der Vergleich trifft aber nicht zu, da die Enzymwirkung spezifisch ist. Die meisten Enzyme katalysieren nur eine chemische Reaktion. Und eine ungerichtete Fernwirkung, auf genau die gesuchten Moleküle und die anderen nicht, ist schwer vorstellbar. Dann doch lieber die gerichtete Wirkung. Die ist aber individuell und bedarf daher der Hilfe des Lebens. Eben das spricht für Wolis als Maschinenführer von Enzymen. Die könnten dann die Bewegung der Enzyme steuern. Sie müssten nicht auf zufällige Zusammenstöße warten, sondern könnten die Substratmoleküle gezielt ansteuern.

In seinem Buch „Das Spiel" beschreibt der ehemalige Direktor am Max-Planck-Institut für Biophysikalische Chemie und Nobelpreisträger Manfred Eigen, dass speziell isolierte Enzyme in der Lage sind, aus einfachen Bausteinen RNS-Moleküle selbst herzustellen. Mit diesen RNS-Molekülen stellten sie dann auch noch Duplikate her. (Manfred Eigen, Ruthild Winkler: Das Spiel, Naturgesetze steuern den Zufall. Piper Verlag Taschenbuch 1996, Seite 307/308). Auch diese Beobachtung stützt meines Erachtens die oben formulierte These.

Proteine, Enzyme, das sind schon ziemlich komplexe Gebilde. Bei den Wolis werden sie in den Zellen in einem komplizierten Verfahren hergestellt. Die Abfolge der Aminosäuren eines Proteins ist in Nukleinsäuren gespeichert. DNS, RNS, Gene, Erbgut, alles ist letzten Endes Nukleinsäure. Also kann man die Frage stellen: Was war eher da, die Proteine oder die Nukleinsäuren? Viele Wissenschaftler sind auf „die

Entstehung des Lebens aus sich selbst" fixiert. Also eine Art „Urknall des Lebens". Diese Wissenschaftler favorisieren natürlich die Nukleinsäuren. Bei den Nukleinsäuren hat man eine Möglichkeit gefunden, wie sie sich selbst kopieren können. Wenn das nicht der Schlüssel zur Entstehung des Lebens ist!?

Wenn das der Schlüssel zum Leben wäre, dann müsste nicht eine von vielen Nukleinsäuren sich einmal kopieren und dann wieder nicht. Leben könnte man nur dann dahinter vermuten, wenn diese eine das immer wieder täte und ihre Kopien auch. Aber selbst da, wo diese Umstände gegeben sind, nämlich in lebenden Zellen, lässt sich eigentlich ausschließen, dass es die Nukleinsäuren sind, die das Leben verkörpern. Wenn ein Lebewesen stirbt, stellt es seine Tätigkeiten ein. Seine Gestalt, seine Struktur ändert sich im Augenblick des Todes nicht. Auch die Nukleinsäuren ändern sich nicht. Sie tun nur nichts mehr, was über die temperaturabhängige Molekularbewegung hinausgeht. Also wer hat da vorher in Wirklichkeit etwas getan? Richtig, die Wolis. Weder die Nukleinsäuren, noch die Proteine waren zuerst da, die Wolis waren es. Wie dann sinnvollerweise die Reihenfolge sein müsste, das wollen wir später betrachten.

2.2 Der Weg zum ersten Enzym

Vor etwa 4,5 Milliarden Jahren entstand unsere Erde. Unsere Wissenschaftler haben Indizien, aus denen sie das schließen. Die Entstehung der Ozeane und Kontinente hat etwa 100 bis 300 Millionen Jahre später stattgefunden. Die ersten primitiven lebenden Zellen datieren die Wissenschaftler etwa 3,5 Milliarden Jahre zurück. Diese Zellen haben dann eine lange

Entwicklung durchgemacht. Ihre innere Gestaltung hat sich grundlegend geändert. Die Wissenschaftler machen das fest an dem Auftreten eines Zellkerns. Diese neue Art zivilisierter, ja industrialisierter Zellen nennen sie Eukaryonten. Das erste Auftreten dieser Eukaryonten ist nicht genau zu bestimmen. Frühestens könnte das vor etwa 2,5 Milliarden Jahren gewesen sein.

Wenn die Wolis etwa eine Milliarde Jahre gebraucht haben, um von der ersten primitiven Zelle zum Eukaryonten zu kommen, dann haben sie wahrscheinlich ebenso lange gebraucht, um überhaupt Zellen zu bauen. Das bedeutet, die Wolis sind auf dieser Ebene aktiv, seit Wasser in flüssiger Form auf der Erde ist.

Wasser. Ein besonderer Stoff. Wasser macht nass, das heißt, es klebt ein bisschen. Trocknet man sich nach dem Duschen ab, dann verschwindet das kleben gebliebene Wasser bis auf eine dünne Schicht im Handtuch. Der Rest verschwindet in der Luft, weniger in der Haut. Von der Haut perlt es eigentlich mehr ab. Das heißt, das Handtuch zieht das Wasser an, die Haut zieht ein wenig Wasser an. Viel Wasser stößt die Haut ab. Die besonderen Eigenschaften des Wassers beruhen darauf, dass die Wassermoleküle sehr klein sind und besondere elektrische Eigenschaften haben.

Wie Sie in Kapitel 1 lesen konnten, sind meine Vorstellungen von dem, was man nicht mehr sehen kann, etwas anders als das, was die Naturwissenschaft heute für richtig hält. Also stelle ich Ihnen das Folgende aus meiner Sicht dar, anschaulich, wie ich meine.

Ein Wassermolekül besteht ja aus zwei Atomen Wasserstoff und einem Atom Sauerstoff. Der Wasserstoff hat einen positiven Ladungsträger, ein Proton, in seinem Atomkern. Außerdem gehört zum Wasserstoffatom ein negativer Ladungsträger, ein Elektron. Dieses Elektron saust mit einer wahnsinnigen Geschwindigkeit um den Atomkern herum. Man weiß gar nicht genau, wo es überall entlangfliegt. Aber dadurch, dass es fast überall ist, und das fast gleichzeitig, neutralisiert es die elektrische Kraftwirkung des Protons nach außen.

Ist der Wasserstoff in seiner Gruppierung eher wie die Erde mit ihrem Mond, so ist der Sauerstoff wie ein ganzes Sonnensystem. Er hat einen viel größeren Atomkern, in dem acht Protonen für positive elektrische Kraftentfaltung sorgen. Da der Sauerstoff aber elektrisch neutral ist, muss er ein Planetensystem von acht Elektronen haben. Diese Elektronen haben natürlich unterschiedliche Umlaufbahnen. Teilchen mit gleichen Ladungen stoßen sich ja gegenseitig ab. Also halten sich die Elektronen schon von selber auf Distanz. Aber irgendwie müssen sie ja ihre Umlaufbahnen gefunden haben. Einerseits müssen sie eine gewisse Geschwindigkeit haben, um im Orbit zu bleiben, andererseits haben sie eine Höchstgeschwindigkeit. Dadurch ist der Abstand vom Kern festgelegt.

In diesem Abstand, wo die Elektronen so dicht wie möglich am Kern und so schnell wie möglich fliegen, haben nur zwei von ihnen in der gleichen Höhe Platz. Bereits das dritte Elektron musste sich eine höhere Umlaufbahn suchen. Die muss so hoch sein, dass die Anziehung vom Kern, die Abstoßung von den beiden unteren Elektronen und die Zentrifugalkraft auf Grund seiner Umlaufgeschwindigkeit sich gegenseitig ausgleichen. Auf dieser Umlaufhöhe, die sich aus dem vorher Gesagten ergibt, haben acht Elektronen Platz. Dem Sauerstoff genügen in dieser Höhe aber sechs Elektronen um elektrisch neutral zu sein. Diese sechs erzeugen dadurch, dass sie den Platz von acht ausfüllen müssen, einen gewissen

Sog. Auch das Wasserstoffatom ist in der gleichen Situation. Da muss ein Elektron den Platz für zwei ausfüllen.[1]

Wenn Wasserstoff und Sauerstoff zusammenkommen, dann knallt es. Und schon haben wir Wasser. Was ist da passiert? Je zwei Atome Wasserstoff haben mit je einem Atom Sauerstoff ihre Defizite in den unterbesetzten Umlaufbahnen ausgeglichen. Jetzt befinden sich plötzlich je zwei Elektronen auf Bahnen, die sowohl um den Wasserstoffkern, als auch um den Sauerstoffkern laufen. Dadurch hängen die beiden Wasserstoffatome fest mit dem Sauerstoffatom zusammen. Die Atome teilen sich die Elektronen. Um die beiden Wasserstoffkerne laufen jetzt je zwei Elektronen, auf der äußeren Umlaufbahn des Sauerstoffatoms laufen jetzt acht Elektronen. Die Chemiker nennen das eine kovalente Bindung.

Etwas Energie war übrig, sonst hätte es nicht geknallt. Aber auch sonst ist die Sache nicht ganz rund. Das Wasserstoffatom ist ja viel kleiner als das Sauerstoffatom. Also müssen die Elektronen, die beide Atome gemeinsam haben, einen größeren Weg um das Sauerstoffatom zurücklegen. Sie halten sich dadurch länger bei dem Sauerstoff auf. Das bedeutet, dass die negative elektrische Wirkung dieser Elektronen ungleich verteilt wird. Das Sauerstoffatom bekommt mehr davon ab, die Wasserstoffatome weniger. Also ist das Sauerstoffatom ein bisschen elektrisch negativ, die beiden Wasserstoffatome sind ein bisschen elektrisch positiv. Das ist so wenig, dass es nach

---

[1] Heutzutage ist die Quantenphysik in Mode. Die Quantenphysiker haben andere Vorstellungen vom Bau der Atome. Sie ordnen den Elektronen Orbitale (Räume der Aufenthaltswahrscheinlichkeit) zu. Die sind mathematisch entstanden. Mit Mathematik kann man prinzipiell alles beschreiben. Es fragt sich nur, ob man die Prämissen günstig gewählt hat. Planetenbahnen lassen sich auch mathematisch beschreiben, wenn man die Erde als Zentrum des Systems wählt. Nur sehr elegant ist das nicht. Und anschaulich schon gar nicht

außen nicht besonders in Erscheinung tritt, aber es macht Wasser zu dem, was es ist.

Das Wassermolekül ist auf Grund der Ladungsverteilung leicht gewinkelt. Dadurch nehmen die Wassermoleküle eine bestimmte Lage zueinander ein. Die positiven Teilladungen wollen zu den negativen Teilladungen ihrer Nachbarn. Der ungeordneten Wärmebewegung der Moleküle steht hier ein ordnendes Prinzip gegenüber. Es kommt auf die Temperatur an, was überwiegt. Bei etwa 40 Grad Celsius sind in das Wasser gleichsam energetische Schwankungen eingewoben, die den Umgang mit den Baustoffen Kohlenstoff, Wasserstoff, Stickstoff, Sauerstoff, Schwefel und Phosphor sehr erleichtern.

Die Wolis haben das sicherlich gewusst, denn sie haben diese Gestaltungsmöglichkeiten ausgenutzt. In den oberen Schichten der Ozeane geschah in der Anfangszeit der Erde allerhand. Unsere Wissenschaftler vermuten, dass auf der damaligen Erde Vulkanausbrüche, Blitze und ultraviolette Strahlung an der Tagesordnung waren. Mit anderen Worten, große Energieschwankungen bei hohem Energieniveau. So konnten aus den einfachen Molekülen, die sich in der Oberflächenschicht der Meere gelöst hatten, durch die stoßweisen Energieentladungen kompliziertere Moleküle entstehen. Beim nächsten Blitz waren sie wieder kaputt. Beim Übernächsten waren wieder andere entstanden.

Nichts für uns, diese Welt von damals, aber Energie war reichlich da. Der Sauerstoffgehalt der Atmosphäre betrug allerdings nur 0,5%. Aber die Wolis konnten auch bei diesen Bedingungen schon konstruktive Erfolge erzielen. Sie können ja Zellen bauen, die auch bei Umgebungs-Temperaturen von 80 bis 130 Grad Celsius aktiv sind. In so heißen Quellen hat man Bakterien entdeckt, die dort leben. Es ist also vorstellbar, dass kurz nach Entstehung der Ozeane die Wolis ans Werk

gingen, um diesen Planeten mitzugestalten. Es ist auch vorstellbar, dass sie zunächst Schwierigkeiten hatten, mit den
vorhandenen Baustoffen dauerhafte Konstruktionen zu fertigen. Animosäuren waren schon zu haben. Das wären ja vielseitige Bausteine, aber dann müssten sie zunächst einmal
kovalent verknüpft werden. Heute machen das die Automaten
der Wolis, aber die mussten ja auch erst gebaut werden und
dazu waren viele kovalente Bindungen nötig. Es musste also
erst einmal Werkzeug hergestellt werden, und das sozusagen
in Handarbeit.

Die typische Nahtstelle bei den Proteinen, die Peptidbindung, ist eine kovalente Bindung. Um diese Bindung zu
knüpfen, braucht man viel Energie, aber sie muss an der
richtigen Stelle wirken. Je mehr Verknüpfungen man schon
hat, desto größer ist die Gefahr, dass eine bereits fertige Peptidbindung wieder aufgeht, während man versucht eine neue
zu knüpfen. Es ist wie beim Löten: Wird die Lötstelle nicht
heiß genug, hält die Lötung nicht. Wird sie zu heiß, gehen
benachbarte Lötstellen wieder auf. Blitze als „Lötkolben"
waren sicher nicht hilfreich.

Die Wolis haben ja sehr lange gebraucht, bis sie ihre ersten Enzyme beisammen hatten. Wahrscheinlich haben sie nach
dem richtigen Milieu, nach Nischen mit einem konstanten
energetischen Niveau gesucht. Bestimmte Wassertiefen in
einer bestimmten Nähe zu Vulkanen hatten vielleicht die
Temperatur, die knapp unter der lag, die für die Bildung von
Peptidbindungen nötig war. Vielleicht waren diese Bedingungen am beständigsten in Gesteins-Poren oder ähnlichen Räumen. Vielleicht haben die Wolis in so einer Umgebung die
ersten Peptidbindungen zusammengebaut. In dem energierei-
chen, aber konstanten Milieu blieben vorhandene Bindungen
gerade noch erhalten. Die Energiedifferenz, die dann noch

nötig war, um genau die neue Bindung zu knüpfen, die sie wollten, schafften sie vielleicht durch eine geschickte katalytische Positionierung von Wassermolekülen und durch Ausnutzung der Gesteinseigenschaften. Phosphate, die sie später als Energiezwischenspeicher benutzten, hatten sie wahrscheinlich anfangs noch nicht, zumal Phosphormoleküle weniger als 0,5% aller Moleküle der Erdkruste ausmachen. Die musste man also erst mal finden und in Umlauf bringen.

Als das erste Enzym entstanden war und auch so funktionierte, wie die Wolis sich das vorgestellt hatten, war der erste Meilenstein der Evolution des Lebens auf der Erde geschafft. Die Wolis konnten darangehen, die Funktion zu verbessern, andere Varianten auszuprobieren, die andere Bindungstypen herstellen oder spalten konnten. Sie waren auch nicht mehr von bestimmten Orten abhängig, deren Milieu die Herstellung von Molekülen in Handarbeit erlaubte. Sie hatten jetzt Werkzeuge, die auch bei ungünstigeren Bedingungen die Arbeit möglich machten.

2.3 Vom Enzym zur Zelle und zur DNS

Bald hatten die Wolis so viele Enzyme, dass es mühsam wurde, alles beieinander zu halten. Auch war es mühsam, immer gerade das benötigte Bauteil in der Umgebung aus den vielen anderen Molekülen herauszusuchen und heranzuschaffen. Des Weiteren war möglicherweise das allgemeine Energieniveau gesunken und es gingen nicht mehr so viele Moleküle, nachdem sie entstanden waren, wieder kaputt. Dadurch reicherten sich organische Moleküle im Ozean an. Die störten dann bei der Synthese von den Molekülen, welche die Wolis haben wollten.

„Wir müssen uns einen Raum schaffen, in dem wir ungestört arbeiten können und auch gewisse Vorräte haben können", war wohl die Idee der Wolis. Sie suchten nach einem Material, das möglichst dicht war und leicht verarbeitet werden konnte. Sie sind dann darauf gekommen, dass fettähnliche Stoffe den Kontakt mit Wasser nicht mögen. Deren Moleküle drängen sich im Wasser dicht aneinander. Wir kennen das bei den Fettaugen auf der Suppe. Eigentlich ist es ja umgekehrt. Die Fette sind elektrisch neutral. Sie stören den Verbund von elektrischen Teilladungen des Wassers. Das Wasser drängt sie daher zusammen. Die Wolis haben weitergedacht. Wenn man eine Fettsäure mit einem Molekül verbindet, das wie das Wasser elektrische Teilladungen hat, dann wäre das ein guter Baustein für unser Vorhaben. Wenn wir viele dieser Bausteine zusammentun, dann könnten die Enden mit den elektrischen Teilladungen mit den Wassermolekülen harmonieren. Die Fettsäureenden würden zusammengedrängt. Wenn man genügend dieser Bausteine aneinanderfügt, dann müsste sich eine Kugel bilden, bei der die wasserfreundlichen Enden nach außen gerichtet sind und die wasserfeindlichen nach innen. In der Kugel wäre dann aber kaum Wasser. Das hätten die Fettsäuremoleküle ja herausgedrängt. Aber Wasser soll ja auch im Innenraum sein. Wir müssen also den Innenraum auch mit diesen Bausteinen auskleiden.

Die Wolis haben das getan. Sie verbanden Phosphor und Stickstoff enthaltende Moleküle mit den Fettsäuren. Die Enzyme, um das zu bewerkstelligen konnten sie ja jetzt bauen. Aus den so entstandenen Bausteinen stellten sie Membranen her, die aus einer Doppelschicht dieser Pospholipidmoleküle bestanden. Die wasserfreundlichen Enden waren außen, die wasserfeindlichen Enden waren in der Mitte der Schicht. So war das Außenwasser von dem Innenwasser getrennt.

Jetzt konnten sie in einem geschützten Innenraum arbeiten und so richtig loslegen. Konnten sie das wirklich? Dem Maschinenzeitalter der Wolis stand noch einiges entgegen. Zwar konnten sie jetzt in den neu geschaffenen Zellen unabhängig von der Außenwelt ein eigenes Milieu schaffen, Konzentrationen von Ionen und Aminosäuren und anderen Molekülen variieren, aber sie mussten jedes noch so kleine Ion einzeln durch die Membran schleusen. Das war doch sehr hinderlich. Sie mussten also als erstes ihre Zellen mit Türen und Toren versehen. Ionenkanäle werden wir noch kennen lernen. Die Prototypen sind in dieser Zeit entstanden. Auch für kleine Moleküle, wie zum Beispiel die Glukose, mussten die Wolis schnell funktionierende Membranpassagen schaffen. Langsam bekamen sie Übung im Bau von Proteinen. Es ist ja nicht leicht, anhand der Aminosäurenfolge die gewünschte Form des Proteins vorherzusehen und zu planen und damit die beabsichtigte Funktion zu erreichen. Unsere Wissenschaftler schaffen das nicht. Sie müssen das fertige Protein mittels Röntgenstrukturanalyse untersuchen, um die räumliche Struktur zu ergründen, auch wenn sie die Aminosäurensequenz kennen. Die Wolis tun sich da natürlich leichter. Sie können ja „sehen", was sie machen. Notfalls probieren sie die verschiedenen Aminosäuren durch, bis sie diejenige gefunden haben, die jetzt gerade hineinpasst.

Wir Menschen kennen diese Vorgehensweise aus dem Maschinenbau, Fahrzeugbau oder Flugzeugbau. Da ist zunächst die Idee. Das oder jenes wollen wir bauen. Dann wird geplant, konstruiert, gezeichnet. Wenn man meint, es sei gut so, wird ein Prototyp gebaut, unter Einsatz von Universalmaschinen, sicherlich, aber zum großen Teil in Handarbeit.

An dem Prototyp will man das einwandfreie Funktionieren überprüfen. Bei großen, komplexen Vorhaben kann man nicht sicher sein, dass unsere Großhirnrinde das Gesamt-konzept fehlerfrei leistet. Also probiert man es lieber aus. Der Prototyp muss laufen, fahren oder fliegen, man geht an die Grenzen der Belastbarkeit, man versucht Dauerleistung und Ermüdbarkeit herauszufinden. Man stellt fest, dass dies nicht klappt, dass jenes kaputtgeht, man wechselt Teile, man ändert verschiedene Details und probiert erneut. Sind dann der Konstrukteur und die Prüfinstanz zufrieden, dann kann eine Serienfertigung in Angriff genommen werden. Vorkehrungen werden getroffen, um den Arbeitsablauf zu beschleunigen. Das reicht von Werkzeugmaschinen, die speziell für die Her-stellung bestimmter Teile eingerichtet werden, bis zur Kon-struktion und zum Bau von Fertigungsautomaten. Endlich läuft die Serie. Die Konstrukteure wenden sich ihrer nächsten Aufgabe zu, die Fertigungsmannschaft übernimmt die Arbeit und ein Produkt nach dem anderen verlässt die Montage-straße.

Bei den Wolis wird es im Prinzip nicht anders gewesen sein. Deren Welt ist aber noch viel komplexer als unsere, wie wir feststellen konnten. Verschiedenste Arten von Enzymen, Ionenkanälen und anderen funktionellen Proteinen werden in großen Mengen gebraucht. Dafür mussten sie bald Serienferti-gungen einrichten.

Die Wolis arbeiten sehr rationell. Alle ihre großen Kons-truktionen bewältigen sie mit zwanzig „genormten" Bau-gruppen. Sie wissen schon, die Aminosäuren. Die Natur hielte auch andere Moleküle bereit. Es gibt außerdem mindestens 260 verschiedene Aminosäuren, aber die Wolis haben ent-schieden, dass diese zwanzig ausreichen. Proteine enthalten oft mehr als 1000 Aminosäuren. Die Reihenfolge der Amino-säuren hat sich wahrscheinlich in der Konstruktions- und Prototypenphase mühsam herauskristallisiert. Nun darf in der

Serie kein Fehler in dieser Reihenfolge passieren. Wie lässt sich so etwas erreichen?

Die Wolis standen vor dem Problem, die Sequenz der Aminosäuren ihrer verschiedenen Proteintypen zu speichern, um möglichst schnell und sicher Kopien herstellen zu können. Am besten wäre es, wenn man Schablonen herstellte, in welche die Form der spezifischen Proteinschnur vor ihrer Faltung, ihrer dreidimensionalen Verstrickung, hineinpasste. Es müsste Aminosäure neben Aminosäure abgeformt werden. Die Woli-Ingenieure dachten natürlich sofort an Proteine als Schablone. Das ging aber nicht. Wir kennen ja die Enzyme. Die sind so gebaut, dass die Moleküle, deren Reaktion sie katalysieren, genau hineinpassen. Aber was sind das für Riesenapparate! Die hatten da nicht nebeneinander Platz. Nein, pro Aminosäure ein Proteinen, das ging nicht. Die Wolis mussten sich etwas völlig Neues überlegen. Es mussten kleine Moleküle sein, wenn Peptidbindung an Peptidbindung gereiht werden sollte.

Seit ihr Energiebedarf gestiegen war, hatten die Wolis damit begonnen, zur Energiegewinnung Zuckermoleküle zu spalten. Auch hatten sie dann schon Phosphate als Energiezwischenspeicher benutzt. Das sind kleine Moleküle, damit könnte es gehen, haben sie sich gedacht. Aber auch hier fanden sie keine Möglichkeit einer direkten Schablonenbildung. Wir müssen eine Zwischenlösung wählen. Für jede der 20 Aminosäuren brauchen wir eine unverwechselbare Steckdose. Diese Steckdosen werden auf einem Band montiert, wie es der Abfolge der Aminosäuren entspricht. An die Aminosäuren bauen wir die entsprechenden Stecker, dann kann es keine Verwechslungen geben.

Die Wolis wählten zwei kleine Molekülpaare aus, die von ihrer Form und von den elektrischen Teilladungen her gut zusammenpassten. Unsere Chemiker ordnen diese Moleküle den Purinbasen und Pyrimidinbasen zu. Paare mussten es sein, da immer zwei wie Stecker und Steckdose zusammenpassen mussten. Und zwei Paare mussten es sein, da mindestens 20 verschiedene Kombinationen möglich sein mussten. Die Peptidbindung war so breit, dass man drei Basen nebeneinander platzieren konnte. Mit nur einem Paar, das heißt zwei verschiedenen Basen und den drei „Steckplätzen" gibt es Zwei hoch drei also acht verschiedene Möglichkeiten. Das reicht also nicht. Bei zwei Paaren sind es vier hoch drei also 64 verschiedene Möglichkeiten. Das reicht auf jeden Fall. Es erlaubt sogar, einer Aminosäure mehrere Kombinationen (die Chemiker sagen Codons) zuzuordnen. Das beschleunigt die Arbeit. Ist eine Base gerade nicht greifbar, kann man auf eine parallel Gültige zugreifen. In der Tat geschieht das auch, wenn Adapter für die häufig verlangten Aminosäuren gebaut werden. So entstand vor Milliarden von Jahren der noch heute gültige genetische Code (Tafel 2.1 und Tafel 2.2).

Die Wolis haben also wie geplant die Bänder gebaut und zwar aus Molekülen des Zuckers Ribose abwechselnd mit Phosphatmolekülen. An jedem Zuckermolekül befestigten sie eine der Basen, von denen je drei als Steckdose für eine Aminosäure dienten. So, nun brauchen wir nur noch die richtigen Stecker. Alles ist umsonst, wenn wir nicht den Stecker mit der richtigen Kombination auch an die richtige Aminosäure befestigen, sagten sich die Woli-Ingenieure. Sie gingen auf Nummer sicher. Sie bauten für jede der 20 Aminosäuren unverwechselbare Adapter, welche die Stecker tragen. Sie bauten für jede der 20 Aminosäuren unverwechselbare Enzyme, die nur diese eine der 20 Aminosäuren mit ihren Adaptern verbinden können.

Die Aminosäuren und ihre Symbole			
Alanin	Ala	Methionin	Met
Cystein	Cys	Aspargin	Asn
Asparaginsäure	Asp	Prolin	Pro
Glutaminsäure	Glu	Glutamin	Gln
Phenylalanin	Phe	Arginin	Arg
Glycin	Gly	Serin	Ser
Histidin	His	Threonin	Thr
Isoleucin	Ile	Valin	Val
Lysin	Lys	Tryptophan	Trp
Leucin	Leu	Tyrosin	Tyr

Die Basen und ihre Symbole				
Thymin	T	<=>	Adenin	A
Cytosin	C	<=>	Guanin	G

Tafel 2.1 Jeweils 3 Stecker (Basen) bilden einen Adapter (Codon), der mit nur einer Aminosäure gekoppelt werden kann. Bei den Steckern passt Thymin mit Adenin zusammen und Cytosin mit Guanin.

Im Zellinnenraum waren die Wolis dann emsig dabei, Aminosäuren mit ihren Adaptern zu verbinden. Andere Wolis transportierten die so vorbereiteten Aminosäuren zu den Bändern mit den Steckdosen. Dort hatten sie große Enzymkomplexe installiert, mit deren Hilfe sie zunächst die Stecker in die Steckdosen steckten, dann die Peptidbindung knüpften und zum Schluss die Adapter wieder entfernten. So wuchs die Proteinkette Aminosäure um Aminosäure, bis sie fertig war. Dann wurde ein anderes Protein verlangt. Das bisherige Steckdosenband, man kann es auch Ribonukleinsäure oder RNS nennen, wurde weggeschafft, ein Neues mit der Kodierung für das gewünschte Protein war schon gebaut worden

und wurde nun hergeschafft. Das nächste Protein wurde dann
auf die gleiche Art und Weise gebaut.

Position 1	Position 2				Position 3
	T	C	A	G	
T	Phe	Ser	Tyr	Cys	**T**
	Phe	Ser	Tyr	Cys	**C**
	Leu	Ser	STOP	STOP	**A**
	Leu	Ser	STOP	Trp	**G**
C	Leu	Pro	His	Arg	**T**
	Leu	Pro	His	Arg	**C**
	Leu	Pro	Gln	Arg	**A**
	Leu	Pro	Gln	Arg	**G**
A	Ile	Thr	Asn	Ser	**T**
	Ile	Thr	Asn	Ser	**C**
	Ile	Thr	Lys	Arg	**A**
	Met	Thr	Lys	Arg	**G**
G	Val	Ala	Asp	Gly	**T**
	Val	Ala	Asp	Gly	**C**
	Val	Ala	Glu	Gly	**A**
	Val	Ala	Glu	Gly	**G**

Tafel 2.2 Der genetische Code. (Die Zuordnung der verschiedenen Steckerkombinationen zu ihren Aminosäuren.) Zum Beispiel hat Lysin die Steckerkombinationen oder Adapter (die Codons) AAA und AAG.

Es stellte sich bald ein neues Problem heraus. Die
Steckdosenbänder, die Ribonukleinsäuren, nahmen überhand.
Zum einen brauchten sie viel Platz, da sie aus Sicherheits-
gründen und auch zur Beschleunigung des Ablaufs alle viel-
fach im Umlauf waren. Zum anderen konnte man sie nach
Gebrauch auch nicht einfach wieder zerlegen, da sie ja Informationen in sich bargen, die nicht verloren gehen durften.

Außerdem befanden sich immer welche in Reparatur. Das führte auch dazu, dass ab und zu sehr ähnliche Basen eingebaut wurden, da das in Handarbeit geschah.

Der Lösungsweg war nicht schwierig. Die Wolis bauten sich ein Hauptsteckdosenband, das die Steckdosenbänder aller bisher verwendeten Proteine enthielt. Eine Ribonukleinsäure nach der anderen war da aufgereiht, und für jedes neue Protein, das die Wolis konstruierten, kam eine neue Ribonukleinsäure hinzu. Mit den Ribonukleinsäuren hatten sie mittlerweile schon Erfahrung. Sie wussten, dass sich bei Schlaufenbildung passende Basen zusammenstecken können, da diese Steckkontakte wie Magnete funktionieren. Sie hatten das bei den Adaptern schon konstruktiv ausgenutzt, aber hier mussten sie das verhindern. Sonst hätten sie bald ein unentwirrbares Knäuel gehabt. Die Wolis bauten also eine Abdeckung. Diese bestand sinnvollerweise aus dem komplementären Steckerband. Das war nun eine richtige Schablone. Wenn sie da die passenden Basen hineinsteckten, konnten sie eine identische Kopie der RNS herstellen. Die Wolis nahmen dann eine kleine chemische Veränderung an den Zuckern vor, die bewirkte, dass sich das nun entstandene Molekül der Desoxyribonukleinsäure spiralig verdrehte. Es wurde so mechanisch stabiler (Abb. 2.1).

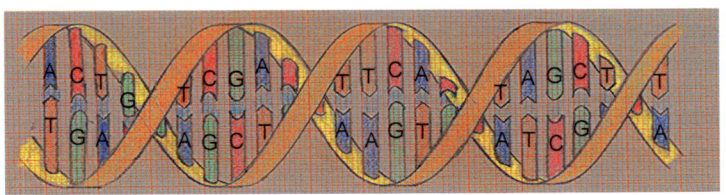

2.1 Schematische Darstellung der DNS, des Steckdosenbandes der Wolis.

Das war der zweite Meilenstein der Evolution, die Erfindung der DNS. Für die Wolis ergaben sich daraus viele Vorteile: Die Ribonukleinsäuren konnten von der Desoxyribonukleinsäure kopiert werden. Sie brauchten nicht mehr repariert werden. Sie konnten nach der Benutzung abgebaut werden. Es genügten weniger Bauteile im Umlauf. So haben die Wolis ihre Leistungsfähigkeit erhöht. Sie mussten allerdings Spezialisten ausbilden, die das zentralisierte Schablonenlager, die DNS, das Hauptsteckdosenband, verwalten und bedienen konnten. Bei jeder Anforderung eines Proteins mussten die Spezialisten, an der richtigen Stelle beginnend, den Abschnitt freilegen, der die Sequenz für dieses Protein enthielt. Dann musste die Kopie hergestellt werden und zum Schluss mussten Stecker und Steckdosen wieder zusammengefügt werden. Aber der wichtigste Gesichtspunkt war, dass die Wolis nun auf einfache Weise Filialen gründen konnten, ohne alle Einzelteile verdoppeln zu müssen. Es genügte, die DNS zu verdoppeln. Alles andere ließ sich von ihr abkopieren.

Jetzt können wir sagen, dass die Proteine vor den Nukleinsäuren entstanden sein mussten. Proteine wurden schon gebraucht, um aus Zuckern Energie zu gewinnen, als das allgemeine Energieniveau absank. Das war wohl das erste was funktionieren musste. Proteine haben die vielfältigsten Aufgaben. Sie sind die Werkzeuge der Wolis. Sie sind die Bauelemente der Wolis. Nukleinsäuren dienen der Vervielfältigung von Proteinen mit den dazu nötigen Arbeitsgängen. Die DNS ist eine Kopierschablone. Um etwas vervielfältigen, kopieren zu können, muss man es erst einmal haben.

Mit Hilfe der Wolis kann man verstehen, wie es im Anfang der Evolution möglicherweise zugegangen ist. Und es ergibt sich auch eine sinnvolle Antwort auf die Frage: Was war zuerst da, Nukleinsäure oder Protein? Ob sich alles genau so zugetragen hat, das kann ich natürlich nicht garantieren. Dass das Leben aber nicht durch eine plötzliche Selbstvermehrung einer Nukleinsäure seinen Anfang genommen hat, da bin ich mir sicher.

Dass die DNS als Kopierschablone logischerweise auch Informationen beinhaltet, hat ihr den Ruf eingetragen, der Träger der Erbinformation zu sein. Sagen wir mal, der für uns „greifbare" Träger. Die Blaupause oder die Konstruktionsanweisung für die „Konstruktion Mensch" ist sie wohl nicht. Aber dieser Träger taugt zumindest dazu, Klon-Versuche zu machen. Nach dem Motto: Mal sehen, ob die Wolis der einen Zelle mit den Genen einer anderen Zelle zurechtkommen. Das übernächste Kapitel wird Anlass dazu geben, zu sehen, was unsere Forscher da, ohne Kenntnis der Wolis, tun.

Aber etwas anderes können wir jetzt feststellen. Die Wolis hatten die Zellmembranen entwickelt. Die Wolis hatten die Zellmembranen mit funktionellen Proteinen ausgestattet. Die Wolis hatten die Enzyme für den Energie- und Baustoffwechsel entwickelt. Die Wolis hatten zum Schluss die DNS entwickelt. Nun war der Einzeller komplett. Seit der Entstehung der Ozeane hatte das etwa eine Milliarde Jahre gedauert und das war vor etwa 3,5 Milliarden Jahren. Es gibt ja immer welche, die nichts dazulernen. Mycoplasmen fristen heute noch auf diesem Stand ihr Dasein, auch als Krankheitserreger.

Aber die Entwicklung ging weiter. Die Wolis als Lebewesen wollen sich vermehren, streben auch nach Selbstverwirklichung. Beides ließ sich nun besser ermöglichen, da quasi autonome Lebensgemeinschaften in Form von Zellen existierten. War man sich einig, wurde die Zelle vergrößert. War man sich nicht einig, wurde die Zelle geteilt, und in jeder der neuen Zellen konnten Wolis ihre eigenen Vorstellungen verwirklichen. Häufig war man sich nicht einig, wie sich aus der Vielfalt der Einzeller schließen lässt. Das Schwierigste bei der Teilung einer Zelle war die Teilung der DNS. Die musste ja vollständig verdoppelt werden. Aber das ging zu Anfang noch sehr schnell. Es war ja noch nicht sehr viel DNS vorhanden. Bakterien, die den Zustand von damals noch haben, teilen sich in Minuten, hoch entwickelte Zellen brauchen Stunden.

2.4 Von der Dorfzelle zur Großstadtzelle

Es entstanden also immer mehr Zellen. Die Wolis dieser Zellen konnten nun ihre Ideen verwirklichen, miteinander konkurrieren um Nahrungsmoleküle, um günstige Plätze und so weiter. Sie verbesserten ihre Zellen, aber es machten natürlich nicht alle die gleichen Erfindungen. Und so gab es bald die unterschiedlichsten Einzeller (Abb. 2.2).

Die meisten Wolis wollten ihre Zellen besser gegen die Umwelt schützen und bauten verstärkte Zellwände. Einige Wolis wollten ihre Zellen bewegen und bauten Antriebsvorrichtungen. In der nächsten Jahrmilliarde wurde aber vor allem das Innenleben der Zellen verändert. Mit zunehmender Komplexität und Größe musste mehr Ordnung geschaffen werden.

Das Darmbakterium Escherichia coli hat den Standard vor Beginn dieser neuen Periode. Wenn unsere Wissenschaftler Escherichia coli mit dem Mikroskop betrachten, dann sehen sie außen eine Zellwand. Anschließend ist die Zellmembran sichtbar. Innen drin ist ein ziemlich wenig strukturiertes Gemenge. Man kann vielleicht noch Bezirke erkennen, wo die DNS in ungeordneten Schleifen liegt. Aber sonst ist da nichts Aufregendes zu erkennen.

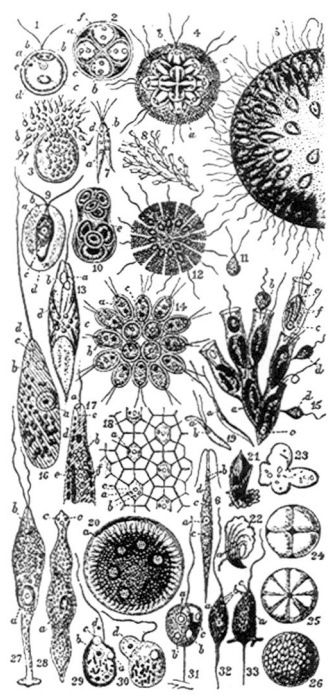

2.2 Zeichnerische Darstellung verschiedener Geißeltierchen, von denen die meisten Einzeller sind. (Aus Encyclopædia Britannica, 11. Edition)

Escherichia coli ist aber nur ein Dorf. Die Großstädte unter den Einzellern oder den Zellen überhaupt sind die Eukaryonten. In eine mittlere Eukaryontenzelle passt Escherichia coli einige Tausendmal hinein. Bei dieser Größe brauchten die Wolis schon eine ausgeprägte Infrastruktur, wenn sie die Zelle verdoppeln wollten. Mit zunehmender Größe haben sie Verstärkungen gebraucht, um den Außenbegrenzungen der Zelle mehr Stabilität zu geben. Die Wolis bauten Geflechte aus Proteinsträngen, die sie in den Zellmembranen befestigten. Sie bauten, ausgehend vom Mittelpunkt der Zelle eine Art dreidimensionales Straßensystem. Das bestand aus speziellen Proteinen, unsere Wissenschaftler nennen sie Tubuline. Aus diesen Tubulinen haben die Wolis Röhren gebaut, die ziemlich steif sind und die Zellen in alle Richtungen durchspannen. Zusätzliche Verbindungen zwischen den Röhren und den Membranverstärkungen komplettieren ein ganzes Gerüst, das der Zelle innere Stabilität verleiht. Unsere Wissenschaftler nennen diese Konstruktion der Wolis Zytoskelett, das Skelett der Zelle (Abb. 2.3).

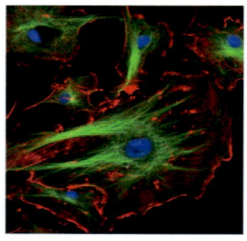

2.3 Mikroskopische Aufnahme der Zytoskelette von Endothelzellen (kleiden Adern und Venen aus). Das Tubulin wurde grün angefärbt. Die Verstärkungen der Zellmembran (Aktinfilamente) sind rot angefärbt. Blau ist der Zellkern.
Quelle: http://rsb.info.nih.gov/ij/images/

Das ist eine anschauliche Bezeichnung. Wie am Skelett der Wirbeltiere die einzelnen Organe befestigt sind, so sind am Zytoskelett die Zellorganellen befestigt. Zellorganellen, das sind die einzelnen Gebäude, welche die Wolis an dieser Infrastruktur, dem Zytoskelett errichtet haben. Aber da habe ich der Entwicklung vorgegriffen. Als erstes erwies es sich als zweckmäßig, den Zusammenbau der Proteine vom Kopierwerk, der DNS, zu trennen. Die Wolis bauten also ein eigenes Gebäude für die Mannschaft der DNS.

Dort werden alle Kopierarbeiten erledigt. Als unsere Naturwissenschaftler endlich, vor etwa 150 Jahren, so weit waren, dass sie Zellen durch das Mikroskop betrachteten (das es damals schon seit 150 Jahren gab), da haben die damaligen Gelehrten feststellen können, dass es die verschiedensten

Mikrolebewesen gibt. Es gab viele, die einen dunklen Fleck im Zellinneren hatten. Es sah aus, als hätte die Zelle einen Kern. Und so haben die Gelehrten das Kopierwerk der Wolis Zellkern genannt.

In der restlichen Zelle werden allerorten Proteine zusammengebaut. Die Enzymkomplexe, die dazu nötig sind, hat man erst im Elektronenmikroskop richtig erkennen können. Man hat auch festgestellt, dass sie überwiegend aus Ribonukleinsäure bestehen und hat sie deswegen Ribosomen genannt. Die Wissenschaftler haben dann weiter festgestellt, dass auch der Zellkern einen Kern enthält. Das ist die Abteilung Ribosomenbau der DNS-Mannschaft.

Es werden also Nukleinsäuren, (Steckdosenbänder, Adapter) die der Proteinherstellung dienen, im Zellkern hergestellt. Die müssen dann in die Zelle transportiert werden. Es werden auch Proteine, die ja im Zellinnenraum hergestellt werden, im Zellkern benötigt. Die Werkzeuge der DNS-Mannschaft sind Proteine. Ein Teil der Ribosomen besteht aus Proteinen. Das bedeutet, dass ein reger Transport in den Kern hinein und aus dem Kern hinaus stattfindet. Transport generell ist aber kein Problem. In der Zelle gibt es ja diese Tubulinrohre, die Mikrotubuli, die Straßen der Zelle. Entlang dieser Mikrotubuli bewegen sich Motorproteine. Sie transportieren größere Frachten, die in Vesikel verpackt sind. Und für den Transport zwischen Kern und Zellinnenraum gibt es genügend Durchgänge, die so genannten Kernporen.

Die Verbesserung der Zellen schritt immer weiter voran. Es wurden Rezeptoren, Abweiser, Antennen an den Außenwänden installiert. Es wurden neue Durchlasskanäle, automatische Pumpen und eine Menge anderer Erfindungen realisiert. Als die Zahl der Proteine, die dafür hergestellt werden mussten, zu groß wurde, ging bald alles durcheinander. Die Wolis mussten weitere Räume schaffen, damit da wieder Ordnung hineinkam. Das Gebäude des Zellkerns hatten sie aus einer doppelten Membran gebaut. Jetzt schlossen sie an die äußere Kernmembran ganze Gangsysteme an. Zu Zeiten der Lichtmikroskopie konnte man diese Gangsysteme bei Einzellern, und Einzelzellen schon erkennen. Sie stellten sich in der Draufsicht netzförmig dar. Das ergab dann den Namen endoplasmatisches Retikulum. (Lateinisch: Retikulum = Netz)

Dieses endoplasmatische Retikulum also erschien im Lichtmikroskop teils glatt, teils rau. Mittlerweile wissen wir, warum das so ist. Die Wolis haben die Produktion bestimmter Proteine an das endoplasmatische Retikulum verlegt. Die dazu nötigen Ribosomen haben sie auf den Membranen des endoplasmatischen Retikulums befestigt. Darum sieht es rau aus. Es ist voller Ribosomen. Da, wo es glatt aussieht, produzieren die Wolis im Innenraum fettähnliche Stoffe, zum Beispiel für den Bau von Membranen.

Wenn eine lange Aminosäurenkette fertig ist, dann wird sie ja erst zum funktionsfähigen Protein, wenn sie richtig gefaltet ist. Wie diese Faltung vor sich geht, ist unseren Wissenschaftlern nicht bekannt. Sie vermuten, dass das automatisch, von allein passiert. Das hieße allerdings, dass nur eine bestimmte, unverwechselbare Faltung möglich wäre. Das halte ich bei großen Proteinen für unwahrscheinlich. Mir erscheint die Annahme sinnvoller, die Wolis sorgen für die richtige Faltung. Das mag auch individuell erfolgen. Denn nicht alle Proteine werden fehlerfrei hergestellt. Aber da gibt es eine Qualitätskontrolle.

Zunächst ist es bemerkenswert, dass in der Membran des rauen endoplasmatischen Retikulums, in der Nähe der Ribosomen, für Proteine passende Kanäle installiert sind. Da

können die Aminosäureketten sofort nach der Herstellung
einiger Peptidbindungen in den Innenraum des endoplasmatischen Retikulums geleitet werden. Wenn sie erst ganz fertig
gestellt würden, könnten sie sich, da sie ja auch über magnet-
ähnliche Stellen verfügen, irgendwie falten. Dann wäre der
Transport durch die Membran mit größeren Schwierigkeiten
verbunden. Durch diese Anordnung von Ribosom und Kanal
werden die Proteine zwar im allgemeinen Zellinnenraum
zusammengesetzt, jedoch sofort in das endoplasmatische
Retikulum importiert und erst dort gefaltet.

Die fertigen Proteine werden von den Wolis im endoplasmatischen Retikulum gesammelt, sortiert, geprüft und
verpackt. Das Verpacken geschieht dadurch, dass die „Ware"
mit Membranmaterial umhüllt wird. Die verpackten Proteine,
also die so entstandenen Vesikel, werden an die jeweiligen
Plätze geschickt, an denen sie benötigt werden. Dort docken
sie an Membranen an und verschmelzen mit diesen. Das
bedeutet, es bewegt sich durch die Zelle eine Menge von
Membranbläschen (Vesikeln) mit einer sortierten Fracht zu
bestimmten Adressen. Das haben unsere Forscher herausgefunden. Sie haben auch herausgefunden, dass Proteine, die
fehlerhaft sind, vor der Verpackung aussortiert und an in der
Zelle befindliche Entsorgungsbetriebe weitergeleitet werden.
Die Wolis haben also eine Qualitätskontrolle eingerichtet. Das
ist wieder ein individueller Vorgang, der schlecht zu programmieren ist. Automaten sind dafür wohl nicht sinnvoll.
Das werden die Wolis schon selber machen müssen. Wieder
ein Beleg dafür, dass ohne Wolis das Funktionieren einer Zelle
nicht denkbar ist. Und es geht weiter.

Es gibt auch Ribosomen im Zellinnenraum, die nicht an
Membranen gebunden sind. Auch sie produzieren Proteine,
die irgendwo gebraucht werden. Der deutsche Forscher Gün-

ter Blobel, der schon seit langem in den USA forscht, hat sich
bereits in den 70er Jahren des 20. Jahrhunderts seine Gedanken darüber gemacht, wie denn die Wolis ihre Proteine adres-
sieren. Von den Wolis hat er natürlich nichts gewusst. Er hat
jedoch herausgefunden, dass die Proteine Etiketten tragen, die
sie ihrem Bestimmungsort zuordnen. Wer sie an den Bestimmungsort bringt, das hat er nicht herausgefunden. Aber dass
dieses Adressetikett auch eine Art automatischer Türöffner ist,
das hat er schon herausgefunden. Zum Beispiel sind die
Kernporen, die Türen im Zellkern, ein wenig geöffnet. Kleine
Moleküle, wie Ribosen oder Purinbasen können da schon
hinein. Proteine sind aber zu groß. Da muss die Tür weit
aufgemacht werden. Das geschieht aber nur, wenn das Protein
das richtige Etikett hat. Sonst bleibt das Protein draußen. Für
diese Entdeckungen hat Günter Blobel im Jahre 1999 den
Nobelpreis für Medizin erhalten.

Wie funktioniert die Adressierung aber, wenn die Proteine in Vesikeln verpackt sind? Dann müsste ja das Etikett auf
den Vesikeln angebracht sein. Darauf haben unsere Wissenschaftler noch keine genauen Antworten. Es wäre auch interessant herauszufinden, wie denn die Regelung des Bedarfs
stattfindet. Wenn zum Beispiel die Zelle mechanisch beschä-
digt wird, wie gelangt diese Nachricht an das Kopierwerk und
den Etikettierdienst? Und wie erfährt die Produktionsabtei-
lung, welche Proteine vermehrt hergestellt werden müssen?

Es scheinen aber auch Standardwege zu bestehen. Sehr
viele Vesikel, die das endoplasmatische Retikulum verlassen,
sind an die nächste Fabrik adressiert, nämlich an den Golgi-
Apparat. Die Namensgeber wollten den italienischen Anatomen Camillo Golgi auf diese Weise ehren. Der Golgi-Apparat
besteht aus mehreren aus Membranen hergestellten Gebäuden. Die Wolis, die dort arbeiten, stellen komplexe Zucker-

moleküle her. Diese werden an gelieferte Proteine angebaut. Die so modifizierten Proteine werden verpackt und weiter versandt. Die Verpackungsmethode entspricht der des endoplasmatischen Retikulums.

Durch die Vergrößerung der Zellen und den damit verbundenen großen Proteinumsatz stieg auch die Anzahl der fehlerhaften Produkte. Die musste man ja irgendwie loswerden. Außerdem ist bekannt, dass Werkzeuge nicht ewig halten. Die Wolis mussten also auch schadhafte Werkzeuge entsorgen. Also bauten die Wolis Recycling-Anlagen. Diese membranumschlossenen runden Gebäude bestückten sie mit einer Vielzahl von Enzymen. Das war sozusagen der Zellmagen. Er enthielt auch mehr Säure, als der allgemeine Zellinnenraum. Wieder verwendbare Aminosäuren und andere wieder verwendbare Moleküle wurden aus diesem Zellmagen heraus in den allgemeinen Zellkreislauf zurückgeschleust. Der nicht verwertbare Abfall wurde verpackt und aus der Zelle befördert. Die schwamm ja zu den Zeiten, die wir immer noch betrachten, im Meer oder saß im Meer auf irgendwelchen Unterlagen.

Es gab wohl auch bei den Eukaryonten schon Wolis, die auf Raub aus waren. So ein kleines Bakterium, das konnte man von der Größe her leicht fangen, wenn man die richtigen Angeln hatte. Auch hier wurde der Zellmagen, das so genannte Lysosom gebraucht, um an die Einzelteile des Bakteriums zu kommen.

2.5 Sauerstoff zur Energiebeschaffung

Im Laufe der Evolution sind noch weitere Organellen hinzugekommen, aber das hat etwas zu tun mit der Sintflut der Wolis. Die Erfindung des Chlorophylls liegt schon lange zurück in der Entwicklungsgeschichte. Die Wissenschaftler schätzen, dass die ersten Cyanobakterien, das waren die ersten Chlorophyllbesitzer, etwa 100 Millionen Jahre bis 200 Millionen Jahre nach der Entstehung der ersten Zellen auftraten. Seit dieser Zeit wurde also Sauerstoff als Nebenprodukt, um nicht zu sagen als Abfall der Photosynthese frei. Auf die Zusammensetzung der Atmosphäre unserer Erde hatte das aber keinen Einfluss. Der Sauerstoffgehalt blieb bei etwa 0,5%. Der Sauerstoffgehalt des Meeres stieg auch nicht bemerkenswert an. Es war viel Eisen im Meer zu dieser Zeit. Das Eisen verband sich mit dem Sauerstoff. Der so entstehende Rost setzte sich am Meeresgrund ab. Die Wolis konnten in einem konstanten Milieu ihre Entwicklungen vorantreiben. Ihre Schaffenskraft wurde nur durch den Energiebedarf gebremst. Den deckten sie, indem sie bestimmte Zuckermoleküle, nämlich die Moleküle der Glukose, in zwei Teile zerlegten und die dabei frei werdende Bindungsenergie nutzten. Und damit konnten sie anscheinend keine großen Sprünge machen.

Aber nach etwa zwei Milliarden Jahren Zellendasein, davon etwa einer Milliarde Jahren Eukaryontendasein stieg relativ plötzlich der Sauerstoffgehalt des Wassers. Das Eisen im Meer war verbraucht. Jetzt blieb der Sauerstoff ungebunden erhalten. Der Sauerstoff ist für die Wolis so ähnlich wie für uns Menschen das Wasser. Trinken können wir ein Leben lang, aber darin schwimmen? Dass Sauerstoff gern und ganz spontan mit Wasserstoff reagiert, haben wir ja gesehen. Sauerstoff ist ganz allgemein ein sehr reaktionsfreudiges Element.

Ein bisschen Sauerstoff brauchten die Wolis schon für ihren Zellstoffwechsel. Aber jetzt kam er ja durch die Membranen hindurch, die ihn nicht vollständig abschirmen konnten und blockierte oder störte viele Arbeiten, welche die Wolis in der Zelle durchführen wollten. Immer mehr Automaten fielen aus, so dass immer mehr Zellen aufgegeben werden mussten. Nur durch Handarbeit ließen sich Eukaryontenzellen nicht mehr in Gang halten. Der Anstieg des Sauerstoffs war für die damaligen Städte der Wolis, die Eukaryontenzellen, praktisch eine Sintflut.

Die Handarbeiter, die im kleinen Stil weitergelebt hatten, die hatten mehr Chancen. Die Cyanobakterien, deren Wolis ja die Chlorophyllerfinder waren, gehörten zu den Handarbeits- und Handwerksbetrieben. Es gibt sie heute noch als Blaualgen. Aber deren Energieversorgung war ja gesichert. Die brauchten sich nicht anzustrengen um zu überleben.

Andere Wolis sahen in der Veränderung eine Chance. Sie kannten die Kraft des Sauerstoffs und versuchten sie zur Energiegewinnung auszunutzen. Wenn wir es schaffen, Wasserstoff mit Sauerstoff so zusammenzubringen, dass es langsam geht, ohne Knall, dann können wir dadurch vielleicht mehr Energie für uns nutzbar machen als durch die einfache Spaltung von Glukose. Das müssen diese Wolis gedacht haben, denn sie brachten eine tolle Ingenieurleistung zustande.

Wasserstoff fiel schon bei der einfachen Spaltung der Glukose ab. Da hatten ihn die Wolis an ein Enzym gebunden. Sie mussten sehr vorsichtig mit dem Wasserstoff umgehen, damit der überall vorhandene Sauerstoff nicht vorzeitig an den Wasserstoff gelangen konnte. In dem von ihnen betriebenen Bakterium entwickelten diese Wolis spezielle Maschinen, die sie in der Membran installierten. Sie steuerten die Wasser-

stoff tragenden Enzyme in geschützte Bereiche der neuen
Maschinen. Dort wurde der Wasserstoff abgenommen und
durch die Maschine in Kern und Elektron zerlegt. Die Maschine der Wolis nutzte die Elektronen anziehende Kraft
verschiedener Metallionen aus. Mit dieser Kraft trieb sie
Pumpen an, welche die Wasserstoffkerne auf die andere Seite
der Membran pumpten. Während die Elektronen von einem
Ion zum nächsten transportiert und am Ende mit dem Sauerstoff vereinigt wurden, häuften sich die positiv geladenen
Kerne auf der anderen Seite der Membran an und erzeugten
sowohl eine elektrische als auch eine osmotische Spannung.
Das nutzten die Wolis wiederum aus. Sie bauten eine Schleu-
se, über welche die Kerne zurück in die Zelle gelangen konnten. Die dabei auftretende Strömung benutzten sie, um ihre
Phosphat-Energiespeicher aufzuladen.

Mit ihrer neuen Maschine, welche die Aufladung ihrer
Energiespeicher durch Nutzung von Sauerstoff ermöglichte,
hatten diese Wolis gleich zwei Fliegen mit einer Klappe erschlagen. Erstens konnten sie nun aus einem Glukosemolekül
10 bis 20mal so viel Energie herausholen wie bisher und
zweitens konnten sie den Sauerstoffgehalt des Wassers in
ihren Zellen reduzieren.

Eukaryonten, die sich mehr in den Randgebieten der
Katastrophe befanden, hatten natürlich auch versucht, den
überschüssigen Sauerstoff loszuwerden. Da der Sauerstoff
sehr reaktionsfreudig ist, kann man ihn leicht zu irgendwelchen Reaktionen bringen. Wenn er dann gebunden ist, schadet
er nicht mehr, außer, dass der Müll mehr wird. Aber es wäre
natürlich gut, wenn er nützen würde. Die Wolis der Eukaryonten taten, was sie konnten. Sie bauten Enzyme, die den
Sauerstoff in unschädliche Verbindungen überführten. Aus
dieser Zeit dürften Zellorganellen stammen, die unsere Wis-

senschaftler Peroxisomen genannt haben. Sie verarbeiten zwar Sauerstoff, aber mehr als der Abbau von Fettsäuren und eine gewisse Entgiftungsfunktion ist dabei nicht herausgekommen. Sie leisten uns heute allerdings in Leber und Nieren gute Dienste bei der Entgiftung, zum Beispiel, wenn wir zu viel Alkohol im Blut haben. Aber damals war das natürlich nicht die zündende Idee.

Vielleicht ist es kein Zufall, dass bei den großen Eukaryonten die Zellatmung nicht erfunden wurde. Aus unserer gewohnten Welt wissen wir, dass große Firmen zwar viele Patente produzieren, aber die Erfindungshöhe ist meistens umgekehrt proportional zur Firmengröße.

Bei den Wolis wird es nicht anders gewesen sein. Wenn kleine Firmen bahnbrechende Erfindungen machen, dann versuchen große Firmen diese Kleinen aufzukaufen, um selber maximal von der Erfindung profitieren zu können. Für die Kleinen ist es manchmal auch ganz gut, den Schutz und die erweiterten Möglichkeiten der Großen nutzen zu können. Und so haben unsere Wissenschaftler Hinweise gefunden, dass schon vor etwa 1,5 Milliarden Jahren Eukaryonten auftauchten, die in ihrem Inneren Bakterien hatten. Und siehe da, diese Bakterien hatten die Energiegewinnung aus Sauerstoff für die Eukaryontenzelle übernommen. Die Wolis beider Zellen müssen ein Kooperations-Abkommen geschlossen haben. Heute ist diese Zusammenarbeit nicht mehr zu lösen. Keiner kann ohne den Anderen leben. Diese Bakterien heißen mittlerweile Mitochondrien und zählen zu den Zellorganellen (Abb. 2.4). Und obwohl deren Wolis ein eigenständiges Leben führen, das Mitochondrium teilen, wenn es nötig ist, eine eigene DNS mit eigener Proteinproduktion haben, sind sie doch auf die Einrichtungen der großen Zelle angewiesen. Die Produktion der meisten Proteine haben sie den Wolis der großen Zelle überlassen. Diese wiederum müsste ohne die Mitochondrien mangels ausreichender Energie ihren Betrieb einstellen.

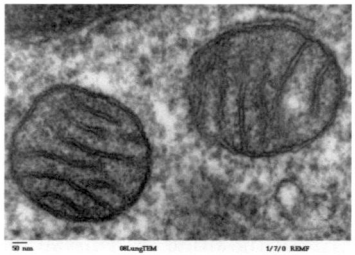

2.4 Elektronenmikroskopische Aufnahme von zwei Mitochondrien. Quelle: http://remf.dartmouth.edu/imagesindex.html, Louisa Howard

Die Nutzung des Sauerstoffs zur Energiebeschaffung war ein weiterer Meilenstein in der Entwicklung des Lebens. Die Sauerstoffatmung verbreitete sich über die ganze Welt. Als die Massenzeller entstanden, wurden die erforderlichen Transportsysteme für den Transport von Sauerstoff mit ausgelegt. Dabei war nicht alles rot, was Blut war. Tintenfische und Krebse haben blaues Blut. Auch grün als Blutfarbe ist bei den Lebewesen vertreten. Nicht alle Wolis gingen mit der Zeit. Es gibt heute noch welche, deren Zellen keinen Sauerstoff nutzen können. Das sind die so genannten anaeroben Bakterien. Aber innerhalb von 800 Millionen Jahren war die Zahl der Sauerstoffnutzer so weit angestiegen, dass der Sauerstoffgehalt der Atmosphäre konstant blieb. Was die Chlorophyllbesitzer an Sauerstoff produzierten, das wurde von den Sauerstoffnutzern wieder verbraucht. Was die Sauerstoffnutzer an Kohlendioxid, dem Endprodukt ihres Energiestoffwechsels, ausschieden, wurde vom Meer aufgenommen oder von den Chlorophyllbesitzern zur Synthese verwendet.

Seitdem haben wir 20% Sauerstoff in der Luft. Das hat sich so ergeben. Und das hat für Jahrmillionen funktioniert. Wenn wir jetzt anfangen, durch die industrielle Entwicklung der Menschheit den Kohlendioxidgehalt der Atmosphäre zu erhöhen und gleichzeitig den Pflanzenbestand zu vermindern, dann geben wir den Wolis eine Chance, neue Arten hervorzubringen, die damit umgehen können. Dass unsere Menschen-Wolis das so schnell schaffen, halte ich nicht für wahrscheinlich. Unsere Wolis setzen auf die Entwicklung der Großhirnrinde. Der Weg wäre dann, über technische Lösungen am Leben zu bleiben. Riesengewächshäuser, in denen die Menschen dann leben, und ähnliches.

2.6 Die Variation der DNS

Die Wolis haben in jeder Phase ihrer Entwicklung darauf geachtet, das bisher gemeinsam Geschaffene auch reproduzieren zu können. Am Beispiel des Menschen, siehe Titel dieses Buches, werden wir das im übernächsten Kapitel nachvollziehen. Zunächst möchte ich Ihnen aber noch zeigen, wie Erfindungen der Wolis innerhalb der Populationen verbreitet werden, um im Wettbewerb gegenüber anderen Populationen Vorteile zu erringen und um sich besser an die Umwelt anzupassen. Auch ohne direkten Zusammenschluss gibt es offenbar schon Kommunikation und Zusammenhalt in Populationen. Wenn man die Wolis im Sinn hat, muss man das folgern. Ohne Wolis käme man gar nicht auf die Idee.

Unsere Wissenschaftler haben beobachtet, dass Bakterien, die normalerweise frei herumschwimmen, sich ab und zu mit Artgenossen treffen. Es gibt da welche, die machen das besonders häufig. Die Bakterien legen sich dann Seite an Seite und die Besatzungen bauen eine Verbindung. Über diese Verbindung wird dann ein DNS-Stück von dem Bakterium, das häufig Kontakte sucht zu dem Bakterium, das selten

Kontakte sucht, transferiert. Die Wissenschaftler nennen das Konjugation. Wahrscheinlich haben die Häufigkonjugierer Erfindungen gemacht, die sie jetzt den anderen Bakterien in Form der DNS „verkaufen". Das bringt Zuwachs an DNS, größeren Variantenreichtum der Art und verbessert die Überlebenschancen. Zum Beispiel wenn die Wolis des Bakteriums Escherichia coli die DNS für das Penicillin spaltende Enzym Penicillinase „gekauft" haben. Gelangt dieses Bakterium in einem menschlichen Darm, dann kann es die nächste Penicillin-Verordnung des Arztes überstehen.

Dieses Verhalten der Konjugation ist wohl schon sehr lange vorhanden. Die Wolis teilten ihre Bakterien, so oft es Nahrungsangebot und Stoffwechsel erlaubten. Aber von Zeit zu Zeit tauschten sie sich mit Artgenossen aus, um ihre DNS aufzufrischen. Als die Menge der DNS sehr groß wurde, als die Eukaryontenzellen entstanden, erwies es sich wahrscheinlich als unpraktisch, einzelne Abschnitte herauszukopieren. Die Wolis hatten für die Zellteilung ein besonderes Verfahren zur Teilung der verdoppelten DNS entwickelt. Es war einfacher, den gesamten DNS-Satz wie bei einer Zellteilung zu verdoppeln und dann einen Satz an die Kollegen vom anderen Organismus abzugeben. Also tauschten sie komplette DNS-Sätze aus. Nun hatten sie zwei um wenige Nuancen unterschiedliche DNS-Sätze.

Es gibt auch eine Zwischenstufe: Wimpertierchen, das sind Einzeller, zu denen auch das bekannte Pantoffeltierchen zählt, sortieren anscheinend ihre DNS in das, was sie tauschen wollen und das was sie nicht tauschen wollen. Sie haben daher mehrere Kerne.

Es kommt auch heute noch vor, dass Einzeller heiraten. Die Wolis machen aus ihren zwei Häusern eines, das heißt, zwei gleiche Zellen verschmelzen zu einer Zelle. Den Hausrat tun die Wolis auch zusammen, die DNS-Stränge bleiben aber separat. So ist eine Zelle mit zwei DNS-Strängen entstanden.

Wir kennen also jetzt zwei Wege, auf denen Einzeller zu doppelter DNS kommen konnten, nämlich durch Konjugation und durch Zellheirat. Heute haben fast alle Eukaryonten einen doppelten DNS-Satz, die Viel- und Massenzeller sowieso. Es hat sich wohl im Laufe der Jahrmilliarden der Evolution herausgestellt, dass die Chancen zum Erhalt ihrer Konstruktionen bei wechselnden Umweltbedingungen für diejenigen Wolis besser waren, die bei bestimmten Ausstattungsdetails eine Wahlmöglichkeit hatten.

Warum gibt es dann keine Zellen mit drei, vier oder mehr DNS-Sätzen? Vermutlich ist das auch versucht worden, hat sich aber nicht bewährt. Den Vorteilen einer größeren Auswahl stehen die Nachteile des aufwendigeren Unterhalts gegenüber. Bei den Personenwagen haben sich vier Räder durchgesetzt, obwohl sechs oder acht Räder geländegängiger wären, die Möglichkeiten also erweiterten. Es haben sich aber Straßen „entwickelt" und Geschwindigkeit als selektives Merkmal herausgestellt.

So achten die Wolis der Einzeller darauf, dass bei weiteren Heiraten der Hausrat nicht die doppelte Ausstattung überschreitet. Sie haben bald nachdem das Leben mit zwei DNS-Sätzen Mode wurde, besondere Heiratszellen gebaut, die nur einen einfachen DNS-Satz enthielten. Diese Heiratszellen suchten und fanden andere Heiratszellen. Sie vereinigten ihre Zellen und hatten auf diese Weise wieder eine Zelle mit dem doppelten DNS-Satz, allerdings in einer neuen Kombination, die sich geringfügig von ihren ursprünglichen DNS-Sätzen unterschied. Dann teilten sie ihre Zellen eine Weile wie in alten Zeiten. Wenn es die Umstände ergaben, wurden sie wieder heiratslustig und bauten Heiratszellen. Und da die

Umstände nicht programmiert sind, handelt es sich dabei um individuelles Verhalten, das Lebensträger voraussetzt. Wieder ein Beweis für die Existenz der Wolis.

Als die ersten Vielzeller auftraten, war in deren DNS ja der Kooperationsvertrag irgendwie enthalten oder zumindest als unsichtbare Beigabe vorhanden. Das ergibt sich aus der Tatsache, dass der Zusammenschluss nicht immer wieder neu stattfinden muss. Es ist von vornherein festgelegt, welche Zellen wann und wo gebaut und wie betrieben werden müssen. Irgendwie werden mit der DNS auch die Konstruktionsanweisungen mitgeliefert. Es reicht ja nicht aus, wenn die Wolis die speziellen Proteine für die Zellen ihrer Art herstellen können. Sie müssen auch wissen, wo diese Bauteile eingebaut werden müssen, das heißt, in welche Richtung sich Zellen teilen müssen. Ob wir fünf Finger oder sechs Finger haben, das lässt sich nicht von vornherein an den Bausteinen ablesen, die für die Konstruktion der Finger von der DNS kopiert werden. Da müssen wohl Entwicklungsrichtung, eine Einbauanweisung und auch der Einbauort für die Zellen mitgeliefert werden. Das kann man schon daraus schließen, dass die Paarung verschiedener Arten nicht klappt. Die Wolis können Einbauanweisungen nicht einhalten, da nicht alle Entwicklungsrichtungen identisch sein können und manchmal der Einbauort gar nicht existiert.

Entsprechend dem Kooperationsvertrag und den Konstruktionsanweisungen bauen die Vielzeller auch Heiratszellen. Die bauen nach ihrer Heirat demnach nicht nur einzelne Zellen, sondern den gleichen Vielzeller, aus dem sie abstammen.

Aber auch die Vielzeller konnten von der Methode des Klonens, das heißt der identischen Reproduktion, noch nicht lassen. Hydra kann zwar auch Heiratszellen bauen, zieht aber im Allgemeinen das Klonen vor. Die geschlechtliche Vermehrung, um zu neuen DNS-Varianten zu kommen, versuchen deren Wolis nur, wenn es um die Überlebensbedingungen nicht mehr so gut bestellt ist. (Individuelles Verhalten!)

Bei der Reproduktion eines Einzellers entstehen aus einem autonomen Organismus durch die Zellteilung zwei identische autonome, also geklonte Organismen. Wenn es den Wolis von Hydra in ihrer Konstruktion zu eng wird, produzieren sie auch zwei identische autonome, geklonte Organismen. Dazu müssen sie aber viele nicht mehr autonome Zellen nach einem bestimmten System teilen. Aus dem Körper von Hydra wächst dann eine Art Knospe, die sich zu einer vollständigen Hydra entwickelt. Dieses Kind schnürt sich von der Mutter ab und wird dann selbst irgendwo in der Nähe sesshaft.

Bei den sesshaft lebenden Vielzellern war die Umgebung durch die Knospungen, das heißt, durch die ungeschlechtliche Vermehrung, bald übersetzt. Daher sind deren Wolis dazu übergegangen, in jeder zweiten Generation schwimmende, mit Heiratszellen ausgerüstete Konstruktionen loszuschicken, die durch Knospung entstanden sind. Die Quallen sind uns aus dieser Zeit erhalten geblieben. Sie sind die Abgesandten von sesshaften Polypen, die ein neues Revier suchen. Vor allem suchen sie aber einen Partner zur Verdoppelung ihrer DNS. Diese Aufgabe haben sie den Spezialisten der Heiratszellen übertragen.

Treffen sich zwei Quallen, so schicken deren Wolis die Heiratszellen los. Die Mannschaften der Heiratszellen absolvieren das Andockmanöver, vereinigen die Zellen und vor allem die DNS-Bestände. Dann suchen sie sich einen festen Platz am Meeresgrund und bauen wieder einen Polypen. Die Quallen schwimmen weiter. Bei der geschlechtlichen Vermehrung ist hier eine Veränderung des Lebensraumes mit der Veränderung der DNS verbunden. Und das ist so sinnvoll, dass es nicht zufällig sein kann.

2.7 Das Ende des Klonens

Eine große Veränderung war der Landgang der Wolis. Da konnten sie nicht mehr ihre Heiratszellen in das Wasser entlassen und davonschwimmen. Sie mussten eine neue Möglichkeit finden, wie die Heiratszellen zusammenkommen konnten.

Auch war das Leben an Land mit wesentlich größeren Schwankungen der Umweltbedingungen verbunden. Da war es mal nass, mal trocken. Es wehte der Wind. Mal war es warm mal kalt. Im Wasser war das alles viel gleichmäßiger gewesen. Also beschlossen Erfinder der „landgängigen" Konstruktionen, um größere Überlebenschancen für ihre Konstruktionen zu erreichen, grundsätzlich auf die geschlechtliche Vermehrung zu setzen.

Die Wolis mussten wieder einmal die Findigkeit ihrer Konstrukteure in Anspruch nehmen. Die bauten einen Hochzeitsraum, in dem sich die Heiratszellen treffen konnten. Dieser Hochzeitsraum befand sich in den Individuen. Er war durch eine Öffnung von außen zu erreichen. Da die Hochzeit aber der Variation der DNS diente, musste ein zweites Individuum seine Heiratszellen in diesen Hochzeitsraum bringen. Am zweckmäßigsten ließ sich das bewerkstelligen, indem man ein rohrförmiges Passstück in die Öffnung zum Hochzeitsraum einführte. Die meisten Woli-Ingenieure sind diesen Weg auch gegangen. Angefangen bei den Würmern über die Insekten bis hin zum Menschen. Daraus hat sich ergeben, dass es in den einzelnen Arten zwei verschiedene Individuen gibt, die Männchen und die Weibchen. Es gibt aber auch Salamander, deren Männchen ihre Heiratszellen in Schutzhüllen verpackt auf dem Boden ablegen. Die Weibchen müssen dann sehen, wie sie die in ihren Hochzeitsraum hineinbekommen. Es gibt auch Konstruktionen, die Männchen und Weibchen gleichzeitig sind, wie zum Beispiel die Schnecken.

Zwei weitere Konsequenzen haben sich aus diesem Unterschied zwischen Männchen und Weibchen ergeben. Erstens können die weiblichen Heiratszellen direkt im Hochzeitsraum bereitgestellt werden, während die männlichen Hochzeitszellen einen längeren Weg zurückzulegen haben. Folglich haben die Wolis die männlichen Heiratszellen, die wir jetzt auch Samenzellen oder Spermien nennen können, klein und beweglich gemacht. Sie bestehen praktisch nur aus einer Kapsel, welche die DNS enthält und dem Antriebsaggregat und natürlich einer hoch spezialisierten Wolimannschaft. Die weiblichen Heiratszellen, die wir jetzt auch Eizellen nennen können, sind groß. Sie beherbergen, außer der DNS und der hochspezialisierten Wolimannschaft, die Vorräte für die erste Phase des Neubaus bei lebend gebärenden Arten. Bei den Eierlegern muss der Vorrat für den gesamten Neubau reichen. Die Wolis der Samenzellen bringen ja nur Baupläne und fast kein Material.

Zweitens war es für das Zusammenkommen der Heiratszellen, was wir nun auch geschlechtliche Vereinigung nennen können, erforderlich, dass männliche und weibliche Individuen in körperlichen Kontakt kamen. Das ist auf dieser Welt oft mit Problemen verbunden. Nicht alle Kreaturen sind freundlich zu einander. Es haben sich da, besonders bei den Wirbeltieren, bestimmte Sicherheitsabstände ausgeprägt. Die sind, abhängig von der Art und wohl auch von dem Gegen-

über unterschiedlich groß. Ihr Unterschreiten löst Flucht oder
Aggression aus. Die Wolis haben da etwas tun müssen, damit
ihre Erfindung der geschlechtlichen Vereinigung nicht an
einer anderen, ebenfalls für die Arterhaltung wichtigen Verhaltensweise scheiterte. Sie entwickelten Vertrauen bildende
Maßnahmen. Bei den Vögeln sind das die Balzrituale, bei
anderen Tieren werden auch Werbungsrituale durchlaufen.
Wenn Sie Naturfreund sind, dann kennen Sie das sicher. Beim
Stichling, beim Webervogel, beim Storch kann man ein-
drucksvolle Beispiele beobachten. Nicht zu vergessen der
Mensch. Wenn man mal an einem Zeitungskiosk vorbeigeht,
was man da an kommerziell missbrauchten Abbildungen von
Balzritualen sehen kann, ist schon erstaunlich.

Haben die vertrauensbildenden Maßnahmen dazu geführt, dass es zum Körperkontakt kommt, dann sind die Wolis
aller Körperzellen in Aufregung. Die Wolis der Zentrale, die
sonst bestimmen, was getan wird, können sich nicht mehr so
richtig durchsetzen. Alle wollen, dass die Heiratszellen zueinander kommen. Es ist wie bei einer Riesenolympiade. 300
Millionen Spermien werden beim Menschen auf die Reise
geschickt. Etwa 200 erreichen den Ort der Befruchtung. Aber
nur eines dringt normalerweise in die Eizelle ein. Dann haben
sie sich also gefunden, die Heiratszellen, und deren Wolis
können mit dem Bau eines neuen Individuums beginnen
(Abb. 2.5).

Bevor wir allerdings den Bau eines neuen Individuums
am Beispiel des Menschen näher betrachten, sollten wir uns
mehr allgemeinen Konstruktionsprinzipien zuwenden. Auch
hier wird die „Handschrift" der Wolis deutlich.

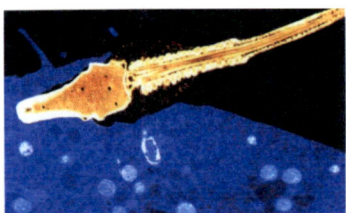 

2.5 Links: Spermium beim Eintritt in die Eizelle. Rechts: Eizelle nach Eintritt des Spermiums. Die Strukturen des Spermiums sind demontiert. Die Wolis sind kurz davor, die DNS-Sätze zu vereinigen. (Mit freundlicher Genehmigung von Henry Sathananthan.)

3 Die Organisation der Massenzeller

Kommen wir zurück zum Leben der Zellen im Meer. Wie kann man überleben und sich weiter entwickeln, wenn die dazu notwendige Energie (in Form von Nahrung) nicht mehr so grenzenlos zur Verfügung steht? Zusammenschluss war die Devise. In dieser mittlerweile riesigen Masse der hoch entwickelten Einzeller gab es vor etwa 700 Millionen Jahren Wolis, welche die Idee hatten, den neuen durch die Nutzung von Sauerstoff bedingten Energiereichtum auszunutzen, um eine Kooperation und einen Zusammenschluss gleicher Zellen zu starten. Das war eine wahnsinnige Herausforderung. Wenn man bedenkt, dass mehr als 90% der lebenden Organismen auf unserer Erde immer noch Einzeller sind, dann kann man vielleicht ermessen, was unsere Woli-Vorfahren da geleistet haben.

Man kann diese Kooperation, den Übergang zum Vielzeller durchaus auch als Meilenstein in der Evolution bezeichnen. Aus dem Prinzip der Kooperation und des Zusammenschlusses hat sich einiges ergeben. Die Kreativabteilung der kooperativen Wolis sind ohne Zweifel die Konstrukteure der Arthropoden (Spinnentiere, Krebse, Tausendfüßler und Insekten). Sie bringen es auf über eine Million Arten. Das sind etwa 80% aller lebenden Tierarten. Die Konstrukteure der Wirbeltiere bringen es nur auf 46.500 Arten. Darunter ist allerdings der Mensch, der das Prinzip der Kooperation in der nächsten Ebene sehr erfolgreich weiterführt.

Kooperation und Zusammenschluss bringen viele Vorteile. Gemeinsam ist man stärker. Man kann die gemeinsamen Aufgaben aufteilen. Es entwickeln sich Spezialisten, die effektiver Probleme lösen. Und Probleme ergeben sich durch den Zusammenschluss zu Massenzellern zur Genüge.

Wie schon erwähnt, ermöglicht die Größe den Massenzellern, Beute zu fangen. Versuchen Sie doch bitte mal zu erklären, wie der evolutionäre Schritt zum Beutefang ohne die Wolis sich darstellen könnte. Mir fällt da nichts ein, obwohl ich mich über meine Findigkeit nicht beklagen kann. Für mich ist das eindeutig ein kluges Verhalten, eine Erfindung, die vorausschauender Planung bedurfte. Eine Leistung von Lebensträgern, eine Leistung der Wolis, ein weiteres Indiz für deren Existenz. Wenn ich Beute fangen will, muss ich mich bewegen können. Wenn ich Beute fangen will, muss ich die Beute wahrnehmen können. Die Wolis haben also Bewegungsorgane entwerfen und bauen müssen. Muskeln sind entstanden, Skelette und Gelenke. Aber das half nichts, wenn nicht gleichzeitig auch die Wahrnehmungsorgane entstanden, die es erlaubten, die Bewegung auf ein Ziel zu richten. Selbst wenn die Bewegung nur dazu dient, ein Maul zu schließen, dann muss eine Wahrnehmung vorhanden sein, die sagt, wann das zu geschehen hat, um die Beute zu fangen. Und, natürlich, es muss eine Verbindung, eine Abstimmung zwischen Wahrnehmung und Muskel da sein.

Die Wolis begannen also Spezialisten auszubilden, die sich mit der Konstruktion von Bewegungsapparaten, von Informationsempfängern und mit Kommunikationstechnik befassten. Sie haben über Jahrmillionen hinweg ihre Erfindungen verbessert und erweitert, nur die Bausteine blieben immer die gleichen. Die Wolis arbeiten mit Atomen und Molekülen. Schauen wir uns einmal an, was sie bis heute zustande gebracht haben.

3.1 Die Realisierung der Beweglichkeit

Viele Einzeller sind ja beweglich, auch haben die Wolis innerhalb der Zellen Transportprobleme zu lösen. Es sind daher
schon in der Urzeit der Zellen in einer Art Druckknopfprinzip
zugfeste, relativ steife Ketten hergestellt worden. Als Ketten-
glied diente den Wolis das Aktin, ein Protein, das aus 375
Aminosäuren zusammengesetzt ist. Diese Ketten, die Aktinfilamente, waren also, wahrscheinlich seit mehr als einer Milliarde Jahren in Einzellern vorhanden. Damit werden zum
Beispiel die Zellwände verstärkt. Des Weiteren gibt es in
Einzellern, wahrscheinlich auch seit einer Milliarde Jahren die
Motorproteine, zum Beispiel Dyneine, die auf den Straßen der
Zelle, den Mikrotubuli entlangfahren und Lasten befördern.
So ein Motorprotein ist auch das Myosin. Durch das Elektro-
nenmikroskop betrachtet, sieht es aus wie eine Schlange mit
einem dicken Kopf. Das Aktin und das Myosin waren das
Ausgangsmaterial für unsere Muskeln.

Aus Aktin und Myosin konstruierten die Wolis Funktionseinheiten, die sich verkürzen können. Diese Funktionseinheiten heißen Sarkomere, was nichts weiter als Muskelteilchen
bedeutet. Ein Sarkomer ist 2,2 Mikrometer lang, also etwa 2
Tausendstel Millimeter. Den Aufbau der Sarkomere haben die
Wissenschaftler herausgefunden bis auf die molekulare Ebene
hinab. Die genaue Funktion ist ihnen aber bislang verborgen
geblieben. Ich meine, dass die Funktion auf der Ebene der
Energie erklärt werden kann, da kennen sich die Wolis ja gut
aus. Energetische Prozesse sind so fein, dass man sie mit
unseren Mitteln eben nicht mehr erkennen kann. Daher gibt es
darüber auch nur sehr unanschauliche Hypothesen.

Haben Sie sich schon einmal gefragt, was das eigentlich ist, das Fleisch, wenn Sie ein Steak oder ein Stück Vorderschinken mit Messer und Gabel bearbeiten?

Ein durchschnittlicher menschlicher Bizeps besteht im Wesentlichen aus ca. 600.000 Muskelfasern. Jede Muskelfaser enthält circa 400 Myofibrillen. Die Myofibrillen sind Ketten aus den oben erwähnten Sarkomeren. Pro 1cm Myofibrille sind etwa 5000 Sarkomere aneinandergereiht. Für den gesamten zweiköpfigen Oberarmmuskel, den Bizeps, sind das etwa 7,5 Billionen Sarkomere (Abb. 3.1).

Die Sarkomere sind wie Bienenwaben gruppiert. Jeweils sechs Aktinfilamente umschließen einen Stab, der aus Myosineinheiten sozusagen geflochten ist. Die Schwänze des Myosins bilden den Stab, die Köpfe ragen in einem regelmäßigen Muster heraus. Die Aktinfilamente sind an scheibenförmigen Proteinen befestigt und zwar nur an einem Ende. Das andere Ende des Aktins ragt frei in den Raum. Es wird also ein Sarkomer von zwei scheibenförmigen Proteinen begrenzt, von denen zur Mitte hin die Aktinfilamente frei in den Raum stehen. Zwischen den freien Enden der Aktinfilamente ist reichlich Platz. Ebenso ist zwischen den Enden des Myosinstabes und den scheibenförmigen Proteinen reichlich Platz.

Das Zusammenziehen des Muskels geschieht dadurch, dass die Myosinköpfe irgendwie an den Aktinketten entlang klettern. Dadurch nähern sich einerseits die Enden der Myosinstäbe den scheibenförmigen Proteinen und andererseits wird der Abstand zwischen den freien Enden der Aktinfilamente geringer. Wie das Zusammenziehen genau geschieht, wissen die Wissenschaftler nicht. Sie können nur feststellen, dass bei diesem Vorgang Calciumionen beteiligt sind, und natürlich, dass Energie verbraucht wird.

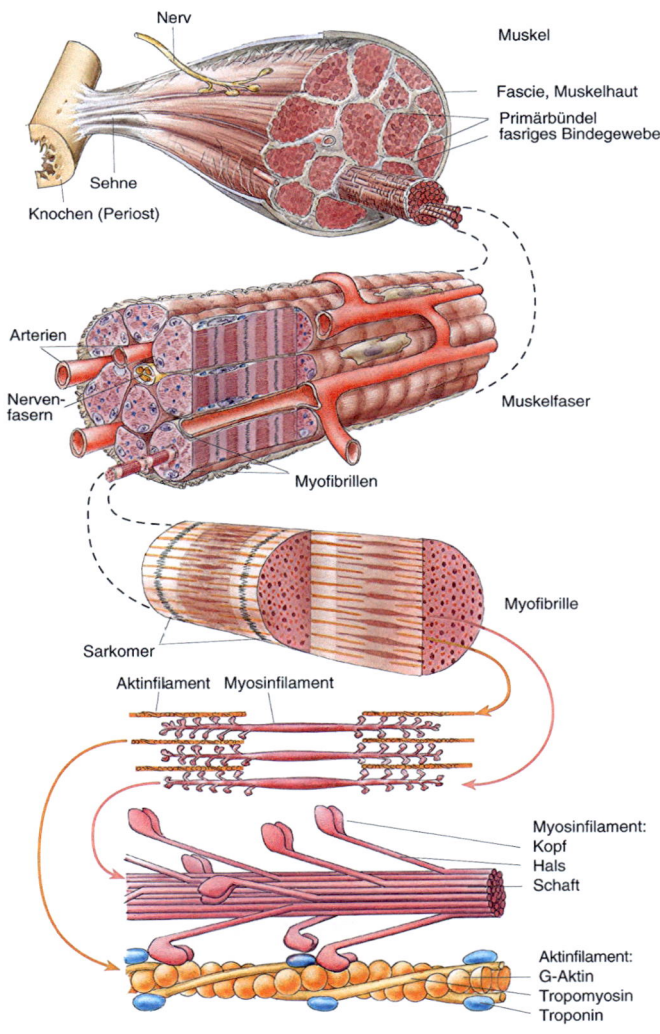

3.1 Aufbau eines Skelettmuskels. In sehr geordneter Weise sind die 2,2 Mikrometer kleinen Funktionseinheiten (Sarkomere) zum Muskel gruppiert. Zufall oder Konstruktion? © Julius Ecke 1999, Illustration: www.julius-ecke.de

Ich schildere Ihnen das so genau, damit Sie einmal abwägen können, ob diese Konstruktion wahrscheinlich rein zufällig entstanden ist, oder ob da eher ein schöpferisches Prinzip dahinter steht. Immerhin hätte der „blinde Zufall" ca. 1 Milliarde Jahre Zeit gehabt, sozusagen ein Jahr für 7500 Sarkomere beim Bizeps. Und der menschliche Körper hat etwa 400 Skelettmuskeln. Da sind noch größere dabei. Da war wohl die zur Verfügung stehende Zeit zu kurz, um durch ständige Variation solch große, geordnete Konstruktionen zu erreichen. Die muss man sicherlich den Wolis zurechnen. Aber das Konstruieren einer Billionenansammlung von Sarkomeren ist ja immer noch einfach, verglichen mit deren Bedienung. Haben Sie sich schon einmal beobachtet, während Sie eine Tasse Kaffee zum Mund führen? Wie die Bewegungen fließend, gleichmäßig und wohldosiert ablaufen? Wenn unsere Wissenschaftler mit Muskeln experimentieren, bringen sie nur Zuckungen ihrer Testobjekte zustande. Wenn unsere Wissenschaftler ihre eigenen Muskeln mit Hilfe ihrer Testapparaturen bedienen müssten, dann würden sie, bei dem Versuch, zu trinken, sich den Kaffee wahrscheinlich ins Gesicht schütten. Das koordinierte, fein abgestufte Bewegen der Muskeln können nur die Wolis. Die Details, auf die es ankommt, sind wieder zu klein.

Tatsächlich sind einzelne Muskelfasern nur zu Zuckungen befähigt. Aber es gibt sehr viele Muskelfasern in einem Muskel. Für die Ansteuerung sind sie zu so genannten motorischen Einheiten zusammengefasst. Diese arbeiten zeitversetzt, und die Zuckungen können sehr schnell hintereinander erfolgen. Dadurch ist es Ihnen möglich, Ihre Kaffeetasse ruhig zu halten, ohne etwas zu verschütten. Während Sie meinen, es bewege sich nichts, werden die Krafterzeuger Ihrer Wolis ständig in zuckender Bewegung gehalten. Bis zu hundertmal pro Sekunde kann ein Muskelfaserbündel angesteuert werden, und es reagiert jedes Mal mit einer Zuckung. Und es müssen immer genau so viele Muskelfaserbündel angesteuert werden, wie es die Situation gerade erfordert. Zum Beispiel muss eine bestimmte Anzahl angesteuert werden, um den Arm mit der Kaffeetasse in der Schwebe zu halten. Werden mehr Muskelfasern aktiviert, als dazu nötig, so steigt der Arm hoch. Das muss also sehr genau austariert werden. Über die Konstruktion dieser Steuerung werden wir uns etwas später Gedanken machen.

Zunächst entsteht durch die kontraktilen Elemente der Muskeln noch keine Beweglichkeit. Die Muskeln ziehen sich zusammen, aber wie verlängern sie sich wieder? Es braucht einen Gegenmuskel, einen Antagonisten, der den kontrahierten Muskel wieder auseinanderzieht. Und wenn er das tun soll, bedarf es einer relativ starren, festen Stütze, über die beide Antagonisten miteinander arbeiten können. Die Wolis haben aus ihren Universalbausteinen, den Aminosäuren, Proteine hergestellt, die diese Aufgabe bewältigen. In den Einzellern war ja schon das Aktin vorhanden. In den Massenzellern kam dann noch das Kollagen dazu.

So wie wir zentimeterkurze Hanffasern zu meterlangen Seilen zusammendrehen, so haben die Wolis aus vielen Proteinketten Kollagenfasern zusammengebaut. Das Kollagenmolekül besteht aus drei umeinander gewundenen Aminosäureketten. Es ist etwa ein dreitausendstel Millimeter (300nm) lang und ein sechshunderttausendstel Millimeter (1,5nm) dick. Es wird in den Zellen produziert. Dort befinden sich ja die Produktionsmaschinen. Dann wird das Kollagen nach außen, zwischen die Zellen, transportiert und dort zu Kollagenfibrillen montiert, die ein Vielfaches der Zellenlänge erreichen und immerhin schon ein zwanzigtausendstel Milli-

meter (50nm) dick sind. Die Kollagenfibrillen werden dann zu
Kollagenfasern zusammengefügt. Diese sind einige tausendstel Millimeter dick. Aus ihnen werden Verstärkungen aller
Art, kraftleitende Verbunde bis hin zu Sehnen und Bändern
gebaut. Kollagenfasern haben die Zugfestigkeit von Stahl. Das
stärkste Band des menschlichen Körpers, das Ligamentum
iliofemurale, welches den Hüftknochen mit dem Oberschen-
kelknochen verbindet, hält eine Belastung von 350 kp aus.

   Antagonistische Muskeln und Kollagenstützen, verbunden mit eingeschlossenen Wassersäcken, schaffen schon
Beweglichkeit, aber wie wir an Schnecken und Regenwürmern
sehen können, ist die erreichbare Geschwindigkeit nicht sehr
groß. Wenn man die Bewegung über Hebel vergrößern könnte, dann würde man an Schnelligkeit bei der Fortbewegung
gewinnen. Das müssen sich die Woli-Ingenieure gedacht
haben, denn sie erfanden Skelette und Gliedmaßen. Mit diesem System ist der Gepard 120 Stundenkilometer schnell.

   Und alles ist Molekül für Molekül zusammengebaut,
zehntausendstelmillimeterweise, hunderttausendstelmillime-
terweise. Wenn bei einem Protein die Abfolge der Aminosäuren nicht stimmt, dann entsteht eine falsche Faltung. Form
und Funktion sind nicht mehr gewährleistet. Krankheit oder
Tod sind die Folge. Die Massenzeller überleben aber, denn
ihre Wolis haben eine Qualitätskontrolle, wie wir ja schon
gesehen haben.

   Beim Bizeps übt eine motorische Einheit, bestehend aus
ca. 750 Muskelfasern, eine maximale Kraft von etwa einem
halben Newton aus. Der gesamte Muskel kann etwa 400
Newton (ca. 40 Kilopond) erreichen. Diese Kraft muss ja
weitergeleitet werden. Das lässt sich mit Kollagen allein nur
unbefriedigend lösen. Kollagen hat eine sehr hohe Zugfestigkeit, aber bei solch hohem Druck verformt es sich doch. Ir-

gendwann, als sie sich an immer größere Muskelkonstruktionen heranwagten, sind unsere Wolis dann auf die Methode des Knochenbaus gekommen. Sie haben Kalziumphosphatkristalle zwischen die Kollagenfasern eingelagert und so einen Verbundwerkstoff geschaffen, nach dem Prinzip des Stahlbetons. Die Druckkräfte werden vom Kalziumphosphat aufgenommen, die Zugkräfte vom Kollagen. Nur, Stahlbeton ist, einmal erhärtet, nur noch grob von außen zu bearbeiten. Der Knochen jedoch ist bewohnt. Die Wolis haben ihre Häuser, die Zellen, mit eingebaut und ein ganzes Netz von Grotten, Höhlen und Verbindungswegen dazu. Wenn sich die Belastung eines Knochens ändert, dann reagieren die Wolis darauf. Sie verändern die Knochenstärke durch Anbau oder Abbau von innen.

Andere Wolis haben in dem Bereich der Stützgewebe andere Erfindungen gemacht. Zum Beispiel haben sie außerordentliche Festigkeit und doch eine gewisse Elastizität erreicht, indem sie statt Kollagen Zellulose und statt Kalziumphosphat Silikate verarbeitet haben. Das Ergebnis heißt Bambus.

Zurück zu unserem Arm mit der Kaffeetasse. Warum bewegt er sich denn oder warum verharrt er in einer Position? Wie werden denn die Muskeln gesteuert? Die Wolis haben eine Fernsteuerung gebaut. Sie funktioniert nach dem Zündschnurprinzip, nur ist sie viel, viel schneller und wieder verwendbar. Bei einer Zündschnur läuft eine chemische Reaktion, eine Verbrennung, entlang einer Leitung. Der Energieüberschuss der momentanen Reaktion setzt die Reaktion benachbarter Moleküle in Gang und so weiter.

Bei der Woli-Konstruktion besteht die Leitung aus einem dünnen langen Schlauch, einige tausendstel Millimeter dick, der mit vielen verschließbaren Öffnungen versehen ist.

Die Anatomen haben dem Schlauch den Namen Axon gege-
ben und die Molekularbiologen nennen die verschließbaren
Öffnungen Ionenkanäle. So wie sich bei der Zündschnur eine
chemische Energiewelle in eine Richtung fortpflanzt und am
Ende einen Effekt auslöst, so pflanzt sich am Axon eine elektrische Energiewelle fort. Das geschieht dadurch, dass örtliche
Ionenkanäle geöffnet werden. Natriumionen als positive
Ladungsträger, die um den Schlauch herum gleichsam „unter
Überdruck" stehen, schießen in den negativ geladenen
Schlauch hinein. Dies sorgt dafür, dass die elektrische Spannung, welche die benachbarten Ionenkanäle geschlossen hält,
zusammenbricht. Die benachbarten Ionenkanäle öffnen sich
daher und so weiter. So pflanzt sich das Signal bis zum Ende
des Axons fort. Bei dem von uns betrachteten Konstruktions-
detail endet das Axon als so genannte motorische Endplatte,
die etwa 750 Muskelfasern ansteuert. Über den Gesamtvorgang dieses so genannten Aktionspotenzials haben die Naturwissenschaftler noch einiges mehr erforschen können, aber
für das Verständnis des Prinzips genügt diese Darstellung.

    Die Woli-Konstruktion ist ja wieder verwendbar, wie
wir aus Erfahrung wissen. Nach einer Bewegung haben wir
unser Pulver noch nicht verschossen. Wie entsteht die Spannung denn wieder, um die Ionenkanäle zu schließen? Wenn
die Energiewelle vorbei ist, wie wird denn aus dem Ionensalat
wieder die Ordnung, die vorher bestanden hat?

    Der Aufbau von Ordnung ist ein Kennzeichen der Le-
bewesen. Wir Menschen schaffen unsere Ordnungen und
sorgen für ihren Erhalt. Die Hausfrau im Wäscheschrank, die
Polizei in der Stadt und die Parlamentarier durch die Gesetz-
gebung. Davon, dass nach jeder Muskelzuckung, nach jedem
Aktionspotenzial auf der atomaren Ebene in unseren Axonen
wieder Ordnung geschaffen wird, bemerken wir nichts. Aber

es geschieht. Als Kennzeichen der Lebewesen, als Beweis für die Existenz der Wolis.

Wie Sie weiter oben erfahren haben, schaffen bestimmte Muskelfasern bis zu einhundert Zuckungen in der Sekunde. Das heißt, mindestens innerhalb einer hundertstel Sekunde ist die Ordnung für die nächste Energiewelle wieder hergestellt. Nun, es gibt außer den Natriumionenkanälen auch noch Kaliumionenkanäle und Kaliumionen, die sich vermehrt in dem Axon befinden. Dadurch entsteht eine Art Schwingungsvorgang: Natrium rein treibt Kalium raus. Und in wenigen Millisekunden ist der elektrische Zusammenbruch gestoppt und die elektrische Spannung fast wieder aufgebaut. Dann werden auf irgendeine noch unbekannte Weise die Ionenkanäle geschlossen und außer Betrieb gesetzt. Jetzt wird aufgeräumt. Die Wolis haben Ionenpumpen gebaut, die es schaffen, Kaliumionen wieder in das Axon hinein und Natriumionen hinauszupumpen. Dadurch wird die elektrische Spannung wieder voll aufgebaut und die Ionenkanäle wieder aktiviert. Auch das ist eine vereinfachte Darstellung des derzeitigen Wissens.

Die Ionenpumpen arbeiten gegen ein Konzentrationsgefälle. Sie bauen sozusagen den „Überdruck" der Natriumionen um das Axon herum wieder auf. Das ist wieder ein Fall von aktivem Transport, das heißt, die Lösung eines Ingenieurproblems durch die Wolis. Übrigens, Sie werden es erraten, die Ionenkanäle wie auch die Ionenpumpen sind speziell konstruierte Proteine. Wie sie genau funktionieren und warum zum Beispiel Natriumionen nicht durch Kaliumkanäle passen, obwohl sie theoretisch kleiner als Kaliumionen sind, das haben unsere Wissenschaftler meines Wissens noch nicht herausgefunden.

Ein Axon ist der Ausläufer einer Nervenzelle. Nervenzellen sind die Einzelteile der Kommunikationssysteme, die es
schon bei vielzelligen Lebewesen gibt. Hydra, der Süßwasserpolyp, der nur aus zwei Zell-Lagen besteht, hat auch schon
eins. Bei den Massenzellern mussten die Wolis natürlich einen
enormen Aufwand treiben, um die Gesamtkonstruktion
betriebsfähig zu halten.

Die Kommunikationsspezialisten der Wolis sind in der
Evolution bald darauf gekommen, dass zu viele Daten zur
Auswertung anfielen. Man konnte das nicht mehr dezentral
regeln, wenn man gemeinsam, zum Wohle aller handeln
wollte. Die Wolis mussten zwangsläufig eine Zentrale bauen,
eine Nervenzentrale. Vom ersten Nervenganglion (Zusammenballung von Nervenzellkörpern) bis zum Gehirn des
Menschen war ein weiter Weg. Aber das Prinzip war klar:
Informationen sammeln, auswerten und möglichst passende
Antworten geben.

Der ganze Körper wurde mit Signalgebern bestückt. Für
die Belastung der Muskeln, für die Stellung der Gliedmaßen,
für die Höhe des Blutdrucks, für Temperatur, für Berührung
und noch etliche mehr. Und die fünf Sinne kennen Sie ja
sowieso.

Alle diese Signalgeber sind mit der Zentrale sozusagen
verkabelt und geben ständig Informationen „nach oben". Im
Gegenzug ist die Zentrale mit den Ausführungsorganen
verkabelt. So kann sie auf wichtige Informationen reagieren,
so kann sie die passenden Antworten geben. Zum Beispiel auf
die Information „alle Thermofühler melden 40 Grad Celsius"
wird die Antwort lauten „Schweißdrüsen in Betrieb setzen".
Oder „rechte Handfläche in Stellung nach unten meldet 50
Grad Celsius", Antwort: „Muskelprogramm „Hand von der
Herdplatte heben" aktivieren". Bei 70 Grad Celsius oder so

haben die Wolis eine Sicherheitsvorrichtung eingebaut. Da wird die Zentrale zwar noch informiert, aber die örtlichen Wolis warten deren Antwort nicht ab, sondern leiten das hereinkommende Signal sofort auf den Muskel um. Diese Umschaltung nennen wir Autonomer Reflex.

Wenn das eine durchgehende Leitung wäre, täten sich die Wolis vor Ort mit dem Umschalten schwer. Die Projektingenieure der Wolis haben aber das gesamte Leitungsnetz, „die Verkabelung", das heißt, unser Nervensystem variabel, anpassungsfähig gestaltet. Es sind zwischendrin, an wichtigen Stellen immer wieder Schalter eingebaut, so genannte Synapsen. Auch das Prinzip des Dimmers ist verwirklicht. Da kann je nach Bedarf die Leitung unterbrochen oder gedrosselt oder voll in Betrieb genommen werden. Die motorische Endplatte ist auch eine Synapse, nur eben eine, die nicht Nerv mit Nerv verbindet, sondern Nerv mit Muskel.

So, wie die Zündschnur am Ende einen Effekt auslöst, so löst auch die elektrische Axonwelle, das Aktionspotenzial, am Ende einen Effekt aus. Am Ende des Axons, an der Synapse angekommen, wird ein Botenstoff in den Zwischenraum zur nächsten Zelle freigesetzt. Dieser Botenstoff, bei den Muskeln ist es Azetylcholin, wirkt bei der nächsten Zelle als Auslöser für das Aktionspotenzial (Abb. 3.2).

So, nun haben wir die wesentlichen Konstruktionselemente beieinander, die der Woli-Berufsstand Kommunikationstechnik zur Bedienung ihrer Konstruktionen bisher entworfen hat, zumindest, soweit es unsere Forscher herausbekommen haben. Die Wolis haben ihr bisheriges Spitzenerzeugnis auf diesem Planeten, den Homo sapiens, wie er sich selber genannt hat (alles ist relativ) mit geschätzten 768.000 km Nervenfasern „verkabelt". Das ist die Entfernung von der Erde zum Mond und zurück. Sie haben dazu etwa 30 Milliar-

den Nervenzellen eingebaut mit circa hundert Billionen Synapsen.

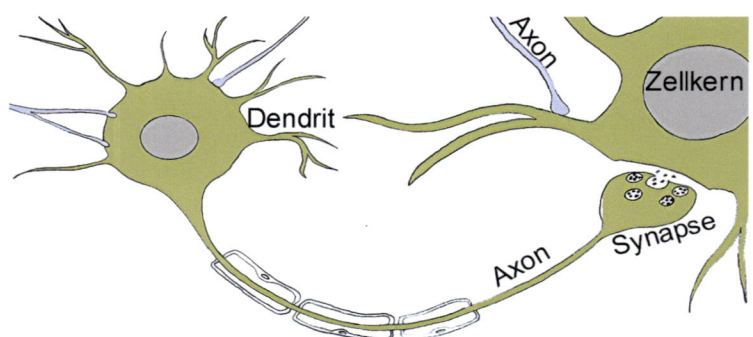

3.2 Schematische Darstellung von zwei Nervenzellen. Die Synapse ist im
Verhältnis vergrößert gezeichnet.

Lassen Sie es auf sich wirken. Man könnte jetzt noch
ausrechnen, wie viele Milliarden Natriumionen und Kaliumionen pro Millimeter Axon in wie vielen Millisekunden hin-
und herbewegt werden. Aber, ich glaube, es reicht auch so.

3.2 Die Entwicklung der Wahrnehmung

Aber es ist ja nicht die Menge, die Größe, die an sich das
Geniale ist. Es sind die Problemlösungen, die kreativen Ideen,
die den Fortschritt bringen. Wir hatten ja auf Grund der Gegebenheiten vermutet, dass irgendwann irgendwelchen Wolis
die Idee kam, Beute zu fangen. Gleichzeitig mit der Entwicklung der Beweglichkeit, also der Muskeln, des Skeletts und
der dazugehörigen Steuerung, mussten die Woli-Ingenieure
dazu auch Empfangsgeräte, Wahrnehmungsorgane konstruieren. Was hilft mir das tollste Bewegungssystem, wenn ich

nichts sehen kann, wenn ich nichts hören kann, wenn ich nicht weiß, wohin ich mich bewegen soll? Und ich muss mich ja auch sonst orientieren können, wenn ich mich bewege.

Welche Strategie ist gefragt, wenn man auf die Jagd gehen will? Zunächst braucht man eine Art Radar, ein System also, mit dem man die Umgebung weiträumig und nach allen Richtungen überwachen kann. Bei uns Menschen nimmt das Gehör diese Funktion wahr. Aber es gibt Tiere, die sich mehr auf den Geruch verlassen. Geruch ist spezifischer, man erkennt vielleicht am Geruch die Geruchsquelle. Geruch verschwindet auch nicht sofort. Auch wenn die Geruchsquelle sich schon entfernt hat, weiß man, dass sie da war und kann ihr auf Ihrer Duftspur folgen. Schlangen sind auf diese Weise sehr erfolgreich.

Die Informationen, die uns das „Rundumsuchsystem" liefert, sollten eine Richtungsbestimmung ermöglichen. Aus diesem Grund haben uns unsere Wolis zwei Ohren gebaut und die Schlangenwolis haben den Schlangen aus diesem Grund gespaltene Zungen gebaut, mir denen sie stereo riechen können.

Aber wenn ein System die gesamte Umgebung abdeckt, kann man nicht erwarten, dass es eine sehr präzise Ortsbestimmung durchführen kann. Die Wolis mussten ein weiteres System erfinden, das die genaue Ortung der Beute ermöglicht. Wir sind für diesen Zweck mit Empfängern für Photonen in einem Wellenlängenbereich von 380 bis 760 Nanometern ausgestattet. Wir nennen sie Augen. Aber für eine Schlange zum Beispiel sind solche Augen zum Beutefang weniger gut geeignet, wenn sie sich nachts durch das Gebüsch windet. Da helfen Empfänger für Wärmestrahlung, also Infrarotempfänger, schon mehr. Mit ihnen kann sie warmblütige Beute anpeilen. Wieder andere Wolis, die der Fledermäuse, haben ein Echolot im Ultraschallbereich zur Feinorientierung entwickelt.

Es ist einleuchtend, dass über unsere Augen mehr Wissen vorhanden ist, als über die Systeme anderer Lebewesen. Betrachten wir also stellvertretend für die Entwicklung der Sinnesorgane im Allgemeinen die Entwicklung der Augen im Besonderen.

Da die Wolis sehr gut mit Energie umgehen können, liegt es nahe, dass sie versucht haben, dauerhafte Energiequellen für sich nutzbar zu machen. Dazu boten sich ihnen die Sonnenstrahlen an, welche auf der Erdoberfläche ankamen. Sie bauten also Vorrichtungen, welche Photonen, also Lichtquanten, einfangen und weiterverarbeiten sollten. Das Ergebnis eines Versuches sind die Karotinoide. Das sind keine Proteine. Diese wären zu grob, zu unelastisch für diesen Zweck. Es sind Kohlenwasserstoffe, in die sozusagen energetische Kissen in Form von chemischen Doppelbindungen eingebaut sind. Die Karotinoide eignen sich allerdings nur dazu, Lichtquanten aufzuhalten und den so erhaltenen Energiestoß gleich weiterzugeben

Andere Wolis haben dann eine weitere Erfindung gemacht. Eine wesentlich komplexere Konstruktion, auch mit energetischen Kissen, aber einem sehr elastisch eingebundenen Magnesiumion in der Mitte. Mit dieser Konstruktion, dem Chlorophyll waren sie in der Lage, Lichtquanten so weich abzufangen, dass sie ihnen Energie entziehen konnten, um diese zum Aufbau chemischer Verbindungen zu nutzen.

Somit war eigentlich die Energiefrage gelöst. Aber es gibt heute noch Wolis, die haben das Chlorophyll und andere, die haben es nicht. Vielleicht haben die einen ein Patent darauf, oder wie es in der Bibel heißt, das Erstgeburtsrecht. Für die anderen blieb nur das Linsengericht der Karotinoide übrig.

Es ist erstaunlicherweise auch im späteren Verlauf der Evolution keine dem Chlorophyll gleichwertige Erfindung mehr gemacht worden.

Als die Chlorophyllbesitzer beschlossen, das Meer zu verlassen, oder besser gesagt, ihren Lebensraum auf das Land auszudehnen, da wählten sie eine standortfeste Lebensweise. Ihre Energieversorgung war ja gesichert. Da brauchten sie nicht umherzulaufen. Also brauchten sie weder zur Orientierung noch zum Beutefang geeignete Wahrnehmungsorgane. In der Tat habe ich noch keine Pflanzen mit Augen oder Ohren gesehen. Das soll natürlich nicht heißen, dass Pflanzen keine Wahrnehmung hätten. Es hat ja Versuche gegeben, die nahe legen, dass Pflanzen über Wahrnehmung verfügen, ja, dass sie sogar miteinander kommunizieren. Wie das allerdings funktioniert, das ist uns wohl noch unbekannt. Es muss aber ein sehr leistungsfähiges System sein. Bei Bambuspflanzen ist zum Beispiel bekannt, dass alle Pflanzen einer bestimmten Art gleichzeitig auf der ganzen Welt blühen und dann absterben. Da das nicht jahreszeitlich bedingt ist und nur alle dreißig bis hundertzwanzig Jahre passiert, müssen deren Wolis sich ja irgendwie absprechen.

Die Wolis, die das Chlorophyll nicht hatten, mussten mit den Karotinoiden vorliebnehmen. Sie hatten damit Schalter, die ihnen sagten: Da ist Licht oder da ist kein Licht. Mit diesen Schaltern begannen sie zu experimentieren. Sie bauten sie in einzelne Zellen ein und verteilten diese Zellen in der Außenhaut. Dann verbanden sie diese lichtempfindlichen Zellen über Nervenleitungen mit der Zentrale. In der Zentrale konnte man nun feststellen, wie groß der Lichteinfall an der Peripherie ist. Für den Regenwurm, der diese Konstruktion heute noch in Gebrauch hat, ist das schon wichtig. Wenn sich die Wolken verziehen, wenn die Sonne nach einem Regen

wieder hervorkommt, dann nimmt die Zahl der Aktionspotenziale zu, die in der Zentrale eintreffen. Dann muss die
Mannschaft sich bemühen, ihre Konstruktion vor Austrock-
nung zu schützen und sie dahin bewegen, wo die Aktionspotenziale weniger werden.

Die Wolis haben dann festgestellt, dass Strukturen um
sie herum den Lichteinfall verminderten. Sie konnten aber
nicht feststellen, wo die Ursache für das „weniger Licht"
lokalisiert war, da ihre Schalter ja Licht von allen Seiten bekamen. Wenn das Licht nur von einer Seite auf unsere lichtempfindlichen Zellen fällt, haben sie wohl gedacht, dann wüsste
man, dass auf dieser Seite etwas Schatten wirft. Als sie dann
Pigmente erfanden, Stoffe, die Photonen auffangen und sozusagen verschlucken, konnten sie ihre Erfindung weiterentwickeln. Mit diesen Pigmenten haben sie ihre lichtempfindlichen
Zellen abgedämmt. Zuerst noch eben, wie heute noch bei den
Seesternen zu finden, dann becherförmig, wie es bei Quallen
vorkommt. Mit der becherförmig abgedämmten Konstruktion
konnten die Wolis in verschiedene Richtungen „schauen" und
Hell-Dunkelunterschiede wahrnehmen. Mit unseren Augen
hatten sie damals aber nur das Prinzip der Auslösung von
elektrischen Wellen durch Photonen gemeinsam. Der Durch-
bruch war in Sicht, als die Wolis draufkamen, dass man Kon-
turen von Objekten abbilden, also Bilder erzeugen kann.

Vielleicht zufällig, vielleicht durch Überlegung sind sie
draufgekommen, dass man die Auffächerung der von einem
Objekt reflektierten Lichtstrahlen begrenzen muss, damit man
ein Bild auffangen kann. Sie haben also den pigmentierten
Becher bis auf eine kleine Öffnung geschlossen, damit von
jeder Stelle des Objekts nur ein paar Strahlen hindurchgehen
konnten. Die Anzahl der lichtempfindlichen, der karotiniod-
haltigen Zellen haben sie sehr stark erhöht, so dass sie den

gesamten Becherhintergrund bedeckten. So konnten sie ein seitenverkehrtes Bild auffangen, dessen Helligkeitswerte sie über die lichtempfindlichen Zellen und die angeschlossenen Nervenleitungen der Zentrale übermitteln konnten. Die Mannschaft in der Zentrale hatte dann bestimmt schnell herausbekommen, dass das, was als unten links ankam in Wirklichkeit oben rechts war und die passenden Antworten gegeben. Die Wolis sind da sehr flexibel, wie wir aus Versuchen mit Menschen wissen. Wenn man eine Brille aufsetzt, deren Linsen so gebaut sind, dass man alles auf dem Kopfe sieht, dann dauert es nur ein paar Stunden und die Wolis haben die Schaltung geändert. Man sieht dann wieder normal. Wenn man dann die Brille wieder abnimmt, steht allerdings wieder für einige Zeit alles auf dem Kopf. (Erklärung ohne die Wolis? Das Gehirn macht das? Wer ist „das Gehirn"? Ein Automat kann diese Aufgabe nicht lösen.)

Dieses Auge mit dem Loch funktioniert nach dem Prinzip der Camera obscura, die man sich leicht selbst bauen kann. Es kommt heute noch in der Natur vor und zwar beim Nautilus. Dieses Meereslebewesen kommt heute noch in der gleichen Form vor wie vor etwa 400 Millionen Jahren, wie wir aus Versteinerungen wissen. Anscheinend sind seine Wolis mit dem Erreichten zufrieden und wollen sich nicht verbessern. Wir kennen das ja bei manchen Menschen auch.

Jetzt, wo die Wolis Formen gut abbilden konnten, fiel ihnen auf, dass durch das kleine Loch ja sehr wenig Licht hereinkam und entsprechend nur sehr hell bestrahlte Objekte gut erkannt werden konnten. Also was tun? Sie machten die Öffnung wieder weiter. Das Bild wurde verschwommen und verschwand. So ging es nicht. Man müsste die Lichtstrahlen verbiegen können, haben sich die Wolis gedacht. Und zwar so, dass die Lichtstrahlen, die von einem bestimmten Objektpunkt ausgehen und die jetzt ja an der Augenöffnung aufgefächert sind, bei den lichtempfindlichen Zellen wieder auf einem Punkt vereint wären.

Lichtstrahlen verbiegen, das kann man. Das hatten sie bald herausgefunden. Wenn unterschiedlich lichtdurchlässige Materialien aneinandergrenzen, und man lässt den Lichtstrahl schräg auf die Grenzfläche treffen, dann biegt sich der Lichtstrahl zum dichteren Material hin. Sie bauten also einen Verschluss für die Augenöffnung, der dichter war, als die Luft, aus der die Lichtstrahlen kommen. Das Gerüst besteht aus Protein, natürlich, aber es ist doppelt soviel Wasser eingelagert. Jetzt mussten sie nur noch an jeder Stelle der Augenöffnung den Winkel bestimmen, um den Strahlengang richtig hinzukriegen. Und heraus kam eine Linse, welche die gefächert auf die Augenöffnung treffenden Strahlen so bündelt, dass alle von einem Objektpunkt ausgehenden Strahlen beim Auftreffen auf die lichtempfindlichen Zellen wieder vereinigt sind. So schafften sie es, auch bei weniger Licht ein deutliches Bild zu haben.

Leider war es nur in einer bestimmten Entfernung scharf. Die Linse gibt ja eine Geometrie des Strahlenganges vor. Wenn sich der Abstand des Objekts von der Linse ändert, dann muss auch der Abstand der lichtempfindlichen Zellen von der Linse geändert werden, damit die aufgefächerten Strahlen wieder in einem Punkt zusammentreffen. Oder die Krümmung der Linse muss geändert werden, um den gleichen Effekt zu erzielen (Abb. 3.3). Nun, die Wolis haben beide Wege beschritten. Es gibt Fische, die ihre Augenlänge verändern können und es gibt unsere Konstruktion mit der veränderlichen Linse.

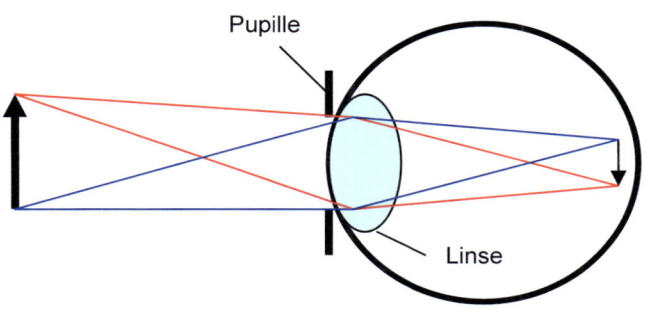

3.3 Schematische Darstellung der Auffächerung der Lichtstrahlen von Punkten des Objekts zur Linse und der Zusammenführung durch die Linse zu Punkten des Bildes auf der Netzhaut.

Und da sie gerade beim Verbessern waren, entwickelten die Wolis auch eine Blende, mit der sie bei starkem Lichteinfall die Öffnung verringern konnten. Die bisher beschriebene Konstruktion haben die Wolis übrigens zweimal erfunden. Diejenigen, welche die Wirbeltiere konstruiert haben und diejenigen, welche die Tintenfische konstruiert haben sind zwar unterschiedliche Wege gegangen, aber zu dem gleichen Ergebnis gekommen.

Aber das ist nicht der Endpunkt. Die Wolis haben das Auge noch weiter verbessert. Unsere lichtempfindlichen Zellen sind wahre Wunderwerke der Wolitechnik. Der Sehpurpur Rhodopsin, der das Karotinoid 11-cis-Retinal enthält, ist in vielen dicht aufeinander folgenden Membranen verteilt. (Bis zu 800.000 Moleküle pro Membran und bis zu 6000 Membranen pro Zelle). Diese Membranen sind wie Sprungtücher gespannt, um Photonen aufzufangen. Eine chemische Kaskadenschaltung, die immer wieder mit Energie aufgeladen werden muss, ist installiert. So können die relativ geringen Energiestöße, die aufgefangene Photonen erzeugen, in elektrische Wellen überführt werden, die dann entlang der Axone ins Gehirn laufen. Es genügen fünf Photonen, um auf diese Weise ein Aktionspotenzial auszulösen. Wir verfügen im Augenhintergrund über 120 Millionen dieser lichtempfindlichen Zellen (Stäbchen), die in der so genannten Netzhaut eingebettet sind (Abb. 3.4).

Aber es gibt nicht nur Stäbchen, sondern auch 7 Millionen Zapfen in der Netzhaut. Mit denen können wir Farben sehen. Wir können 300 verschiedene Farbtöne unterscheiden. Wenn wir Helligkeit und Sättigung hinzunehmen, werden es 600.000 Farbtöne. Wie die Wolis das zustande bringen, das ist den Wissenschaftlern bisher nicht bekannt geworden. Es gibt darüber verschiedene Theorien. Es werden beim Menschen drei verschiedene Zapfentypen erkannt und ein Softwareprogramm im Nervensystem vermutet. Aber genau weiß man es nicht.

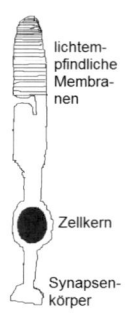

lichtemp-
pfindliche
Membra-
nen

Zellkern

Synapsen-
körper

3.4 Schematische Darstellung eines Stäbchens der Netzhaut des Auges. Die Wolis haben die Form ihrer Zellen an Funktion und räumliche Gegebenheiten angepasst.

Freuen wir uns über die vielen prächtigen Farben, die wir wahrnehmen können. Freuen wir uns auch über die feinen Nuancen, die wir noch unterscheiden können. Es ist die zunehmende Unterscheidungsfähigkeit, die uns klüger werden lässt.

Bei der Entwicklung der Wahrnehmungsorgane, nicht nur des Auges, ist eine Reihe von Entwicklungssprüngen, von Erfindungen, miteinander kombiniert worden. Wenn man die Größenordnungen betrachtet, was in welcher Zeit geschafft worden ist, dann hat der „blinde Zufall" keine Chance. Der blinde Zufall, das heißt zum Beispiel, man legt die Einzelteile eines Radios in eine Schachtel und schüttelt. Nach den Regeln der Wahrscheinlichkeit, die man auf die Evolutionstheorie anwenden muss, wird dann irgendwann ein Radio entstehen, mit dem man einen Sender empfangen kann. In Abhängigkeit von der Anzahl der Teile und der Geschwindigkeit des Schüttelns lässt sich bestimmt auch die Zeit ausrechnen, bis das Radio spielt.

Wir Menschen hören Radio, weil wir Rundfunktechniker haben, die, unter Kenntnis der Naturgesetze und mit speziellen Fachkenntnissen ausgestattet, die Einzelteile in sinnvoller Weise zusammenbauen. Wenn wir nach der Schüttelmethode Radios bauen wollten, könnten wir noch für lange Zeiten nichts hören. Wenn wir analog die Woli-Spezialisten nicht hätten, könnten wir wahrscheinlich auch in Milliarden von Jahren noch nichts sehen.

Übrigens müsste das Ergebnis der Schüttelmethode ja konserviert werden. Wenn das Radio spielt, müsste jemand da sein, der sagt: Aufhören mit dem Schütteln, Zustand stabilisieren, neue Teile dazu, jetzt schütteln wir weiter bis zum Fernseher ... Lassen wir es gut sein.

3.3 Die Realisierung der Nahrungsaufbereitung und –verteilung

Über Häute und grünes Leben

Wir haben versucht zu verstehen, wie die Wolis ihre Ideen von Beweglichkeit, von Wahrnehmungsorganen und der dazugehörigen Steuerung und Koordination ins Materielle umgesetzt haben. Problemlösungen, die den Beutefang ermöglichten. Die Entwicklung zum Massenzeller brachte aber weitere Probleme mit sich. Wie zerlege ich die Beute? Wie verteile ich sie unter den einzelnen Zellen? Wie werde ich den Müll wieder los?

Als sich die Wolis zu Massenzellern zusammenschlossen, mussten sie also auch ihre Schlachthöfe, ihre Transportanlagen, ihre Entsorgungsanlagen planen und bauen. Dass das zunächst recht einfach losging, ist zu vermuten. Dass das derzeitige Endstadium unser Vorstellungsvermögen übersteigt, dürfte mittlerweile auch klar sein.

Lebewesen haben generell das Bestreben, sich zu vermehren, ihre Einfluss-Sphäre zu vergrößern. Dazu brauchen sie zwei Dinge, nämlich Energie und Baustoffe. Die Baustoffe der Wolis sind hauptsächlich Aminosäuren. Die sind aber in „freier Wildbahn" nur noch als Proteine zu haben. Energie ist in allen möglichen Molekülen gespeichert. Wenn man das Werkzeug hat, die entsprechenden Moleküle zu zerlegen, dann kann man an die gespeicherte Energie gelangen. Unseren Wolis dienen hauptsächlich die Stoffgruppen der Kohlenhydrate und der Fette als Ausgangsmaterial für die Energiegewinnung. Das heißt, unsere Wolis haben irgendwann einmal abgeschätzt, dass das Vorkommen dieser Materialien für die Energieversorgung ausreichend ist und ihren Werkzeugpark auf den Umgang mit diesen Stoffen beschränkt. Daher können wir Holz im Kamin verbrennen, aber nicht in unserem Körper.

Ein Stück Sahnetorte hingegen können wir in unserem Körper verbrennen. Es enthält chemische Energie von 750 Kilokalorien. Mit dieser Energiemenge kann ein durchschnittlich trainierter Freizeitsportler etwa 5 Stunden gehen oder 2,5 Stunden laufen. Wenn das alles war, was er in seinen Kohlenhydratspeichern hatte, dann bekommt er danach Hunger. Wir kennen etwas Ähnliches beim Auto: Wenn der Energievorrat zu Ende geht, leuchtet die Tankwarnleuchte auf.

Das Auto ist ein toter Gegenstand. Es kann nicht bestimmen, was es an Energievorrat erhält. Das Auto wird erst mit Leben erfüllt, wenn der Fahrer einsteigt. Wir Menschen sind die Wolis unserer Autos. Fahrer und Auto zusammen fahren zur Tankstelle. Der Fahrer bestimmt, was hineinkommt. Er füllt den Tank mit Super bleifrei, weil spezialisierte Artgenossen ihm mitgeteilt haben, dass die Verbrennungsmaschine des Autos diesen Energielieferanten am besten verarbeiten kann.

Nun ist die Konstruktion Mensch nicht so einfach wie die Konstruktion Auto. Benzin, Öl, Wasser, Scheibenklar genügen für die individuelle Versorgung des Autos. Die Konstruktion Mensch stellt höhere Ansprüche. Wir werden das im Kapitel 7 näher betrachten. Aber, im Gegensatz zum Auto können wir alles durch eine einzige Öffnung einfüllen. Wir müssen es nur ein wenig zerkleinern. Den Rest besorgen die Systeme der Wolis und die Wolis dann schon selber. Autonom und individuell.

Die Wolis befinden sich in den Zellen. Sie machen es so wie wir Menschen. Wo ihre Wünsche weitergehen als ihre direkten Möglichkeiten, da bauen sie sich Vorrichtungen, um ihre Möglichkeiten zu erweitern. Als die Wolis im Meer schwammen und das Land erobern wollten, haben sie die entsprechenden Konstruktionen geschaffen. Als die Menschen auf der Erde herumliefen und fliegen wollten, haben auch sie die entsprechenden Konstruktionen geschaffen. Je komplexer die Konstruktionen sind, desto zweckmäßiger ist es, möglichst viel zu automatisieren. Aber wo die Dinge zu individuell werden, wo sich Abläufe ändern, Mengen ändern, wo es auf Einzelheiten ankommt, da kann man keine Automaten einsetzen. Die Bedarfsdeckung an Aminosäuren in der einzelnen Zelle zum Beispiel lässt sich nicht sinnvoll durch Automaten regeln. Seit einer Milliarde Jahren und noch länger „tanken" die Wolis individuell, sozusagen „von Hand" und bei Bedarf, wie wir es mit dem Auto auch tun. Um dieses Prinzip während der Evolution aufrechterhalten zu können, mussten sie sich eine ganze Menge einfallen lassen.

Als Einzeller waren sie gewohnt, ihre Aminosäuren und was sie sonst noch brauchten, wenn sie es brauchten, aus der sie umgebenden „Suppe" zu entnehmen. Der Zusammenschluss zu Vielzellern und Massenzellern verlangte daher, um dieses individuelle Prinzip zu sichern, dass die Zellen nach wie vor im Wasser lebten und dass die zentral für alle beschafften Aminosäuren in das die Zellen umgebende Wasser gelangten. Konsequenz: Jeder Massenzeller braucht erst mal eine wasserdichte Haut. Die Fische, damit ihnen die Aminosäuren nicht davonschwimmen, die Landtiere, weil ihre Zellen ohne Wasser keine Aminosäuren aufnehmen könnten und daher verhungern würden.

Die Wolis haben also Spezialisten ausgebildet, die bestimmte Zellen so zusammengefügt haben, dass kein Wasser hindurchfließen kann. Die intrazellulären Verstärkungen durch Aktin und die extrazellulären Verstärkungen durch Kollagen kennen wir ja schon. Die Wolis haben auch Proteine gebaut, die so elastisch sind wie Gummibänder. Die ließen sich auch gut in den Häuten verarbeiten. Dass die Außenhaut als Grenzfläche je nach Außenmilieu und Gefährdung durch die Umwelt unterschiedlichste sonstige Gestaltung erfahren hat, ist ja bekannt. Wir kennen Schuppen, Fell, Stacheln, Hornplatten, Federn, Haare, Schweißdrüsen, Talgdrüsen und so weiter. Die Wolis sind kreativ.

Die Konstruktionen der Wirbeltiere sind aber schon aus Gewichtsgründen keine Wassersäcke. Es gibt auch innere Häute. Auch sind die Zellen nicht wahllos verstreut, sondern in funktionellen Zentren zusammengefasst. Wir kennen sie ja. Zumindest, wenn wir krank sind, bemerken wir, dass wir ein Herz, eine Lunge, einen Magen, einen Darm, eine Leber, Nieren, Milz, Bauchspeicheldrüse haben. Dazu kommen noch diverse Verbindungsleitungen und Auffangbehälter. Manchmal bemerken wir auch, dass wir ein Gehirn haben. Alle diese funktionellen Zentren sind mit inneren Häuten umgeben. Sie schwimmen also im Wasser, der Körper enthält aber trotzdem — normalerweise wasserfreie — Hohlräume. (Es ist aus Gründen der Energieeinsparung sinnvoll, die Körperoberfläche nicht größer zu machen, als es unbedingt sein muss. Dieses Prinzip ist den Wolis bekannt. Darum haben sie auch Hohlräume mit „Karosserie" umgeben. Sonst würden wir etwas „zerklüfteter" aussehen).

Wie kommen die Aminosäuren in das Wasser, das die Zellen umgibt? Für 100 Billionen Zellen Aminosäuren einzeln zu sammeln, das wäre eine kaum lösbare Aufgabe. Aber, wie schon erwähnt, es gibt sie in der Natur sowieso nur noch als Riesen-Packungen in Form von Proteinen. Das führt zur zweiten Konsequenz des Zusammenschlusses zu Viel- und

Massenzellern: Die Wolis mussten ein System zum Zerlegen von Proteinen in einzelne Aminosäuren entwickeln.

Wie haben sie dieses Problem gelöst? Vielleicht sollten wir zunächst fragen, woher sie denn ihre Proteine beziehen. Wenn in unserem Lebensraum keine einzelnen Aminosäuren mehr zur Verfügung stehen, wo sollen dann die neuen Proteine herkommen, die allerorten täglich gebraucht werden? Nur Recycling? Wenn nur wiederaufbereitet würde, wäre kein Wachstum möglich. Man kann auch davon ausgehen, dass aus einer vorhandenen globalen Nahrungs-Proteingesamtmenge immer wieder Aminosäuren ausscheiden. Sei es, dass sie von den Verwertern auf ein Niveau abgebaut werden (zum Beispiel, um in Notzeiten Energie zu gewinnen), das von ihnen nicht wieder zu rekonstruieren ist. Sei es, dass Individuen oder Teile von Individuen durch Absterben aus dem Zyklus ausscheiden und nicht von Würmern wiederaufbereitet werden (zum Beispiel der Ötzi). Es muss also eine Proteinquelle da sein, die nicht nur die Defizite ausgleicht, sondern auch noch das globale Wachstum speist.

Wir erinnern uns: Es gibt auf unserer Erde Wolis, die haben das Chlorophyll. Sie entnehmen der sie umgebenden Luft Kohlendioxid, sie entnehmen dem Erdboden Stickstoffverbindungen, sie entnehmen den Sonnenstrahlen Energie und bauen sich aus diesen Zutaten die benötigten Aminosäuren selber. Aus den Aminosäuren bauen sie wie seit Urzeiten ihre Vorrichtungen, die Proteine, ihre Werkzeuge, die Enzyme, und so weiter.

Es gibt aber auch die Wolis, die das Chlorophyll nicht haben. Denen blieb seit Urzeiten nichts anderes übrig, als die Pflanzen zu fressen, um an deren Proteine und damit an Aminosäuren zu kommen. Sonst hätten sie nicht überlebt. Pflanzen haben keine Muskeln. Ihr Proteinanteil ist gering.

Pflanzenfresser sind beweglich. Sie haben Muskeln. Ihr Proteinanteil ist hoch. Es bedarf vieler Pflanzen um den Proteinbedarf der Pflanzenfresser zu decken. Es gab dann bald auch Wolis, die sich gesagt haben: Warum sollen wir diese mühsame Aminosäurensammelei mitmachen. Es gibt doch schon genügend Pflanzenfresser. Wir fressen einfach die Pflanzenfresser, dann sparen wir uns eine Menge Arbeit. Unter diesen Raubtieren hat sich der Mensch in besonderer Weise hervorgetan. Er hat sich gesagt: Warum soll ich den Pflanzenfressern dauernd hinterherlaufen. Ich fange einfach welche ein, sorge für reichliche Vermehrung und schlachte sie dann bei Bedarf.

Raubtiere jagen, wenn sie Hunger haben. Ich habe noch keinen übergewichtigen Löwen gesehen. Vielleicht würden bei den Steak- und Schnitzelessern die Gesundheitsprobleme geringer werden, wenn jeder sein Rind oder sein Schwein selber schlachten müsste. Vielleicht würde es dann ein paar Vegetarier mehr geben. Aber bei uns ist die Arbeit ja aufgeteilt und es gibt Spezialisten. Und dem Stück Fleisch beim Metzger sieht man es nicht an, dass es vor kurzem noch herumgelaufen ist.

Eines ist aber sicher: Alle Last der Proteinversorgung tragen die Pflanzen. Sie ernähren die Pflanzenfresser. Sie ernähren indirekt auch die Fleischfresser, also auch uns. Unsere Menschen-Wolis haben zwanzig Aminosäuren ausgewählt, um ihre Proteine zu bauen. Schon vor geraumer Zeit haben sie die Werkzeuge für die Herstellung von acht dieser zwanzig Aminosäuren entsorgt. Wahrscheinlich dachten sie, bei dem häufigen Vorkommen könnten sie sich die eigene Herstellung ersparen. Diese essentiellen Aminosäuren müssen wir auf jeden Fall in der Nahrung haben. Die anderen können unsere Wolis aus Vorstufen selber herstellen.

Sollten wir Menschen es einmal schaffen, das Verhältnis von grünem Leben zu nicht grünem Leben unter den Grenzwert der Proteindeckung zu bringen, dann müssten wir uns ernsthaft Gedanken machen um die synthetische Erzeugung von Aminosäuren im industriellen Maßstab. Die Versorgung mit Sauerstoff, den wir ja auch von den Pflanzen beziehen, ist nicht so sehr das Problem.

Und wenn wir einmal auf industrielle Herstellung der Aminosäuren angewiesen sein sollten, dann könnte es uns ähnlich ergehen wie dem Geldfälscher, der seinen Geldmangel auf seine Art lösen wollte. Er fertigte zwar perfekte 50-Euro-Scheine an. Niemand konnte seine Scheine von echten Scheinen unterscheiden. Aber er hatte sein Problem nicht gelöst, sondern verschlimmert. Als er seine Ausgaben zusammenrechnete, stellte er fest, dass ihn die Anfertigung eines 50-Euro-Scheines 86 Euro kostete.

Essen wir also lieber selber Salat, Obst und Gemüse und dazu die Samen dieser hochgezüchteten Gräser wie Weizen, Roggen und so weiter, anstatt sie an Schlachttiere zu verfüttern. Und sorgen wir dafür, dass unser Planet grün bleibt, allen profitsüchtigen Zukurzdenkern zum Trotz.

Die Zerlegung der Nahrung

Wie also machen die Wolis aus Proteinen wieder Aminosäuren? Schon als Bewohner der Einzeller haben sie in ihren Zellen Vorräte von Enzymen angelegt, um Nahrungsstoffe in Einzelbestandteile aufzuspalten. In den Zellen schwimmt ja alles im Wasser, also müssen Vorräte in Behältern aufbewahrt werden, damit sie sich nicht im Wasser schwebend verteilen und ungewollte Reaktionen auslösen. Die Wolis benutzen

spezielle Membranen, um diese Behälter und noch viele andere Abtrennungen herzustellen. So zum Beispiel die Außenhaut der Zelle. Diese Membranen sind elastisch und aus
kleinen Teilen (Phospholipidmolekülen) gefertigt. Das hat den
Vorteil, dass man die Außenhaut fast beliebig verformen
kann. Man kann sie zum Beispiel sackartig einstülpen. Nahrung, die sie angelten, konnten die Wolis so einsacken. Durch
den Einbau neuer Moleküle konnten sie den Sack dicht ver-
schließen und von der Außenwand abtrennen. Den nun im
Inneren der Zelle befindlichen Sack haben sie mit dem Vor-
ratsbehälter der Enzyme zusammengeschüttet (unter Ver-
schmelzung der Außenmembranen und Auflösung der
Trennwand). So konnten die Wolis mit den Enzymen die
Proteine auseinander bauen. Brauchbare Einzelteile haben die
Wolis dann aus diesem „variablen und beweglichen Zellmagen" herausgeholt und weiterverarbeitet. So sind sie also an
die benötigten Aminosäuren, aber auch an Zuckermoleküle
und Fettsäuren gekommen. Die Zerlegung der komplexen
Nahrung haben die Wolis mit ihren Enzymen bewerkstelligt.
Daran hat sich bis heute, also seit Milliarden Jahren, nichts
geändert.

Beim Vielzeller wäre es natürlich dumm gewesen, das
Prinzip des „Zellmagens" beizubehalten. Ein Vorteil des
Zusammenschlusses ist ja die Spezialisierung. Also haben sich
die Wolis gesagt, wir zentralisieren die Verdauung. Und da
hat es sich dann als praktisch erwiesen, einen Hohlraum zu
formen, in den sowohl die Nahrung, als auch die Enzyme
befördert wurden. Hydra hat so einen Hohlraum. Mit ihren
Fangarmen stopft sie ihre Beute hinein. Zellen ihrer Innenlage
haben sich auf die Herstellung der aufspaltenden Enzyme
spezialisiert und geben diese Enzyme in den Hohlraum ab.
Die Nahrung wird in diesem System, im Gegensatz zu den

Einzellern, außerhalb des Lebewesens verdaut. Das Lebewesen ist von zwei Zellschichten begrenzt. Der Hohlraum liegt
aber außerhalb dieser Zellschichten. Wieder andere Zellen
sind darauf spezialisiert, die abgespaltenen Aminosäuren,
Zuckermoleküle und Fettsäuren aufzunehmen. Bei der Hydra
werden diese Baustoffe und Energieträger in den Raum zwischen den Zelllagen transportiert. Hier ist der „Marktplatz"
der Hydra, auf dem sich alle Zellen bedienen. Und, Hydra lebt
im Süßwasser. Da sind ja die Natriumionen und die anderen
Ionen, die sie für ihr Nervensystem braucht, nicht drin. Das
heißt, sie muss ihrer Nahrung auch diese Ionen entnehmen
und sie ihrem Innenmilieu hinzufügen.

Das gilt für alle Landlebewesen, die ein Nervensystem
haben. Wir haben ja gesehen, dass ihre Zellen von Wasser
umgeben sind. Wir haben auch gesehen, dass zur Funktion
der Nervenzellen eine bestimmte Ionenverteilung erforderlich
ist. Die Konzentration dieser Ionen, wen wundert das jetzt
noch, entspricht in etwa der des Meerwassers. Wir können
also unsere Herkunft aus dem Meer nicht verleugnen. Wir
tragen ein Stück Meer in uns.

Nachdem das Prinzip der Außenverdauung verwirklicht war, fielen die Verbesserungen nicht mehr schwer. Um
keine Nahrungsbestandteile zu verlieren, musste ein Verschluss der Verdauungshöhle gebaut werden, sozusagen ein
Mund. Aber das bedeutete, dass während der Verdauungs-
phase, zumindest, wenn der Verdauungsraum voll war, die
vollständige Verdauung abgewartet werden musste. Sonst
gingen Nahrungsbestandteile verloren. Das Unverdauliche,
das nicht verwertbare Material musste bei diesem System ja
wieder zur Eingangsöffnung heraus. Die Wolis haben schnell
bemerkt, dass eine kontinuierliche Verdauung besser ist. Also
bauten sie eine zweite Öffnung in den Verdauungsraum ein.

Vor allem als die Konstruktionen dann größer wurden, der Nahrungsbedarf entsprechend größer wurde, war dies zwingend erforderlich. Die Proteine und Membranen eines Einzellers ließen sich durch die Vielzeller relativ schnell zerlegen. Bei den Massenzellern mussten aber größere Brocken zugeführt werden, um den Hunger zu stillen. Die Verdauung dieser größeren Brocken dauert relativ lange, da ja alles bis auf das Niveau der Aminosäuren hinab aufgespalten werden muss. Die Nahrungspassage beim Menschen dauert eineinhalb bis zwei Tage im Normalfall. Wenn wir da warten müssten, bis wir wieder leer sind, wäre das nicht von Vorteil. Weder was die Leistung betrifft, noch was die Empfindung angeht.

Hydra hatte schon Zellen, die Enzyme abgaben und Zellen, die Aminosäuren aufnahmen. Bei einem kontinuierlichen Nahrungsdurchfluss bot es sich an, in Flussrichtung zuerst die abgebenden, dann die aufnehmenden Zellen anzuordnen. Im Laufe der Evolution sind die Methoden der Nahrungsaufbereitung natürlich sehr weit verfeinert worden. Es wurden viele spezialisierte Enzyme entwickelt. Damit entstanden zwangsläufig verschiedene Verdauungszonen, in denen jeweils bestimmte Enzyme oder Enzymgruppen arbeiteten. Damit diese Enzyme auch wirksam arbeiten können, muss immer genügend Wasser vorhanden sein. Bei Hydra ist das kein Problem, aber wir müssen trinken. Etwa 8 Liter Wasser werden täglich aus unserem Kreislauf in unseren Magen-Darm-Trakt sezerniert, damit unsere Enzyme richtig arbeiten können.

Außerdem ist es zweckmäßig, die Oberfläche der Nahrungsbrocken zu vergrößern, damit möglichst viele Enzyme gleichzeitig arbeiten können und dadurch die Verdauungszeit verkürzt wird. Also haben unsere Wolis uns Zähne gebaut.

Die Oberflächenvergrößerung der Nahrung nennen wir kauen.

Als die Wolis unser Gebiss konstruiert haben, wussten sie noch nichts von Fast Food und ähnlichen „Segnungen" der Zivilisation. Aber immer mehr Wolis beginnen zu realisieren, dass bei den von ihnen verwalteten Konstruktionen eine Überversorgung an Kaukapazität vorhanden ist. Früher war es normal, dass der Mensch 32 bleibende Zähne hatte und entsprechend groß ausgebildete Kiefer. Heute wachsen immer mehr Kinder heran, deren Wolis darauf verzichtet haben, die letzten Backenzähne zu bauen. Oder, was für die Betroffenen meist unangenehmer ist, die letzten Backenzähne werden gebaut, aber die Zahnbauer haben sich mit den Kieferbauern nicht abgesprochen. Die Kieferbauer haben aus den abgerufenen Kauleistungen geschlossen, dass die Kiefer nicht so groß sein müssen, wie sie früher einmal waren. Die letzten Backenzähne sind aber schon da und stecken dann im Kieferwinkel. Mit einer Achsenrichtung von etwa 45 Grad zur Kaufläche versuchen die örtlichen Wolis durch Ausbildung der Zahnwurzel mit diesen Zähnen die Kaufläche zu erreichen. Meistens schaffen sie es nicht und richten von Gebissverschiebungen bis zu Entzündungen allerlei Unheil an. Deswegen werden diese letzten Backenzähne meistens prophylaktisch entfernt.

Die letzten Backenzähne heißen im Volksmund Weisheitszähne. Der Volksmund speichert die Weisheit von Generationen. Man muss sich wundern, wie durch Beobachten (und Erahnen?) Sachverhalte und Zusammenhänge benannt werden, welche die Wissenschaft oft erst viel später feststellt. Kann man vielleicht den Schluss wagen: Fast Food vermindert die Weisheit des Volkes? Oder ist Fast Food bereits ein Produkt der verminderten Weisheit des Volkes? Lassen wir es offen. In Kapitel 7 gibt es generell zum Thema Ernährung etwas zu sagen.

Der heutige Stand unseres Verdauungssystems ist bekannt. Im Mund wird gekaut, befeuchtet und der erste Enzymeinsatz findet statt. Kohlenhydrate werden zu Zucker gespalten. (Wenn man Brot lange genug kaut, schmeckt es süß). Dann geht es durch die Speiseröhre in den Magen. Hier wird die Proteinverdauung in Angriff genommen. Wie wir ja schon wissen, wird in den Magen Salzsäure gepumpt. Das ist vor allem für Raubtiere wichtig, die rohes Fleisch fressen. Die Salzsäure löst nämlich durch ihre hohe Ionendichte die relativ schwachen Verbindungen der Proteine, die ihre räumliche Struktur bestimmen (Tertiärstruktur, dreidimensionale Strickmuster). Wir Menschen erreichen diesen Effekt durch Kochen oder Braten. Aber die Enzyme, die im Magen zum Einsatz kommen, sind so gebaut, dass sie in diesem sauren Milieu am besten funktionieren. Also ist es für uns Menschen auch wichtig, die richtige Menge an Salzsäure im Magen zu haben.

Wenn Nahrung im Magen ankommt, fängt dieser an, sich zu bewegen. Nach dem Schließen seines Eingangs und seines Ausgangs zieht er sich längs und quer zusammen in rhythmischen Bewegungen. Er pendelt hin und her, er tut alles, um Enzyme, Verdauungssäfte und Nahrung maximal zu vermischen. Natürlich tut das nicht der Magen als solcher, sondern es ist das sinnvolle automatische Zusammenspiel von etwa einer Billion Zellen des Magens und angeschlossener Nerven. Die Wolis wären nicht in der Lage gewesen, Konstruktionen aus etwa 100 Billionen Einzelzellen zu bauen, wenn sie nicht automatisiert hätten, was zu automatisieren möglich war. Die örtlichen Wolis überwachen den Ablauf und führen örtliche Reparaturarbeiten durch. Für das Individuelle werden sie halt gebraucht. Außerdem stehen sie mit der für Automatik zuständigen Abteilung in der Zentrale in Verbindung, die natürlich mehr Informationen hat, und den Ablauf steuert. Wenn alles normal läuft, merken wir von unserer Verdauung nichts. Erst wenn die Regelung am Anschlag ist, bekommen wir Bauchschmerzen.

Die Enzyme des Magens sind so gebaut, dass sie exakt die Peptidbindungen der Proteine trennen. Das sind die Bindungen, mit denen eine Aminosäure an die nächste gebunden ist. Die Enzyme schneiden nicht quer durch die Aminosäuren hindurch, sondern nur an den Nahtstellen. So bleiben die Aminosäuren heil. Sie trennen auch nicht am Ende einzelne Aminosäuren ab. Das wäre nicht sinnvoll, da sie im Magen nicht resorbiert werden können. Die Enzyme des Magens machen aus den langen Proteinketten kurze Proteinbruchstücke. Diese werden dann in den Dünndarm befördert. Hier erfolgt die nächste Stufe der Verdauung. Die Säfte der Bauchspeicheldrüse und der Dünndarmdrüsen neutralisieren die Säure des Magens. Die jetzt ausgeschütteten Enzyme brauchen ein neutrales bis leicht basisches Milieu. In den zwei bis drei Metern Dünndarm werden die Durchmischungs- und Transportbewegungen fortgesetzt. Proteinbruchstücke werden zu Aminosäuren abgebaut. Kohlenhydrate werden bis zu Einzelzuckern abgebaut. Fette, zum Teil schon im Magen gespalten, werden zu Fettsäuren abgebaut. Die ebenfalls in den Dünndarm abgegebene Gallenflüssigkeit hilft bei der Fettverdauung. Eine Menge mechanischer und chemischer Arbeit muss geleistet werden, bis endlich die Einzelteile entstehen, welche die Wolis in ihre Zellen holen können. Das strapaziert den Dünndarm gewaltig. Die Wolis arbeiten ständig an der Deckschicht (am Epithel) des Dünndarms. Alle zwei Tage ist sie komplett erneuert.

Die Verteilung der Nährstoffe

Nachdem wir gesehen haben, wie das Problem der Gewinnung von Aminosäuren bei den Massenzellern gelöst wurde, stellt sich nun die Frage der Verteilung. Wie kann man denn aus einem Stück Darm, das beim Menschen weniger als drei Meter lang ist und etwa vier Zentimeter Durchmesser hat, die Aminosäuren für 100 Billionen Zellen herausholen? Bei einer Oberfläche von vielleicht einem Drittel Quadratmeter? Die Wolis haben auch dieses Problem gelöst. Oberflächenvergrößerung hieß die Devise. Die Wolis haben das erreicht durch: 1. Einbau von Falten in die Darmwand (vergrößert die Fläche auf etwa 1 qm), 2. Einbau von 2000 bis 3000 Darmzotten pro qcm Darmwand. Das sind fingerförmige Ausstülpungen von 1mm Länge und 0,1mm Durchmesser (vergrößert die Oberfläche auf ca. 10 qm), 3. Einbau von 200 Millionen Mikrovilli pro qmm Darmoberfläche. Das sind haarförmige Ausstülpungen der Zellmembranen auf den Zellen, welche die Dünndarmschleimhaut mit samt den Darmzotten bilden (vergrößert die Oberfläche auf ca. 100 bis 200 qm).

Was man doch aus einem Drittel Quadratmeter herausholen kann, wenn man nur in der Lage ist, fein genug zu arbeiten! So stehen für jede der 100 Billionen Zellen ein bis zwei Quadratmikrometer Membranoberfläche zur Verfügung. Das ist ein Quadrat von 1000 bis 1400 Nanometern Seitenlänge. Da lassen sich genügend Proteine unterbringen, die Aminosäuren mittels aktiven Transports in die Darmzelle befördern. (Die Größe der Aminosäuren bewegt sich im einstelligen Nanometerbereich)

Auch Zucker und Fettsäuren kommen auf diese Weise in die Dünndarmzellen. Beim Erwachsenen sind dies mengenmäßig die Hauptbestandteile der Nahrung (oder sollten es

wenigstens sein). Aminosäuren werden eigentlich nur noch
für Reparatur- und Erneuerungsarbeiten benötigt. Allerdings
gehen gerade im Darm sehr viele Enzyme verloren. Auch die
Zellen der Darmschleimhaut werden ständig erneuert, wie wir
ja bereits erfahren haben. Daher sollten wir täglich etwa ein
Tausendstel unseres Körpergewichts an Aminosäuren, das
heißt an Protein essen.

Wenn wir etwas essen, dann ist es eigentlich erst im
Körper drin, wenn die Bestandteile von der Dünndarmschleimhaut aufgenommen worden sind. Der Verdauungstrakt bildet zwar geschlossene Räume, weil da ein Mund, die
Magenschließmuskeln, eine Darmklappe und ein After sind.
Aber die Begrenzungen des Körpers sind Haut und Schleimhaut. So gesehen ist der Darminhalt außerhalb des eigentlichen Körpers, wenn auch durch den Körper von der Außenwelt abgeschieden.

Haben die Nährstoffe die Schleimhaut passiert, sind sie
im Körper drin, dann wollen die Wolis aller Körperzellen
etwas davon abbekommen. Sie haben sich ja für ein besseres
Leben zusammengeschlossen. Sie wollen ihren spezifischen
Beitrag zum besseren Leben aller Wolis ihres Gemeinwesens
erbringen. Also brauchen sie Nahrung. Bei den ersten Vielzellern wohnten quasi alle Zellen um einen „Marktplatz" herum.
Dieser flüssigkeitsgefüllte Innenraum genügte, um die zellge-
rechte Nahrung zu verteilen. Aminosäuren, Zucker und Fettsäuren wurden von den Spezialisten aus dem Verdauungsraum oder Darm auf den „Marktplatz" befördert. Dort konnten sich alle Anwohner versorgen. Das klappt heute bei den
Rundwürmern noch ganz gut. Allerdings vollbringen die,
gemessen an den höheren Tieren, auch keine großen Leistungen. Sie haben vor allem da überlebt, wo sie unbemerkt und

gemächlich als Parasiten leben konnten. Ein Beispiel ist die Trichine.

Als die Konstruktionen aber größer oder komplizierter wurden, reichte das nicht mehr aus. Die Innenräume wurden zwangsläufig größer. Die Wolis mussten dann feststellen, dass damit auch die Konzentration der Nahrungsmoleküle abnahm. Es dauerte einfach zu lange bis die Nahrungsmoleküle bei den Zellen ankamen, da sie ja nur dem Gesetz der Diffusion unterworfen waren.

Man muss die Molekülbewegung beschleunigen, dachten sich die Wolis. Sie konstruierten eine Pumpe, welche die Flüssigkeit des Innenraumes in Umlauf versetzte. Unsere Wissenschaftler haben diese Pumpe Herz genannt, obwohl diese ersten Konstruktionen diesen Namen eigentlich gar nicht verdient haben. Schlauchpumpe wäre die treffendere Bezeichnung. Durch die so erzeugte Strömung kamen bei den einzelnen Zellen, die am Rande des Innenraumes angesiedelt waren wesentlich schneller Nahrungsmoleküle vorbei. Deren Wolis konnten ihre Zellen besser versorgen und dadurch mehr leisten. Es konnte auch der Innenraum des Individuums verzweigt werden. Es ergaben sich erweiterte konstruktive Möglichkeiten. Die Wolis haben das ausgenutzt zum Beispiel bei der Konstruktion verschiedener Kranzfühler. (Das sind Meerestiere, die ihr Leben freischwimmend beginnen und im weiteren Verlauf sesshaft werden. Die dafür nötigen Umbauten führen in der Tat zu sehr seltsamen Bauplänen).

Aber die Nischen der inneren Leibeshöhle wurden dann doch nicht optimal versorgt. Abhilfe war nötig. Die Wolis bauten stärkere Pumpen. Sie montierten an den Pumpenauslass Rohre, die in Richtung der Nischen und der weiter entfernten Stellen gingen. So konnte die Strömung besser gerichtet werden und die abseits gelegenen Wolis brauchten sich nicht mehr über mangelnde Versorgung zu beschweren. Bei den Insekten zum Beispiel ist so ein offenes Kreislaufsystem heute noch im Gebrauch.

Aber die Konstruktionen wurden noch größer. Die Wolis gingen auch dazu über, verschiedene Kompartimente zu schaffen. Das war der Abschied vom zentralen Marktplatz und seinen Weiterungen. Es genügte nicht mehr, in einem alle Zellen erreichenden flüssigkeitsgefüllten Raum eine Strömung zu erzeugen. Man brauchte folglich keinen Zentralraum mehr. Jetzt mussten Rohrleitungen über weite Strecken verlegt werden. Am besten ein Rohranschluss für jede Zelle. Aber 100 Billionen Rohranschlüsse?? Das war wohl auch den Wolis zu viel und vor allem zu unökonomisch. Was wäre das für eine Pumpe geworden, die den Druck für all diese Leitungen hätte liefern müssen? Wahrscheinlich hätte man die Pumparbeit wieder dezentralisieren müssen. Das wäre ein Rückschritt in der Entwicklung gewesen. Wie aber sollte die Nahrungsverteilung jetzt stattfinden?

Die Wolis hatten im Laufe der Evolution spezialisierte Zentren gebildet, die wir heute Organe nennen. Außerdem gab es ja noch die Muskeln, die Haut, Nerven, Stütz- und Bindegewebe. Das waren also die Zellen die es zu versorgen galt. Sie mussten mit der Darmschleimhaut verbunden werden.

Wir hatten schon festgestellt, dass die Wolis um ihre Zellen herum eine wässrige Umgebung brauchen. Organe und Muskeln sind Billionenansammlungen von Zellen. Das Wasser, das bei früheren Konstruktionen die Leibeshöhle füllte, wurde nun über den Körper verteilt. Überall wo Zellen waren, war Wasser drum herum. Nicht viel, aber es war während der ganzen Evolution da und ist noch immer da.

Die Wissenschaftler, die sich mit dem menschlichen Körper befassen, beschreiben, was sie sehen. Zellen konnten sie bereits mit dem Lichtmikroskop sehen. Zellzwischenräume konnten sie erst richtig mit dem Elektronenmikroskop erkennen. Aber der Zwischenraum war für die Forscher nicht interessant. In den Zellen gab es so viel zu sehen, so viel zu beschreiben, dass die Zwischenräume nicht beachtet wurden. Allenfalls beim weichen Bindegewebe, wo die Zwischenräume größer als die darin befindlichen Zellen sind, hat man sich Gedanken darüber gemacht, was denn in den Zwischenräumen sein könnte und welche „Aufgaben" diese Substanzen haben könnten.

Wir, die wir jetzt die Wolis kennen, wissen aber, dass die Wolis das Wasser brauchen. Wir können die Sache von der funktionellen Seite her angehen. Wie haben sie es geschafft, während der Evolution dieses Prinzip der individuellen Nahrungsaufnahme aus dem Wasser beizubehalten? Für uns ist es wichtig, zu sehen, dass nur da, wo wasserdichte Bezirke geschaffen werden müssen, die Zellen dicht zusammenhängen. Aber auch da nur in schmalen Zonen. Der Rest der Zellen ist frei umspülbar. Diese 25 oder 30 Nanometer breiten Spalte zwischen den Zellen eines Epithels zum Beispiel sind vom Anschauen her nichts Besonderes, zumal Wassermoleküle mit etwa 0,2 Nanometern Größe und Aminosäuren oder Zuckermoleküle, die weniger als drei Nanometer groß sind, auch mit dem Elektronenmikroskop nicht gesehen werden können. Von der Funktion her sind die Zwischenräume aber sehr wichtig, da die Wolis über das umgebende Wasser ihre Energieträger und Baustoffe aufnehmen. Zellen ohne Wasseranschluss müssten von den Wolis aufgegeben werden und würden zerfallen wie unbewohnte Häuser.

Im Prinzip ließe sich die Nahrungsverteilung also dadurch bewältigen, dass man die wässrige Umgebung der Nahrungsgewinnungszentrale, nämlich der Dünndarmschleimhaut mit den wässrigen Umgebungen der einzelnen Organe, der Muskeln der Knochen und der Haut verbindet. Es müssten wasserdichte Durchführungen durch die inneren Häute und Kapseln installiert werden. Die schon vorhandene Pumpe, das Herz müsste den Druck liefern, der für den Transport nötig ist.

Das alles haben die Wolis auch gemacht. Sie bauten also ein Rohrsystem, das die Wasserräume aller Zellen erreichte. In diesem Rohrsystem befand sich selbstverständlich auch Wasser. Im Wasser schwammen die Nahrungsbestandteile für die Zellen. Das Herz pumpte diese konzentrierte Nährlösung zu den Abnehmern. (Dass dieses allgemeine Transportsystem außer Nahrung auch Sauerstoff, Proteine mit den verschiedensten Funktionen und Zellen mit den verschiedensten Aufgaben transportiert, soll uns hier nicht weiter interessieren. Wir betrachten hier nur die Verteilung der Nahrung).

Die Wolis hatten bei diesem neuen Konzept wieder einige Probleme zu lösen. Zunächst ist es klar, dass das Ansaugen der Nährflüssigkeit nicht mehr aus dem Körperinneren erfolgen kann wie bei den Insekten. Es musste da, wo Flüssigkeit hingepumpt wurde, auch Flüssigkeit wieder abgeführt werden. Es ergab sich also im Prinzip das geschlossene Kreislaufsystem, das wir beim Menschen kennen. Aber so sehr geschlossen darf es ja gar nicht sein. Die Aminosäuren, die Zucker und die Fettsäuren müssen das System verlassen können.

In den komplexen Konstruktionen der Wolis muss aber noch mehr transportiert werden als die Nahrung. Es bot sich daher an, ein generelles Transport- und Verteilungssystem zu entwickeln. Die Wolis aller Zellen sollten diesem System ihren Bedarf entnehmen können und die von der Zentrale angeforderten Stoffe in dieses System zur Verteilung abgeben können.

Dieses System wurde im Laufe der Evolution immer weiter verbessert. Von der archaischen Schlauchpumpe bis zur Vierkammerventilpumpe beim Menschen war es ein langer Weg. Ventilpumpen arbeiten stoßweise, wie wir wissen. Wir spüren unseren Herzschlag. Das bedeutet, dass hohe Druckspitzen auftreten, die abgefangen werden müssen, wenn man einen kontinuierlichen Flüssigkeitsstrom erzeugen will. Jede Zentralheizung braucht ein Druckausgleichsgefäß, weil sie starre Rohre hat.

Die Wolis haben das Problem anders gelöst. Sie haben die Rohrleitungen elastisch gemacht. Unsere Hauptader, die Aorta, kann sich dehnen wie hochwertiger Gummi. Sie kann die Druckspitzen dadurch auffangen, dass sie sich weitet. Wenn die Rückschlagklappe der linken Herzkammer schließt, zieht sich die Aorta wieder zusammen. So transportiert sie den Herzschlag weiter. Deshalb nennen wir sie auch Schlagader. Die großen abzweigenden Adern sind nach demselben Prinzip gebaut. Darum können wir unseren Herzschlag noch am Handgelenk als Puls tasten.

Je dichter die Adern, also die Versorgungsleitungen, an die Endverbraucher kommen, desto mehr verzweigen sie sich. Der Gesamtleitungsquerschnitt wird dabei immer größer. Die Strömungsgeschwindigkeit wird immer geringer. Wenn die Adern in die wässrige Umgebung der Zellen eingetreten sind, bilden sie ein Netz von Milliarden feinster Kapillaren. Diese Kapillaren haben nur noch einen Durchmesser von 7–8 Mikrometern (7000 bis 8000 Nanometern). Sie werden aus einer einzigen dünnen Zelllage geformt, und sie sind porös. Ihre Poren haben einen Durchmesser von 30 bis 40 Nanometern.

Da passen sogar kleinere Proteine, zum Beispiel Hormone, hindurch.

Aber wenn die Kapillaren Löcher haben, geht dann nicht der Pumpendruck verloren?! Wenn kein Druck mehr in den Rohren ist, bleibt die Flüssigkeit stehen! In der Tat kommt der Flüssigkeitsstrom in den Kapillaren fast zum Stehen. Aber das ist ja erwünscht. Die Wolis haben diese Konstruktion gewählt, damit die Transportflüssigkeit, in der die Nahrungsstoffe schwimmen, sich mit der Umgebungsflüssigkeit der Zellen vermischen kann. So kann ein Konzentrationsausgleich stattfinden. Das heißt, alle Moleküle, die durch die Poren passen und die in hoher Konzentration in den Kapillaren sind, strömen in die Umgebungsflüssigkeit der Zellen bis die Konzentrationen überall etwa gleich sind. Und die Wolis holen sich in die Zellen, was sie gerade brauchen. Am Ende der Transitstrecke, in der die Kapillaren in der wässrigen Umgebung der Zellen verlaufen, muss die Flüssigkeit aber wieder in Bewegung kommen. Die Wolis haben das auf zweierlei Weise bewerkstelligt. Zunächst durch das Ausnutzen osmotischer Kräfte.

Die Wolis haben gelernt, die Kräfte der Molekülbewegung auszunutzen. Solange Moleküle eine Temperatur haben, bewegen sie sich. Je weiter weg vom absoluten Nullpunkt, desto heftiger. Das bedeutet, es gibt ständig Kollisionen, elastische Stöße, deren Gesamtheit den gemessenen Druck ausmacht. Die Wolis haben sich gesagt, wenn wir Löcher in die Kapillaren machen, dann müssen wir Moleküle und Teilchen haben, die nicht durch die Löcher passen. Dann bleibt durch deren Bewegung ein Teildruck erhalten und der Flüssigkeitsstrom kommt nicht ganz zum Stehen. Auch etliche Wassermoleküle werden die Poren nicht treffen und zwischen größeren Teilchen gefangen bleiben. Die Wolis haben der ernährenden Flüssigkeit also große Proteine und ganze Zellen hinzugefügt, die roten und die weißen Blutkörperchen, die Blutplättchen, die Immunglobuline und so weiter. Die Wassermoleküle, die kleinsten Moleküle in der Mischung, bewegen sich natürlich am schnellsten, stoßen am häufigsten an, treffen am häufigsten auf größere Moleküle. In dem Maße, in dem die Wolis die Nahrungsmoleküle in die Zellen hereinholen, treffen die außerhalb der Kapillaren befindlichen Wassermoleküle wieder vermehrt die Poren der Kapillaren. Es sind ja, gegen Ende der Transitstrecke, kaum noch andere Moleküle da, gegen die sie stoßen könnten. Also nehmen in den Kapillaren die Wassermoleküle wieder zu. Immer mehr Wassermoleküle bleiben zwischen den großen Teilchen in den Kapillaren gefangen und erhöhen durch ihre Bewegung den Kapillarendruck. Und siehe da, der Flüssigkeitsstrom gewinnt an Geschwindigkeit.

Sodann haben die Wolis von dem hydrodynamischen Prinzip profitiert, dass eine Verringerung des Gesamtquerschnitts bei gleichem Druck eine Erhöhung der Fließgeschwindigkeit mit sich bringt. Für uns ist das vielleicht schwer vorstellbar und mancher Student hat das einfach auswendig gelernt. Für die Wolis ist das kein Problem. Sie können ja die Moleküle wahrnehmen. Sie sehen quasi, wie sie hin und her springen und gegeneinander und gegen die Wände prallen. Sie sehen, dass jede Molekülart ihre eigene Geschwindigkeit hat und ihre eigene Beweglichkeit, und dass die sich bei gleicher Temperatur nicht verändert. Also, wo sollen die Moleküle hin mit der Geschwindigkeit, mit ihrer Beweglichkeit, wenn das Rohrsystem sich verengt? Die quer zur Fließrichtung prallen öfter gegen die Wände. Die in Fließrichtung treffen nach rückwärts vermehrt auf nachdrängende Moleküle, also müssen sie ihre Geschwindigkeit nach vorne richten.

Dabei stoßen sie immer öfter an quer fliegende Moleküle und geben diesen Stöße in Fließrichtung. Wenn sich alles wieder stabilisiert hat, gibt es kaum noch Moleküle die quer fliegen. Es herrscht eine Zickzackbewegung vor, die umso gestreckter ist, je geringer das Rohrlumen ist.

Weil die Wolis diese Beobachtung gemacht haben, reduzierten sie bei der Zusammenführung der Verzweigungen die Gesamtquerschnitte. Im Woli-Nährstofftransportsystem werden nach Verlassen der Endverbraucher alle Verzweigungen wieder in der gleichen Weise zusammengeführt, wie sie vorher auseinander gingen. Die nährstoffarme Flüssigkeit strebt schließlich in Sammelrohren, den großen Hohlvenen, dem Herzen entgegen. Zwar mit nur noch einem Zehntel des Anfangsdruckes, aber doch fast so schnell wie in der Aorta.

In den Beinen, wo beim Rückfluss lange Strecken entgegen der Schwerkraft zu überwinden sind, reicht der geringe Druck nicht aus, um die Versorgungsflüssigkeit Blut nach oben zu bringen. Die Wolis hätten, als der aufrechte Gang modern wurde, die Herzkraft erhöhen können. Dadurch wäre der Blutdruck höher und das würde reichen, um das Blut vom großen Zeh bis zum Herz zu befördern. Die Wolis haben das nicht getan. Was bei hohem Blutdruck alles kaputt gehen kann, ist in der Medizin hinreichend bekannt. Die Wolis hätten zu viel ändern müssen an der Gesamtkonstruktion. Sie haben einen weniger aufwändigen Weg gewählt. Sie bauten Rückschlagventile in die aufsteigenden Venen ein. Und sie legten die Venen so, dass sie durch die angespannten Beinmuskeln zusammengedrückt werden. Wenn wir gehen, helfen wir also dem Herzen beim Bluttransport. Jeder Schritt ist für das Bein wie ein Herzschlag. Aber die Wolis hatten nicht mit den „Segnungen" der Zivilisation gerechnet. Der Nachfolger des Homo Erectus, des aufrecht gehenden Menschen ist der

Homo Sendens, der sitzende Mensch. Er sitzt im Büro, er sitzt im Auto, er sitzt vor dem Fernseher und so weiter. Das ist ja zunächst einmal gut, dass er sitzt. Da braucht das Blut vom großen Zeh zum Herzen nicht so weit hinauf. Aber er spannt natürlich während langer Zeiträume die zum Bluttransport nötigen Beinmuskeln nicht an. Die Folge ist, dass sich übermäßig viel Blut in den Beinvenen befindet. Die Beinvenen dehnen sich dadurch stärker als normal und werden deutlich sichtbar. Damen, die auf ihr Äußeres bedacht sind, lassen sich dann diese Venen veröden oder operativ entfernen. Das sind ja nur oberflächliche Venen. Es gibt ja noch die tiefen Venen, die werden den Kreislauf schon bewältigen. Natürlich. Sie sind ja schon so ausgeleiert wie die oberflächlichen, da passt das Blut schon hindurch. Nur besteht die Gefahr, dass die Weitung der Gefäße soweit geht, dass die Rückschlagventile nicht mehr dicht bleiben. Dann ist guter Rat teuer.

Wir haben gesehen, wie die Wolis die Probleme der Nahrungsverteilung, die ja vorwiegend eine Molekülverteilung ist, gelöst haben. Wir haben vermutet, dass der derzeitige Stand der Entwicklung unser Vorstellungsvermögen übersteigt. Darum folgende Überlegung: Ein dreißigjähriger Mann isst pro Tag etwa die Nahrungsmenge, die einem Brennwert von 2500 Kcal entspricht. Etwa 50% dieser Nahrungsmenge sollten Kohlenhydrate sein. Wenn man der Einfachheit halber diese Kohlenhydratmenge in Glucosemoleküle umrechnet, dann ergibt das 10 Milliarden Glucosemoleküle für jede Zelle des menschlichen Körpers pro Tag. Das heißt, jede einzelne Zelle nimmt pro Sekunde etwa 120.000 Moleküle Glucose auf. Unsere Wolis müssen ganz schön flink sein! Und das Transportsystem muss das auch leisten. Im gesamten Körper eines 70kg-Durchschnittsmenschen stehen dafür 8–10 Milliarden Kapillaren mit etwa 300 Quadratmeter Kapillarenoberfläche

zum Stoffaustausch zur Verfügung. Pro Tag fließen da hin-
über und herüber etwa 80.000 Liter Wasser. Das bedeutet, von
den fünf Litern Wasser, die im Gefäßsystem des 70kg-Durch-
schnittsmenschen zirkulieren, verlässt jedes einzelne Molekül
alle 5–6 Sekunden irgendwo eine Kapillare oder kehrt in sie
zurück. Und das Wasser transportiert die Nahrungsmoleküle.
So einfach geht das.

3.4 Die Entwicklung der Entsorgung

Wie wir alle wissen, wo gehobelt wird, da fallen Späne. Auch
die Wolis arbeiten nicht abfallfrei. Trinken Sie Alkohol? In
unserer „zivilisierten" Gesellschaft kann man das ja fast nicht
vermeiden. Alkohol ist der Abfall von Hefezellen. Der Brauer,
Schnapsbrenner oder Winzer fügt sie seinem Gebräu oder
seinem Saft hinzu. Die Hefezellen verarbeiten solange den
vorhandenen Zucker, bis sie in ihrem eigenen Abfall, dem
Alkohol, ersticken. Und den trinken wir dann.

   Im Meer, als es nur Einzeller gab, waren die Zellen nicht
so dicht gedrängt wie in einem Gärbottich. Da stellte die
Abfallentsorgung kein Problem dar. Die Wolis nahmen auf.
Die Wolis gaben ab. Das Meer war groß, die abgegebenen
Moleküle klein. Die Vielzeller waren schon ziemlich groß und
kompliziert gebaut, als den Wolis auffiel, dass sie den Abfall
der Zellen nicht mehr durch die Haut schwitzen konnten. Die
Transportwege wurden zu lang. Die wässrige Umgebung der
Zellen, in welche die Wolis nach wie vor ihren Abfall ent-
sorgten, wurde zu stark mit unbrauchbaren Molekülen ver-
stopft. Ergebnis: Die Nahrungsaufnahme wurde behindert.
Wassermoleküle konnten sich nicht mehr so frei bewegen. Sie
stießen immer häufiger mit Abfallmolekülen zusammen.

Dadurch erhöhte sich der Druck. Der Körper schwoll an. Die Wolis mussten etwas tun, um ihr konstruktives Wachstum zu retten. Sie bildeten wieder einmal Spezialisten aus. Diese bauten Absauganlagen aus Spezialzellen. Diese Zellen waren kugelförmig angeordnet. Jede Kugel hatte einen Abfluss nach außen. Die Zellen waren in der Lage, Abfallmoleküle aus dem Körperwasser in den Innenraum der Kugel zu transportieren. Das überschüssige Wasser nahmen sie gleich mit. Dann wurde alles nach außen entleert. Das waren die Vorläufer unserer Nieren. Plattwürmer haben zwar kein Kreislaufsystem, aber diese Protonephridien, die haben sie schon.

Natürlich sind die Wolis bald darauf gekommen, dass dieses Entsorgungssystem nur die Konzentration der Abfallstoffe vermindern kann, jedoch nicht eine gezielte Reinigung bewirkt. Wie ließ sich diese Konstruktion verbessern? Die Flüssigkeit, das Körperwasser muss bewegt werden, haben sich die Wolis gedacht. Die nächste Variante war also ein Durchflusssystem mit Rückresorption. Mittels Flimmerhärchen wurde die Körperflüssigkeit über Trichter in Ausführungsgänge geleitet, die nach außen führten. Aber da war ja alles in der Flüssigkeit, auch die Nahrungsmoleküle und die Ionen für das Nervensystem. Das war natürlich nicht gut. Die Wolis bauten also die Ausführungsgänge aus spezialisierten Zellen, die in der Lage waren, selektiv die Moleküle und Ionen aus dem Strom zu fischen, die noch gebraucht wurden. Jetzt konnte richtig gefiltert werden. Die gesamte Flüssigkeit ging hindurch und das was nicht hinaus sollte, wurde zurückgehalten. Das war ein großer Fortschritt. Die Regenwurmwolis finden das auch. Sie haben dieses System immer noch in Gebrauch.

Als dann das geschlossene Kreislaufsystem erfunden war, bot es sich natürlich an, die Kreislaufflüssigkeit zu filtern und nicht das Körperwasser. Je größer die Konstruktionen der Wolis wurden, desto mehr Filterelemente wurden es. Mit zunehmender Größe ihrer Konstruktionen waren die Wolis ja dazu übergegangen, funktionelle Zentren zu schaffen. So wurden auch die Filterelemente immer mehr zusammengefasst. Beim Menschen sind daraus zwei zentrale Klärwerke geworden. Wir nennen sie Nieren.

Jede Niere besteht aus 1–1,2 Millionen funktioneller Einheiten, den Nephronen. Bei der Konstruktion der Nephrone haben die Wolis ihr Wissen aus dem Kapillarenbau verwendet. Sie haben ganze Knäuel aus Kapillaren geformt. Dem Zulauf haben sie einen größeren Durchmesser gegeben als dem Ablauf. Dadurch bildet sich ein Überdruck, der einen Teil der Flüssigkeit durch die Kapillarwände treibt. Der Rest versorgt über ein nachgeschaltetes Kapillarnetz die Umgebung mit Nahrung.

Ein Teil der Ionen und Moleküle, die klein genug sind, verlassen so in den Nephronen den Blutstrom. Was zu groß ist, bleibt drin im Blut. Das hatten wir ja schon gesehen. Damit die zu filternde Flüssigkeit nicht verloren geht, haben die Wolis eine Kapsel um das Kapillarknäuel gebaut. Sie hat einen sehr dünnen Abfluss. Den Abfluss mussten die Woli-Ingenieure sehr dünn bauen, damit die örtlichen Wolis auch alle vorbei fließenden Moleküle erwischen können. So wird zum Beispiel Glukose zu 100% wieder in den Körper zurückbefördert. Andere Moleküle und Ionen werden nach dem Bedarf des Gesamtorganismus zurückgeholt. Das bedeutet, dass die örtlichen Wolis auf Anweisung der Zentrale handeln und weniger Automatik möglich ist. Das bedeutet auch, dass die Woli-Ingenieure Spezialvorrichtungen für den aktiven Transport der verschiedensten Moleküle entwerfen und entlang des Abfluss-Schlauches platzieren mussten. Dadurch geriet der

Abfluss-Schlauch sehr lang. Ein Nephron hat einen Durchmesser von etwa 0,2 Millimetern, aber seine Länge beträgt das
250fache, nämlich 50 Millimeter. Und die Nephronlänge
besteht so gut wie ausschließlich aus dem superdünnen Abfluss-Schlauch. Und der ist in seinen oberen Teilen noch stark
gewunden, während sein unterer Teil in Form einer Schlaufe
verdoppelt ist. Also da haben die Wolis viel Platz gebraucht.
Aber sie haben ja den Gesamtdurchfluss von etwa 180 Litern
pro Tag auf 1,5 Liter reduzieren wollen. Soviel kommt letztendlich in der Harnblase an. Es ist schon besser, finde ich, dass
wir 1,5 Liter am Tag pinkeln müssen und nicht 180 Liter.

Das also haben die Woli-Ingenieure geleistet, um die
Umgebung der Zellen von denjenigen Abfällen zu befreien,
die durch die Tätigkeit der Wolis entstehen. Aber da gibt es ja
noch andere Abfälle, nämlich die aus dem „Schlachthof".
Nicht alles was wir herunterschlucken, wird so zerkleinert,
dass es durch die Darmwand geht. Ein Teil ist schlicht unverdaulich. Es passiert den Dünndarm, und es bleibt außerhalb
des Körpers, außerhalb des Bereichs unserer Wolis. Es dient
zum Teil unseren Darmbakterien als Nahrung, sowohl im
Dünndarm als auch im Dickdarm. Im Dickdarm wird bei den
Wiederkäuern auch noch verdaut. Bei uns Menschen wird
hauptsächlich das Wasser, das die Enzyme brauchten, wieder
in den Körper zurückgeholt.

Die Idee, sich zu Massenzellern zusammenzuschließen,
brachte den Wolis eine Menge Probleme. Sie haben sie, wie
wir sehen konnten, alle gelöst. Das ist auch gut so, sonst
würde es uns Menschen nicht geben.

4 Der Bau des menschlichen Körpers

Dieses Kapitel ist meine Beschreibung der Entstehung eines kleinen Menschen im Mutterleib, meine persönliche Embryologie. Die Wissenschaftler beschreiben ja nur, was sie sehen. Ich deute das, was die Wissenschaftler sehen. Ich beschreibe, warum es so ablaufen muss, und wie die Wolis als Ingenieure und Bautrupps tätig sind. Die meisten Menschen interessiert ein Embryo erst, wenn er etwa 3 cm groß ist, wenn er im Ultraschallbild sichtbar ist. Dann ist aber die spannende Phase schon vorbei. Aus der runden Eizelle ist unter ingenieurmäßig schwierigsten Umformungen und logistischen Höchstleistungen die Gestalt entstanden. Ein äußerst komplexer Bauplan wurde da schon verwirklicht. Im Ultraschallbild, da kann man nur noch das Größenwachstum der (fast) fertigen Gestalt sehen, die sich nur noch in Größe und Proportionen ändert. Darum befasst sich dieses Kapitel im Wesentlichen mit der Phase zwischen Eizelle und Abschluss der Gestaltbildung.

Der Bau des menschlichen Körpers fängt an, wenn sich die erste Samenzelle Zugang zur Eizelle verschafft hat. Es ist eine Konstruktionsart, die wir Menschen in unserer Welt sonst nicht kennen. Es ist die Konstruktion von innen heraus. Sie ist dadurch bedingt, dass die Wolis im Wasser leben. Sollten wir Menschen einmal auf dem Mond eine feste Station errichten, dann müssten wir genau so vorgehen. Wir müssten aus einem Kernmodul, in dem wir atmen und leben können heraus, die

Station erweitern, ohne dass unsere Lebenssphäre verletzt wird. Wir müssten das noch lernen. Die Wolis können das.

Die Wolis bauen ihr Kernmodul, die befruchtete Eizelle, ohne äußere Größenzunahme in mehrere Zellen um. Währenddessen wird die Eizelle, die sich durch die Teilung in mehrere Zellen zur Morula entwickelt, vom Eileiter, dem Ort der Befruchtung, mittels Flimmerhärchen in den Uterus (Gebärmutter) befördert. Dort nistet sich die Morula in der Gebärmutterschleimhaut ein. Die weitere Geschichte erleben Sie in verfremdeter Form. Medizinisch interessierte Leserinnen und Leser nehmen bitte das Glossar zur Übersetzung zur Hilfe.

4.1 Verwandeln Sie sich in einen Woli!

Um die folgenden Konstruktionsphasen besser erleben zu können, mache ich Ihnen einen Vorschlag: Stellen Sie sich vor, Sie seien ein Woli. Sie sind wie ein Mensch, aber viel kleiner. Sie sind so groß, wie sie jetzt sind, aber nicht in Metern, sondern in Ångström-Einheiten (Meter mal 10 hoch minus 10). Die Wassermoleküle, die sie brauchen, um Ihr Leben zu gestalten, sind etwa zwei Ångström-Einheiten groß. Durch die elektrischen Anziehungs- und Abstoßungskräfte halten die Wassermoleküle einen Abstand von 2 Ångström-Einheiten zueinander. Sie können sich zwischen den Wassermolekülen bewegen. Sie können durch die Moleküle hindurchsehen. Sie brauchen auch kein Licht zum „Sehen". Bei den Wolis funktioniert das anders. Bei den Wolis findet das Leben ja in drei Dimensionen statt und alles ist in schwingender Bewegung. Das sind Sie als Woli aber gewohnt. Sie nutzen die Schwingungen zur Fortbewegung aus. Die Schwerkraft spielt keine Rolle. Eine normale Zelle enthält außer Wasser viele Proteine, reichlich RNS, Ribosomen und die bekannten Zellorganellen. Wenn Sie es etwas ruhiger haben wollen, dann müssen Sie sich in ein Protein begeben oder zum Beispiel in die DNS. Da gibt es auch, an bestimmten Stellen, größere Räume.

Proteine sind sehr interessante Gebäude. Es gibt da spiralige und flächige Strukturen, sehr schön anzusehen. Proteine sind zwanzig bis hundert Ångström-Einheiten groß. Das entspräche bei den Menschen den Häusern bis Hochhäusern. Mikrometer, das sind zehntausend Ångström-Einheiten, sind Riesendimensionen für Sie, und Zellen haben Ausmaße von 10 bis 100 Mikrometer. Auf menschliche Verhältnisse übertragen sind das 100 bis 1000 km. Wenn sie in einer kleinen Zelle sind, entspricht das in etwa den Westbanks von Palästina, der Insel

Puerto Rico oder der Insel Korsika. Wenn sie in einer großen Zelle sind, ist das vergleichbar mit Ägypten, Kolumbien, der Insel Borneo, den Ländern Frankreich, Schweiz und Belgien gemeinsam oder den Staaten Texas und Oklahoma gemeinsam. In der Zelle lassen sich diese Entfernungen nicht nur in der Fläche messen, sondern auch in der Höhe.

In der Morula

Stellen Sie sich vor, Sie haben in dieser Woliwelt, in der unvorstellbar viele Wolis leben, bei der Woli-Firma Human-Genom-Realisation soeben den Posten eines Assistenten der Geschäftsleitung angetreten. Ihr Chef erklärt Ihnen den bisherigen Werdegang und das Ziel der Firma:

„Wir sind noch eine sehr junge Firma. Wir sind entstanden als ein Joint Venture der Mama Corporation und der Papa Development Industries. Wir sind glücklich darüber, dass uns die Mama Corporation in der Start- und Entwicklungsphase ihre Infrastruktur zur Verfügung stellt. Sie hat uns auch die Energie- und Materialversorgung zugesagt. Ohne diese Hilfe wäre ein so kompliziertes Vorhaben wie das Unsere gar nicht möglich. Von der Papa Development Industries kommen vor allem das Know-how und eine hervorragende Entwicklungsmannschaft. Diese Firma hatte einen internen Wettbewerb ausgeschrieben, an dem fast 300 Millionen Teams teilnahmen. Das Gewinnerteam ist bei uns als Partner eingestiegen. Unser Ziel ist, einen Menschen zu bauen und am menschlichen Wettbewerb teilzunehmen. In etwa 20 Jahren wollen wir die Größe unserer Muttergesellschaft erreicht haben. Der Know-how Transfer unserer Gründer und deren wohlwollende Unterstützung lassen dieses Ziel sehr realistisch erscheinen."

Sie sind sicher beeindruckt. Mit den Gewinnern eines so großen Wettbewerbs zusammenzuarbeiten, das ist doch schon was. Ihr Chef fährt fort: „Wir haben bei der Firmengründung die Investition der Mama Corporation, die Eizelle mit der Investition der Papa Development Industries, dem Gewinnerspermium vereinigt. Zunächst war es wichtig, die DNS-Kopierschablonen gemeinsam unterzubringen und die Konstruktionspläne und vor allem die Ablaufpläne zu vereinigen. Bei einigen unterschiedlichen Details musste entschieden werden, welche Variante gebaut wird. Dann ging es sofort los. Nach 30 Stunden hatten wir die erste Zellteilung geschafft. Nach drei Tagen waren wir soweit, dass wir unsere vereinigte Startzelle in 16 Abteile geteilt hatten. Jedes Abteil hatte den kompletten DNS-Satz. Heute, nach 4½ Tagen, haben wir die organisatorischen Arbeiten soweit abgeschlossen, dass wir in die Wachstumsphase eintreten können. Wir müssen das auch, da uns der Platz nicht mehr ausreicht, um die DNS zu verdoppeln. Unser Firmengebäude hat ja seinen Durchmesser von 120 Mikrometern nicht verändert. Unsere Firmengründung fand im Eileiter der Mama Corporation statt. Mit Hilfe unserer Mutterfirma haben wir unser Firmengebäude den Eileiter entlang weiterbewegt. Nun sind wir an unserem Entwicklungsgelände, dem Uterus, angekommen. Hier haben wir genügend Raum. Hier werden wir uns einen günstigen Platz suchen und die Expansion in Angriff nehmen. Dafür brauchen wir natürlich den Anschluss an die Infrastruktur der Mama Corporation und zusätzliches Personal. Ihre Aufgabe ist es, den Personalbedarf zu analysieren und die Einstellungen in die Wege zu leiten. Bisher waren wir noch so klein, dass jeder alles machen konnte. Aber sehr bald werden wir Spezialisten brauchen. Die können zwar nicht mehr alles machen, aber dafür in ihrem Bereich effektiver arbeiten."

Sie freuen sich auf ihre neue Aufgabe. Früher haben Sie als Datensortierer im Gehirn gearbeitet, bevor Sie sich entschlossen auszuwandern. Jetzt sind Sie bei der Entstehung der Filiale von zwei Multis im Mittelpunkt des Geschehens. Aber um die neue Aufgabe zu bewältigen, müssen Sie noch einiges lernen. Warum war der Chef so stolz auf die Zellteilung und die Vervielfältigung der DNS? Wenn man irgendwo im Gehirn sitzt, wo die Daten nur so durchrauschen, erfährt man nicht viel von der Zellteilung. Gehirnzellen werden nicht geteilt. Sie beschließen umgehend, ihr Wissen zu erweitern. Ohne dazu zu lernen kommt man halt nicht weiter im Leben. Ein Mitglied der Kernmannschaft, ein Woli-Ingenieur mit viel Erfahrung, erklärt es Ihnen:

Lektion: Zellteilung

„Ja, mein Lieber, dann will ich Ihnen mal eine Schnell-Einführung in das Thema Zellteilung geben: Unsere menschliche DNS ist etwa 2 Meter lang, bei einem Durchmesser von nur 2 Nanometern. Sie wird im Zellkern aufbewahrt und bearbeitet. Der Zellkern hat einen Durchmesser von etwa 5 Mikrometern. Das heißt, obwohl die DNS nur etwa ein Zehntel des Zellkernvolumens einnimmt, ist sie doch 400.000-mal länger als der Durchmesser des Zellkerns. Da wir einerseits zur Protein- und RNS-Herstellung an der DNS arbeiten müssen, andererseits auch die Verdoppelung für die nächste Zellteilung erfolgen muss, ist der Hauptteil der Belegschaft an der DNS beschäftigt. Unsere Vorfahren haben sich etwas einfallen lassen müssen. Die DNS muss im Zellkern ja so untergebracht werden, dass man einerseits daran arbeiten kann, andererseits aber auch nach der Verdoppelung die verdoppelten Chromosomen sauber von einander trennen kann. Jede neue Zelle muss ja genau die Hälfte erhalten.

Unsere Gesamt-DNS, mit der wir arbeiten, ist in 46 Abschnitte unterteilt. In den einzelnen Abschnitten sind Teilstücke auf Histonspulen aufgewickelt. Aber immer nur einige Windungen, dann bleibt wieder etwas Platz zum Arbeiten. Wenn wir an ein DNS-Stück heranmüssen, das gerade auf einer Spule ist, können wir die Spule seitwärts rollen und so dieses Teilstück freilegen."

„Aber wenn die Verdoppelung abgeschlossen ist, bereiten wir uns auf die nächste Zellteilung vor. Dann werden die bisher losen Schlaufen eng gepackt, so dass die Zwischenräume zwischen den Spulen von anderen Spulen ausgefüllt werden und 30 Nanometer dicke Fibrillen entstehen. Nach einem genauen Plan werden dann diese Fibrillen eingerollt. Am Ende entstehen dann die Chromosomen, immer zwei Gleiche dicht nebeneinander (Abb. 4.1). In ihnen ist die DNS auf 1/10.000 ihrer ursprünglichen Länge verkürzt. Dafür sind sie entsprechend dicker."

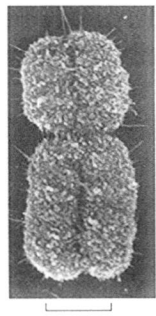

4.1 Rasterelektronenmikroskopische Aufnahme eines verdoppelten Chromosoms mit Einschnürung für die Befestigung der Zugapparate.
Autor Terry D. Allen ©1994 Aus Molekularbiologie der Zelle, 3E von Alberts et al. Mit freundlicher Genehmigung von Garland Science/Taylor and Francis, LLC.

1µm

„Ungefähr in der Mitte der Chromosomen bauen wir eine besondere Befestigungsstelle. Da werden später die Zugapparate für die Trennung der verdoppelten Chromosomen eingebaut."

„Während wir die DNS zu Chromosomen wickeln, läuft bereits der Countdown für die Zellteilung. Verschiedene Mannschaften arbeiten, über den Countdown zeitlich koordiniert, an unterschiedlichen Aufgaben. Da ist eine Mannschaft, die das vorhandene Gerüst der Mikrotubuli umbaut und erweitert. Das ist zum einen nötig um eine Achse festzulegen. In Richtung dieser Achse müssen wir die Zellbestandteile für die Teilung auseinandersortieren. Quer zu dieser Achse muss dann die Teilung der Außenwände durchgeführt werden. Zum anderen ist das Trennen der Chromosomen ein Kraftakt. Unsere Urahnen in den Bakterien haben einfach die zwei DNS-Schlaufen an gegenüberliegende Zellwände geklebt und dann die Zelle in die Länge gezogen. Das reichte aus um die DNS zu trennen. Unsere 46 Doppelchromosomen setzen der Trennung erheblich mehr Widerstand entgegen. Die Zellwände leisten das nicht. Das können Sie sich sicher vorstellen. Die Gerüstbauer müssen da zwei riesengroße vielfüßige Spindeln aus sehr vielen Mikrotubuli aufbauen. Die Organisationszentren für die beiden Spindeln werden da eingerichtet, wo später die neuen Zellkerne zusammengebaut werden."

„Eine weitere Mannschaft beginnt, die Hülle des Zellkerns abzubauen. Eine andere Mannschaft bringt Aktinfilamente an den Äquator der Zelle, wo später die Teilung der Außenhülle stattfinden soll. In der Zwischenzeit haben die Kollegen schon etliche Mikrotubuli lang genug gebaut, um mit den Mikrotubuli der gegenüber liegenden Spindel Kontakt aufzunehmen. Sie verbinden diese Mikrotubuli miteinander. Zunächst geht das noch um den Zellkern herum. Es entsteht eine Art Käfig. Aber bald haben die Kollegen die Kernhülle abgebaut. Dann müssen wir uns beeilen und die Zugapparate an die Befestigungsstellen der Chromosomen anbauen. Die Gerüstbauer montieren nämlich die Mikrotubuli vermehrt in Richtung der nun freiliegenden Chromosomen. Wir fangen die Enden der Mikrotubuli ein und befestigen sie an den Zugapparaten der Chromosomen. An jedes Chromosom, das jetzt ja aus zwei eng gekoppelten Gleichen besteht, werden zwei Zugapparate befestigt. Jedes Einzelchromosom erhält einen. Wir verbinden dann die Mikrotubuli der nördlichen Spindel mit dem nördlichen Zugapparat und die Mikrotubuli der südlichen Spindel mit dem südlichen Zugapparat. Sie können sich sicher vorstellen, warum das so wichtig ist."

„Während die Teile der abgebauten Kernhülle auf die beiden Hälften der Zelle verteilt werden, bauen die Kollegen am Zelläquator aus den Aktinfilamenten einen Gürtel. Unser Team bemüht sich währenddessen zusammen mit der Gerüstmannschaft die Chromosomen genau in der Mitte der Zelle, in der Äquatorebene, auszurichten. Mikrotubuli werden verkürzt und verlängert bis es passt" (Abb. 4.2).

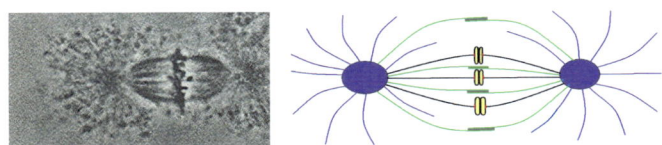

4.2 Links: Aufnahme einer Mitosespindel im Phasenkontrastmikroskop. Rechts: Schematische Darstellung der Mechanik dieser Woli-Konstruktion. Blau: Organisationszentren. Lila: Verankerungs-Mikrotubuli. Grün: Abstützungs-Mikrotubuli. Schwarz: Zug-Mikrotubuli.
 Bild links: Autoren E.D.Salmon und R.R.Segall. ©1994 Aus Molekularbiologie der Zelle, 3E von Alberts et al. Mit freundlicher Genehmigung von Garland Science/Taylor and Francis, LLC.

„Dann ist der Countdown bei zehn angekommen. Alles wird noch einmal überprüft. Bei Null erfolgt die Trennung aller 46 Chromosomen gleichzeitig Mit der ungeheuren Geschwindigkeit von 60.000 Nanometer pro Stunde sausen sie auf die Spindelpole, die Organisationszentren der Spindeln zu."

„Wenn die Chromosomen die Hälfte ihres Weges zu den Spindelpolen zurückgelegt haben, beginnen die Kollegen am Äquator den Gürtel enger zu ziehen. Die Zellaußenwand fängt dadurch an, sich am Äquator einzukerben. Währenddessen setzen die Chromosomen ihre Fahrt fort. In wenigen Minuten sind sie vor den Spindelpolen angekommen. Die Kollegen, welche die Kernhülle abgebaut haben, fangen nun mit dem Bau der neuen Kernhüllen an. Durch die Verteilung der Bauteile hat sich ja auch die Mannschaft geteilt. Die Hälfte ist jetzt am Südpol, die andere Hälfte am Nordpol. Das alte Material reicht natürlich nicht, um zwei genügend große Kernhüllen zu bauen. Es ist aber während der Zeit der Chromosomenverdoppelung auf Vorrat produziert worden. Allerdings dauert der Aufbau etwas länger, da die Mannschaft kleiner geworden ist. Es müssen erst wieder neue Leute eingestellt werden. Und da wird die Personalabteilung künftig mit Ihren Analysen rechnen, stimmt´s?" Sie nicken zustimmend. Auf was haben Sie sich da eingelassen? Das ist ja alles sehr kompliziert. Ihr freundlicher Trainer nimmt den Faden wieder auf: „Während die neuen Kernhüllen gebaut werden, geht die Einschnürung am Zelläquator weiter. Gleichzeitig werden auch hier Bauteile eingebaut, um die Zellaußenwand zu vergrößern. Außerdem sind die Gerüstbauer aktiv. Nachdem die Mikrotubuli, an denen die Chromosomen hingen, vollständig abgebaut sind, setzen sie ihre freien Kräfte ein, um mit Hilfe der verbliebenen Abstützungs-Mikrotubuli die Zelle zu strecken. Bald kann man schon von außen sehen, dass es zwei Zellen werden. Sie sehen jetzt aus wie zwei Semmeln, die nicht ganz getrennt sind (Abb. 4.3). Durch die Verbindungsstelle laufen noch die Mikrotubuli. Während diese getrennt werden, und die beiden neuen Zellmembranen vervollständigt werden, sind bereits neue Teams bei der Arbeit. Sie verbinden die beiden neuen Zellen mit ihren Nachbarzellen."

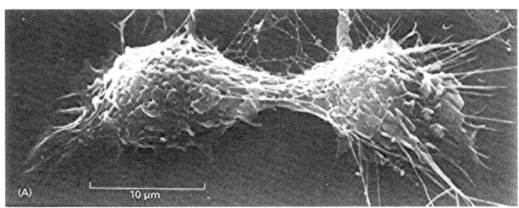

4.3 Rasterelektronenmikroskopische Aufnahme einer Zellteilung in der Endphase. Autor Guenter Albrecht-Buehler. ©1994 Aus Molekularbiologie der Zelle, 3E von Alberts et al. Mit freundlicher Genehmigung von Garland Science/Taylor and Francis, LLC

„Schließlich bauen wir ja ein großes Gebäude, und die Zellen sind nur die kleinen Bausteine, auch wenn wir darin leben. Zellen haben wir zurzeit einhundertachtundzwanzig. Morgen werden es zweihundertsechsundfünfzig sein. Es sollen aber an die 100 Billionen werden. Also dann viel Spaß bei der Arbeit!"

Ein kleiner Überblick

Ihr Lehrer in Sachen Zellteilung verabschiedet sich. Sie bewegen sich in ihr provisorisches Büro. Eine zentrale Verwaltung gibt es noch nicht in dieser Firma. Um den Personalbedarf abschätzen zu können, muss ich zunächst einmal wissen, was denn als nächstes passieren soll, denken sie sich.

Sie vertiefen sich in den Ablaufplan. Jede Firma baut ihre Filialen, also in diesem Fall den neuen Menschen, nach den gleichen Grundzügen, nach denen sie selbst auch gebaut ist. Das hat sich als zweckmäßig erwiesen. Und das kann man im Ablaufplan nachlesen. Sie suchen nach dem Übergang in die Wachstumsphase. Davon hatte Ihr Chef ja gesprochen. Wenn man wachsen will, muss man ja Baumaterial von außen erhalten. Wie soll das denn gehen? Das fragen Sie sich. Bisher hat die Firma offenbar nur von den Anfangsinvestitionen der Gründer gelebt. Da war Material und Energievorrat in der Eizelle enthalten, um die DNS zu vermehren, die Zellwände in das Gebäude einzuziehen und die dazu notwendigen Proteine herzustellen. Außen ist eine Schutzhülle. Selbst der Müll muss gespeichert werden.

Im Ablaufplan lesen Sie, dass die Installation des derzeitigen Firmengebäudes in der Versorgungsschicht der Mama-Corporation, in der Uterusschleimhaut etwa am sechsten Tage nach der Gründung stattfinden soll. Das heißt, dass sie unmittelbar bevorsteht. Sie beschließen, einen Rundgang zu machen und sich vor Ort zu informieren. Sie stellen fest, dass die vorhandene Mannschaft schon vor etlichen Stunden Natriumionenpumpen installiert hatte. Dann hatten sie damit begonnen, Natriumionen zwischen die Zellwände zu pumpen. Das Wasser folgte automatisch aus den Zellinnenräumen nach. Es tun sich Spalten auf. So gewinnen die Besatzungen Platz, den Abfall aus den sich verkleinernden Zellen loszuwerden.

In der Zwischenzeit hatte die Mannschaft anhand des Ablaufplans ein internes Schulungsprogramm absolviert. Danach hatte sie sich aufgeteilt. Ein Teil hatte sich für den

Aufbau der Versorgung qualifiziert. Diese Gruppe verteilt sich gerade in die äußeren Zellen. Entsprechend ihrer Schulung wollen sie zunächst von bestimmten DNS-Abschnitten die Schablonen für Enzyme kopieren, welche die Oberfläche der Uterusschleimhaut auflösen können. Dann werden sie diese Enzyme herstellen und zur Ausschüttung fertig machen.

Die Restmannschaft strebt höhere Qualifikationen an und setzt ihre Schulung fort. Anhand des Ablaufplanes wurden Ausbildungen für den Außenbau und für den Innenbau angeboten. Die Aufstiegschancen waren im Außenbau größer. Alle versuchten, in diese Mannschaft zu kommen, aber nur etwa die Hälfte wurde genommen.

Seit Ihrem Gespräch mit dem Chef war ein Tag vergangen. Sie sehen, dass sich das Gebäude der Firma Human Genom Realisation verändert hat. In der Mitte war ein flüssigkeitsgefüllter Hohlraum entstanden. Die Begrenzung besteht aus einer einzigen Zellschicht, die das immer noch kugelförmige Gebäude nach außen abschließt. In diesen dreidimensionalen See ragt eine dreidimensionale, flache Landzunge. Ein Zellhügel, in dem sich die Mannschaft zusammengefunden hat, die sich für den Bau des neuen Menschen qualifiziert hatte (Abb. 4.4).

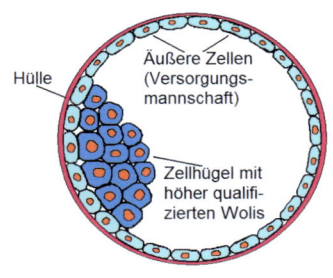

Hülle

Äußere Zellen (Versorgungsmannschaft)

Zellhügel mit höher qualifizierten Wolis

4.4 Schematische Darstellung des Entwicklungsstandes des Firmengebäudes im Querschnitt, kurz vor dem Andocken an der Uterusschleimhaut. Der Durchmesser beträgt ca. 0,2 mm.

Andocken, Übergang in die Wachstumsphase

Da kommt die Meldung von der Außenschicht: Günstiger Platz zum Andocken an die Uterusschleimhaut gefunden! Sollen wir andocken? Die Firmenleitung entscheidet sofort: Außenhülle abwerfen! Punktförmig andocken! Dann das Firmengebäude so ausrichten, dass die Mannschaft im Zellhügel zuerst Kontakt mit der Uterusschleimhaut erhält. Die Versorgungsmannschaft in den äußeren Zellen setzt die Anweisungen um. Die Verankerungen werden hergestellt. Nachdem die Lage des Zellhügels gesichert ist, schütten die dortigen Versorgungstrupps die speziellen Enzyme aus.

Die Wolis in den Zellen der Uterusschleimhaut sind nicht die Begabtesten. In regelmäßigen Abständen verlieren sie ihre Arbeitsplätze. Nun sind sie erstaunt, da die Versorgungstrupps der Firma Human Genom Realisation ihnen ihre Zellen abbauen. Aber sie erhalten neue Arbeit beim Aufbau der Versorgung des Baugeländes. Also sind sie zufrieden.

Jetzt sehen Sie auch, wie die Wachstumsphase beginnen kann. Immer mehr Zellwände der Uterusschleimhaut werden abgebaut. Bau- und Brennmaterial kann sich frei verteilen. Es entsteht eine dicke Nährlösung. Aus dieser Nährlösung nehmen die Versorgungstrupps Material in ihre Zellen der Außenschicht auf. Zum größten Teil brauchen sie es, um ihre Zellen zu teilen, zu wachsen und so den dreidimensionalen See, der den Zellhügel umspült zu vergrößern. Zum anderen Teil versorgen sie die direkt benachbarte Zellschicht des Zellhügels, die mittlerweile von der Mannschaft für den Außenbau bezogen wurde. Des Weiteren geben sie diese Stoffe in den See ab, damit die dem See benachbarten Zellen des Zellhügels, die von der Mannschaft für den Innenbau bezogen wurden, auch wachsen können. Und in dem Maße, wie die Uterusschleimhaut an der Andockstelle von den Versorgungstrupps abgebaut wird, gelingt es immer mehr, das Firmengelände (es ist ja jetzt, am 7.Tag, mehr als ein Gebäude) in die Uterusschleimhaut einzubetten.

Kurze Vorausschau

Da fällt Ihnen Ihre Arbeit wieder ein: Die Arbeitskräfte für den Aufbau der Versorgung werden durch freiwerdende Stellen bei der Mama Corporation abgedeckt. Da gibt es kein Problem. Was ist aber mit der Mannschaft, die den eigentlichen Aufbau der Filiale realisieren soll? Es muss so schnell wie möglich der Anschluss an das zentrale Versorgungssystem der Mama Corporation erfolgen, und ein internes Versorgungssystem aufgebaut werden, damit die Zellen, deren Zahl ja im Prinzip exponentiell wächst, versorgt werden können. Sie blättern mal nach hinten, um zu sehen, was das Endergebnis sein soll.

Sie sehen, dass das Gebäude nach zwei Monaten in verkleinertem Maßstab fertig gestellt sein soll. Dann erfolgen noch Verfeinerungen und im Wesentlichen Größenwachstum. Allerdings ist die Wachstumsgeschwindigkeit in verschiedenen Regionen unterschiedlich groß. Sie sehen, dass da ein Kopf, ein Leib und Gliedmaßen ausgebildet werden sollen. Sie sehen weiter, dass ein Nervensystem gebaut werden soll, dessen Zentrale im Kopf untergebracht ist. Sie sehen, dass ein ver- und entsorgendes Kreislaufsystem gebaut werden soll, dessen zentrale Pumpe im oberen Leib untergebracht ist. Sie sehen, dass ein durchgehender Verdauungstrakt gebaut werden soll. Sie sehen, dass Augen, Ohren, Nase, Zunge und Haut gebaut und mit dem Nervensystem und dem Kreislaufsystem verbunden werden sollen. Sie sehen, dass Lungen, Leber, Milz, Nieren, verschiedene Drüsen und ein Fortpflanzungssystem gebaut und mit dem Kreislaufsystem und mit dem Nervensystem verbunden werden sollen. Sie sehen, dass über den ganzen Körper verteilt Knochen, Bindegewebe und Muskeln gebaut und angeschlossen werden sollen. Sie schauen auf den Zellhügel im See: Das alles soll aus den wenigen Zellen hier entstehen!

Ach ja, der Anschluss an das Versorgungssystem der Mama Corporation. Er ist Anfang der 4.Woche vorgesehen. Dann geht es richtig los. Dann tut sich was. An den verschiedensten Stellen werden dann Organe gebildet. Äußere Formen werden verändert. Und die Größe nimmt rapide zu. Bis dahin hat aber die Baustelle selber schon eine Größe von 2000 Mikrometern erreicht. Der Freiraum, der durch die Versorgungsmannschaft geschaffen wurde beträgt dann in der größten Ausdehnung 20.000 Mikrometer. Sie schauen über die Anlage: Zurzeit, schätzen Sie, haben wir nicht einmal eine Größe von 300 Mikrometern erreicht.

Sie sehen, dass in den nächsten Tagen Schulungen stattfinden müssen. Es bleibt nicht mehr viel Zeit. Eine Mannschaft muss ausgebildet werden, die die Anschlussleitungen an die Mama Corporation herstellt. Die Versorgungstrupps sind dabei, Zapfstellen in der Uterusschleimhaut der Mama Corporation zu bauen. Zwischen diesen und dem Filialgebäude muss eine Verbindung, die spätere Nabelschnur, erstellt werden. Sie machen ihre erste Bedarfsplanung und schicken sie zur Personalabteilung. In der Mama Corporation hat es sich herumgesprochen, dass eine Filiale entsteht, und so liegen auch entsprechende Bewerbungen vor. Das Schulungszentrum der Firma Human Genom Realisation füllt sich.

Eine Scheibe zwischen zwei Blasen

Inzwischen ist wieder ein Tag vergangen. Die Firmengründung liegt nun 8 Tage zurück. Die Versorgung des Firmengebäudes, der eigentlichen Konstruktion, ist noch auf die Diffusion angewiesen. Der Ablaufplan verlangt daher, dass deren Wachstum scheibenförmig stattfindet. So bleiben die Diffusionswege für die einzelnen Zellen kurz. Während die Versorgungszellen das Firmengelände weiterhin kugelförmig erweitern, hat sich der Zellhügel im See zur Scheibe entwickelt. Die Mannschaft für den Außenbau hat die Kontrolle über die Zellen übernommen, die direkt an die Versorgungszellen angrenzen. Sie haben große Zellen gebaut, die eine sehr komplexe Ausstattung enthalten. Sie sitzen ja direkt an der Quelle und können sich über die Versorgung nicht beschweren. Die Mannschaft für den Innenbau hat die Kontrolle über die Zellen an der Seeseite übernommen. Sie werden nicht direkt von den Versorgungszellen beliefert. Sie müssen ihr Baumaterial und ihre Brennstoffe aus dem See fischen, der von den Versorgungszellen gefüllt wird. Das ist nicht so ergiebig. Sie haben daher zunächst kleine Zellen gebaut, sich aber in der Fläche genauso ausgebreitet wie die Zellen der Außenmannschaft. So ist aus dem Zellhügel im See eine Scheibe aus zwei Zellschichten entstanden.

Da bei der Kernmannschaft zurzeit Schulung und nicht Wachstum angesagt ist, die Versorgungsmannschaft mittlerweile durch das neue Personal nicht mehr so hoch qualifiziert ist, beginnt die Außenbaumannschaft damit, eine Sicherheitsabgrenzung aufzubauen. Sie haben spezielle Abschirmzellen gebaut und nun fluten sie zwischen diesen und den eigentlichen Zellen der Außenbaumannschaft einen zweiten See. Dadurch ist jetzt Ihr Büro am zweiten See gelegen. Ver- und

Entsorgung finden nun nicht mehr in direktem Austausch mit den Versorgungszellen, sondern über den zweiten See und immer mehr über die Innenmannschaft statt. Der zweite See ist zwar noch sehr klein, aber dem Ablaufplan zufolge wird er als einziger übrig bleiben und den ganzen Uterus ausfüllen. Darin wird dann das getreu dem Ablaufplan erstellte Gebäude der Human Genom Realisation, der menschliche Embryo, schwimmen. Aber das liegt noch in der Zukunft. Zurzeit sehen Sie, dass da erst eine flache Scheibe ist, die mittlerweile zwischen zwei Blasen, zwei dreidimensionalen Seen, eingespannt ist. (Abb. 4.5)

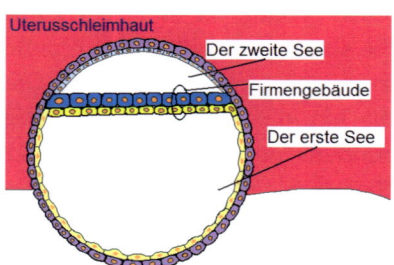

4.5 Schematische Darstellung des Firmengeländes im Querschnitt am 8. Tag nach der Firmengründung. Sowohl die Außenbaumannschaft (blaue Zellen), als auch die Innenbaumannschaft (gelbe Zellen) haben ihre Seen mit Membranen ausgekleidet. Sie grenzen das Firmengebäude von der Versorgungsmannschaft (lila Zellen) ab.

Auch die Innenmannschaft hat ihren See, den ersten See, entsprechend dem Ablaufplan mit einer besonderen Zellschicht ausgekleidet. Sie sehen weiterhin, dass die Versorgungsmannschaft mit Hochdruck daran arbeitet, das Firmengelände voll in die Uterusschleimhaut zu integrieren, um von allen Seiten Nährstoffe vor allem in den ersten See pumpen zu können. Dabei wird der erste See ständig vergrößert und als Vorratsspeicher aufgefüllt. Er dient aber auch als Entsorgungspuffer.

Eine Panne im Ablaufplan

Die Personalabteilung fordert die Planung für die Phase nach dem Anschluss an die Versorgung der Mama Corporation an. Die nächsten drei Tage sind Sie voll im Stress. Spartenspezifisch wollen die das haben. Anhand des Ablaufplanes überschlagen Sie die Zellzahlen bei den einzelnen Sparten. Ihr Chef gibt Ihnen Erfahrungswerte für die Besatzungsstärken. DNS-Bedienung und Proteinherstellung erfordern den Hauptteil der Belegschaft.

Wir schreiben den zwölften Tag nach der Firmengründung. Sie haben ihre Arbeit zur Zufriedenheit Ihres Chefs erledigt und wollen jetzt natürlich sehen, was sich in der Zwischenzeit auf der Baustelle ereignet hat.

Die Mannschaften für den Außenbau und für den Innenbau mit ihren abgeschirmten Seen haben das Wachstum der Versorgungsmannschaft nicht mithalten können. Die Versorgungsmannschaft, die ja an den Grenzen des Firmengeländes tätig ist, erweitert dieses kugelförmig. Die neu geschulte Mannschaft für den Versorgungsanschluss hat externe Zwischenzellen gebaut und mit forcierter Zellteilung versucht, den sich erweiternden Raum zwischen den Seen und der Kugel der Versorgungszellen zu füllen. Am internen Informationssystem der Geschäftsleitung können Sie sehen, wie die Besatzungen dieser Zwischenzellen versuchen, zu den Zellen der Versorgungsmannschaft Kontakt zu halten. Sie schaffen netzförmige Verbände, da sie den Raum nicht mehr ausfüllen können. Aber die Zellen der Versorgungsmannschaft haben schon Anschluss an das Versorgungssystem der Muttergesellschaft gefunden. Sie können ihre Mitochondrien voll zur oxidativen Energiegewinnung einsetzen, während das bei den externen Zwischenzellen noch nicht der Fall ist. Die Folge ist, dass sich ein dritter See auftut.

Am dreizehnten Tag sehen Sie das Ergebnis. Ein Teil der externen Zwischenzellen, deren Besatzungen die Verbindung zwischen erstem und zweitem See und den Versorgungszellen aufrechterhalten wollten, bedecken nun die Versorgungszellen. Sie bilden das Ufer des neuen dritten Sees. Der andere Teil der externen Zwischenzellen umgibt den ersten See und den zweiten See mit der zwischen beiden liegenden Scheibe. Sie entdecken, dass der erste See nur noch etwa halb so groß ist, wie sie ihn in Erinnerung hatten. Das beunruhigt Sie. Was war da geschehen? Schließlich ist die gesamte Firma auf Wachstum programmiert. Warum wird da etwas kleiner?

Es trifft sich gut, dass Sie Ihren Chef zur nächsten Direktoriumssitzung begleiten sollen. Dort bringen Sie Ihr Problem zur Sprache: Schmunzeln in der Runde. Der Seniorchef gibt Ihnen Antwort: „Der Personalchef hat Sie gelobt! Sie haben einen sehr guten Bedarfsplan abgeliefert. Da Sie so sehr mit dieser Arbeit beschäftigt waren, ist Ihnen offenbar eine Unebenheit im Ablaufplan entgangen. Die Besatzungen der externen Zwischenzellen hatten, in dem Bestreben, den Anschluss an die Versorgungsmannschaft zu halten, dem entstehenden dritten See ziemlich viel Material entnommen. Da schwammen kaum noch Baustoffe und Energieträger im Wasser herum. Der erste See wiederum war ja von der zugehörigen Mannschaft für den Innenbau mit einer für sie typischen Sperrschicht ausgekleidet worden. Die wollten ihre Vorräte behalten. Nun, der erste See hat dem osmotischen Druck nicht standgehalten. Er ist einfach in den dritten See hinein explodiert. Die Mannschaft für den Innenbau hat das natürlich sofort repariert, aber ein Teil der Vorräte und auch ein Teil der Sperrschicht ging verloren. Das ist aber nicht so tragisch. Wir werden in ein paar Tagen den Anschluss an das Versorgungssystem der Mama Corporation hergestellt haben. Bis dahin reichen die reduzierten Vorräte allemal."

„Ja, aber", sagen Sie, „warum haben wir denn solch einen seltsamen Ablaufplan, bei dem ein Unglück herauskommt? Können wir das nicht ändern?" „Ich will Ihnen beide Fragen beantworten", sagt der Seniorchef. „Zum einen liegt der Ursprung der Ablaufpläne in grauer Vorzeit. Irgendwann in unserer Entwicklung haben wir die Filialen ohne Unterstützung der Muttergesellschaft gebaut. Wir brauchten damals also keine Versorgungsmannschaft. Da konnte das Problem nicht auftreten. Dafür brauchten wir aber sehr große Vorräte. Als die Konstruktionen komplizierter und die Bauzeiten entsprechend länger wurden, konnte das nicht mehr ohne Hilfe der Muttergesellschaft bewältigt werden. Unsere Vorgänger haben daher diese Hilfsversorgung entworfen mit all den dazu notwendigen Werkzeugen und Kopierschablonen. Und natürlich wurde der Ablaufplan erweitert. In der Erprobung hat das Gesamtkonzept funktioniert. Dass der erste See explodierte, war ein unbedeutendes Detail, das aus der Gesamtsicht keine Auswirkungen hatte. Also war es nicht der Mühe wert, das zu ändern."

„Ich sehe Ihnen an, dass Sie das nicht befriedigt. Sie denken an Ihre Kollegen, die da einen Teil ihrer Arbeit umsonst verrichtet haben, die Wohnung und Arbeitsplatz wechseln müssen. Sie wollen deswegen den Ablaufplan verbessern. Es ist aber nicht leicht, etwas zum Wohle der Allgemeinheit zu ändern. Der größere Vorteil in der Zukunft wird von vielen ob der kleineren Nachteile in der Gegenwart nicht gesehen. Es ist so, als müssten sich Viele durch eine zweiflügelige Tür bewegen, von der aber nur ein Flügel offen ist. Alle haben es eilig.

Also wäre es sinnvoll und zum Wohle aller, auch den zweiten Flügel zu öffnen. Stattdessen wird gedrängelt. Von hinten wird geschoben. Je dichter Sie an die Tür kommen, desto größer wird der Druck. Einige haben das Wohl aller im Sinn und versuchen, die Riegel des zweiten Flügels zu lösen. Dazu müssten alle einen Augenblick anhalten. Die meisten können das aber nicht erkennen. Die Hilfswilligen können den Fluss nicht zum Stehen bringen. Sie werden einfach weitergeschoben. Die meisten interessiert der zweite Flügel, wenn sie ihn erreichen, gar nicht mehr, denn dann sind sie ja schon draußen ... Also, wir werden den Ablaufplan nicht ändern. Wir haben das ja bereits hinter uns. Es ist wichtiger, koordiniert und konzentriert weiterzuarbeiten, damit wir die kommenden Wochen ohne größere Pannen überstehen. Wenn wir dann in die Phase der Automatisierung eintreten, wird alles einfacher."

Nun gut, so ist das Leben. Weltverbesserer haben es schwer. Es ist spät geworden. Am nächsten Tag, dem vierzehnten nach Firmengründung, schauen Sie wieder auf das Infosystem der Firmenleitung. Da, wo die Versorgung am besten ist, wo die Ankoppelung an das Versorgungssystem der Mama Corporation am weitesten fortgeschritten ist, haben die Besatzungen der externen Zwischenzellen die Verbindung zu den Versorgungszellen halten können. Der dritte See ist auf einen Durchmesser von 2000 Mikrometer angewachsen. Das Firmengebäude stellt immer noch eine flache Scheibe dar. Es bildet samt erstem und zweitem See eine etwa 300 Mikrometer große Kugel und hängt an einem Stiel aus Zwischenzellen am Ufer des dritten Sees. Das ist die Lage (Abb. 4.6).

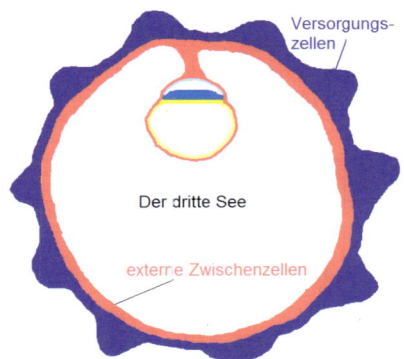

4.6 Am 14. Tag ist das Firmengelände vollständig in der Uterusschleimhaut eingebettet und ist etwa 2 mm groß. Die Wolis arbeiten daran, die Energieversorgung für das Firmengebäude (blau/gelb) zu verbessern, damit dessen Umbau zum Embryo erfolgen kann.

Achsenfestlegung, Weiterbildung und der Bau des Neuralrohres

Der weitere Ablauf sieht vor, dass eine Achse festgelegt wird. Entlang dieser Achse soll dann seitensymmetrisch die weitere Konstruktion aufgebaut werden. Es interessiert Sie natürlich, den Fortschritt zu verfolgen. Sie bewegen sich in das Schulungszentrum, wo immer noch Besatzungen für Zwischenzellen weitergebildet werden. Jetzt aber nicht mehr für außerhalb des Gebäudes, sondern für den Ausbau zwischen Außenbau und Innenbau im Gebäude selber. Die Besatzungen der externen Zwischenzellen außerhalb des Gebäudes sind schon dabei, den Bau von Blutgefäßen vorzubereiten. Am Ufer des dritten Sees sind sie den Versorgungszellen gefolgt und kleiden deren zapfenförmige Einstülpungen in die Uterusschleimhaut mit Zwischenzellen aus.

Das Schulungszentrum musste in der letzten Zeit stark wachsen. Die ursprünglich runde Scheibe hat dadurch eine ovale Form angenommen. Nun sind Vermessungstrupps dabei, vom Schulungszentrum aus eine Mittellinie festzulegen.

An deren Ende richten sie das Kopf-Organisationszentrum ein. Außenbau- und Innenbaumannschaft verzahnen sich hier sehr intensiv. Bei der äußerst diffizilen Konstruktion des menschlichen Kopfes kommt es besonders auf die Koordination der beiden Mannschaften an.

Das Schulungszentrum wird entlang der Peilung zum Kopf-Organisationszentrum erweitert (Abb. 4.7). Hier bauen die weitergebildeten Besatzungen interne Zwischenzellen. Die hochqualifizierte Außenmannschaft, von der die Zwischenzell-Besatzungen kommen, beschleunigt die Zellteilung. Dadurch wölbt sich die Oberfläche der nun ovalen Scheibe ein wenig in den zweiten See hinein. Die Zellen der Außenbaumannschaft bilden ja diese Oberfläche. Sie lösen sich von den Zellen der Innenbaumannschaft. In den so entstehenden Innenraum wandern die internen Zwischenzellen hinein. Aber alle Zwischenzell-Mannschaften müssen ja durch das Schulungszentrum, bevor sie Zwischenzellen bauen dürfen. Daher lässt sich beobachten, wie sich von links und rechts eine Stauwelle bildet, während der Durchgang durch das Schulungszentrum in den Innenraum sich als Rinne in der neu bestimmten Längsachse zeigt. Diese Rinne geht vom hinteren Ende der Scheibe aus und wächst in Richtung Mitte.

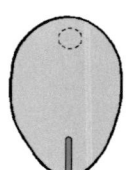

4.7 Das Firmengebäude in der Draufsicht am 15. Tag. Im 2. See schwimmend kann man unter ihm erkennen, dass die runde Scheibe zwischen den zwei Seen oval geworden ist. Das Schulungszentrum ist als Rinne zu erkennen. Das Kopf-Organisationszentrum (gestrichelt) kann man erahnen.

Die Besatzungen der internen Zwischenzellen, das wissen Sie aus Ihrer Bedarfsplanung, sind unter anderem dafür ausgebildet, das Gefäßsystem in dem Gebäude der Human Genom Realisation zu bauen und den Anschluss an das von

den Besatzungen der externen Zwischenzellen gebaute Gefäßsystem herzustellen.

Aber während rund um den ersten See die Besatzungen
der externen Zwischenzellen ein Netz von Ver- und Entsor-
gungsleitungen aufbauen, während rund um das Ufer des
dritten Sees Leitungen entstehen, die über Kapillaren mit dem
Versorgungssystem der Mama Corporation Kontakt suchen,
müssen die Besatzungen der internen Zwischenzellen im
Gebäude der Human Genom Realisation erst noch andere
Dinge tun. Da gilt es entsprechend dem Ablaufplan die Symmetrieachse materiell zu fixieren: Ein Spezialtrupp der internen Zwischenzellbesatzungen treibt einen aus Zellen geform-
ten Zentralstab bis zum Kopf-Organisationszentrum vor. Dies
ist eine Hilfskonstruktion für den späteren Bau des Neural-
rohres. Während das geschieht, wird die Versorgung der
Außenbaumannschaft knapp. Versorgungsspezialisten schaffen daher einen Durchgang vom ersten See zum zweiten See.
So wird der zweite See wieder aufgefüllt.

Mit frischem Nachschub versorgt, machen sich die Wolis der Außenbaumannschaft daran, die Grundlagen für das
Nervensystem zu schaffen. Sie nehmen die Peilung des Zentralstabes auf. Je dichter sie dran sind, desto schneller läuft die
Zellteilung ab. Die Zellschicht der Außenbaumannschaft
verdickt sich.

Die Wolis des Zentralstabes haben ihren Zentralstab mit
den beiden angrenzenden Schichten verbunden. Das bewirkt,
dass eine neue Längsfalte in der Schicht des Außenbaus entsteht. Denn die Innenbaumannschaft muss die Zwischenzellen
versorgen, die immer stärker den Raum zwischen Außen- und
Innenschicht füllen. Die Mannschaft der Innenschicht kann
daher ihre Zellen nicht so schnell teilen. Die Innenschicht kann
also nicht so schnell wachsen. Gestützt durch die Blase des

ersten Sees behält sie ihre Form bei, wächst nur mit dem Zentralstab in die Länge.

Aber die Mannschaft des Außenbaus teilt ihre Zellen viel schneller. Im Randbereich der mittlerweile dreischichtigen Scheibe wird die Außenbauschicht von den Zwischenzellen in einem stabilen Abstand zu der Innenbauschicht gehalten. Aber in der Nähe des Zentralstabes, wo die Außenbauschicht viel dicker geworden ist, arbeiten deren Wolis mit ihren Aktinfilamenten, so dass sich die Außenbauschicht über dem Zentralstab zu einer mächtigen Rinne faltet, die dann beginnend in der Mitte der Scheibe, durch den Schub der äußeren Zellen zu einem mächtigen Rohr geschlossen wird. Reißverschlussartig setzen die örtlichen Wolis den Verschluss zum Kopf und zum Schwanz hin weiter fort. Spezialisten werden dieses Neuralrohr später umgestalten zu Gehirn und Rückenmark (Abb.4.8).

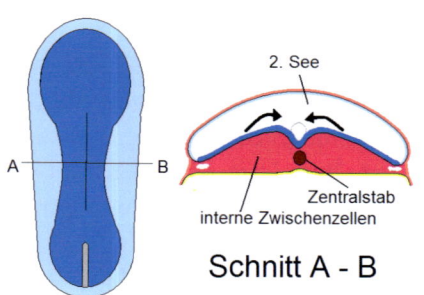

4.8 19. Tag: Links: Das Firmengebäude durch den 2. See betrachtet. Rechts: Das Firmengebäude im Querschnitt, in dem der 1. See abgeschnitten ist. Die Pfeile zeigen die Wachstumsrichtung der Außenbauzellen.

Würfel, Schläuche und der große Umbau

Währenddessen haben die Besatzungen der internen Zwischenzellen einen Teil ihrer Schulung umgesetzt. Die internen

Zwischenzellen füllen mittlerweile als dritte Schicht den gesamten Raum zwischen der Innenbauschicht und der Außenbauschicht aus. Direkt neben dem Zentralstab sind, beginnend an dessen Spitze, paarweise eine Reihe dicht gepackter, würfelförmiger Körper entstanden. Weitere dieser Körper sind im Entstehen. Sie schauen in den Ablaufplan. Sie stellen fest, dass es am Ende 36 Paare sein werden. Aus ihnen entstehen später die Wirbelkörper der Wirbelsäule, Muskulatur und das zur Haut gehörige Bindegewebe. Die spezialisierten Wolis bereiten sich hier auf die Realisierung der Detailkonstruktionen vor.

Vor dem Kopf-Organisationszentrum sind Besatzungen von internen Zwischenzellen dabei, Schläuche zusammenzubauen, aus denen später das Herz gestaltet wird. Überall im gesamten Gebäude sind interne Zwischenzellen dabei, Blutgefäße zu bauen und diese mit den Konstruktionen ihrer Nachbarn zu verbinden. So entsteht ein ständig wachsendes Netz von Ver- und Entsorgungswegen. Schließlich findet der Anschluss an die vorbereiteten Zapfstellen der Mama Corporation statt. Die Woche ist wie im Fluge vergangen. Es ist der 21. Tag seit der Firmengründung. An der äußeren Form hat sich nicht so viel verändert, aber sie spüren wie es vor Spannung knistert. Die Mannschaften haben die Ablaufpläne studiert, sie kennen ihre DNS-Abschnitte. Sie wissen, welche Proteine in welcher Reihenfolge gebaut werden müssen. Für jede Mannschaft ist das unterschiedlich und innerhalb der Mannschaften haben sich Untergruppen spezialisiert. Alle wollen ihr Fachwissen anwenden.

Die Blutgefäßhersteller sind schon voll bei der Arbeit. Gerade haben sie die paarigen Aorten, die Hauptversorgungsleitungen des Firmengebäudes fertig gestellt. Es finden

letzte Überprüfungen statt. Bei den Wolis wird nachts durch-
gearbeitet, das ist aber auch nötig bei dem straffen Zeitplan.

Sie können sich nicht vorstellen, wie aus der flachen
Scheibe ein relativ runder allseits geschlossener Körper ent-
stehen soll. Nach dem Ablaufplan muss das bald geschehen.
Sie sind sehr gespannt.

Am nächsten Morgen herrscht großer Jubel. Zuerst ist
der eine, dann der andere Herzschlauch gestartet worden.
Beide laufen einwandfrei. Am Beginn der 4. Woche, dem 22.
Tag nach Firmengründung ist der Anschluss an die Versorgungsleitungen der Mama Corporation geschafft! Aber auch
die restlichen Vorräte aus dem ersten See können jetzt effektiver genutzt werden, da er von den Bautrupps der externen
Zwischenzellen mit Blutgefäßen umgeben wurde. Und die
sind jetzt ebenfalls an das Versorgungssystem des Firmengebäudes angeschlossen.

Die Folge ist, dass der erste See schnell kleiner wird.
Der zweite See hingegen wird zunehmend als Deponie der
stark wachsenden Außenbauschicht benutzt und zieht daher
Wasser aus dem dritten See. Die Wolis sind auch gute Hyd-
rauliker. Sie setzen osmotische Kräfte ein, um den großen
Umbau zu unterstützen, das können Sie jetzt erkennen. Da die
Versorgung jetzt über das Gefäßsystem gesichert ist, da sie
nicht mehr auf die Versorgung durch reine Diffusion ange-
wiesen sind, formen die Wolis die Scheibe zum Körper um.
Alle Gruppen sind beteiligt.

Die Baustelle ist zu groß geworden, um vor Ort zu sehen, was sich tut. In der Längsachse misst sie nun 2500 Mikrometer. Sie verfolgen die Entwicklung über das Infosystem
der Geschäftsleitung. So können Sie sehen, dass die Zellschicht
der Außenbaumannschaft stärker wächst, als die Zellschicht
der Innenbaumannschaft. Das hat zur Folge, dass vor allem

Kopf- und Schwanzende der Konstruktion sich zum ersten See hin biegen und die Innenschicht einhüllen. Entsprechend wächst der zweite See. Die Herzschläuche, die vor dem Kopf-Organisationszentrum lagen, werden durch diese Bewegung in den sich bildenden Körper hineingerollt und vereinigt. Am Schwanzende wird der Stiel, an dem das Firmengebäude im dritten See hängt, und durch den jetzt die Versorgungsleitungen zur Mama Corporation laufen, in den ersten See hinein und damit auf die Bauchseite des sich bildenden Körpers bewegt. Auch von den Seiten her machen sich die Wolis der Außenbaumannschaft daran, die verbleibende Öffnung auf der Bauchseite zu verkleinern. Der erste See wird förmlich zusammengedrängt. Sowieso schon fast entleert, hängt er als schlappe Blase aus dem neuen Körper heraus. Später, das wissen Sie, wird er in der Nabelschnur verschwinden (Abb. 4.9).

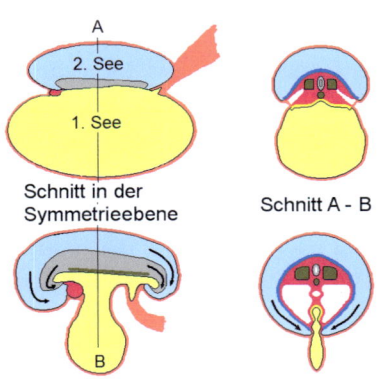

4.9 Schematische Darstellung der Umformung des Firmengebäudes von der mittlerweile dreischichtigen Scheibe (links in grau) zum Körper. Wie rechts zu sehen, umschließt die Außenbaumannschaft (blau) mit Hilfe des 2. Sees das gesamte Firmengebäude. Der erste See wird ganz verschwinden und die Innenbaumannschaft (gelb) wird auf das Darmlumen zusammengedrängt.

Auch die Besatzungen der internen Zwischenzellen waren fleißig. Sie sehen, dass die Zahl der würfelförmigen Segmente auf beiden Seiten des Zentralstabes auf 25 angestiegen ist. Weiter außen haben die Zwischenzellbesatzungen Hohlräume geflutet, deren Ufer ihre Zellen jetzt bilden. Dadurch drängen sie die Zellschicht der Innenbaumannschaft zusammen, bis diese einen Schlauch bildet, der durch den ganzen Körper reicht und nur in der Mitte den dünnen Zufluss des restlichen ersten Sees aufnimmt. In der Kopfregion kann man schon erkennen, dass Bautrupps der internen Zwischenzellen in den vom Organisationszentrum zugewiesenen Räumen vermehrt ihre Zellen teilen. Wülste entstehen, aus denen später Stirn, Mund und Nase geformt werden. Die Herzschläuche sind durch die runde Ausformung des Körpers zusammengekommen. Spezialisten sind jetzt dabei, die Herzschläuche zu einem Herzen zusammenzubauen.

Die vierte Woche ist vorbei. Sie haben erlebt, wie die Woli-Ingenieure den Umbau von der Scheibe zum Körper gestaltet haben. Die Mannschaft für den Außenbau hat es geschafft, das Firmengebäude, den ganzen Körper außen zu bedecken. Das mächtige Neuralrohr, das sie gebildet haben, ist nun von der Außenbauschicht abgelöst. Es liegt jetzt zwischen der Außenbauschicht und dem Zentralstab, ist der Grundstock des Zentralnervensystems und wird allerorten von Spezialisten weiter bearbeitet. Etwa die Hälfte seiner derzeitigen Länge wird zur Zentrale, zum Sitz der Firmenleitung umgebaut.

Die Räume zwischen den Zellen der Außenbauschicht und den Zellen der Innenbauschicht füllen die internen Zwischenzellen aus. Sie verbinden alle Konstruktionselemente miteinander und geben dem Ganzen Halt und Stabilität. Da, wo die Besatzungen der Zwischenzellen ihrer Schulung entsprechend selber Konstruktionselemente bauen sollen, haben sie sich in kompakten Einheiten zusammengeschlossen und weiter spezialisiert. Die Innenbaumannschaft, die ja den ganzen ersten See ausgekleidet hatte, musste weiter Federn

lassen. Der erste See wird ganz verloren gehen. Das ist abzu-
sehen. Die Zellen der Innenbaumannschaft bilden einen
Schlauch im Inneren des Gebäudes, der jetzt noch verschlossen ist. Sie können aber erkennen, dass an seinem Kopf- und
Schwanzende Öffnungen vorgesehen sind. Sie wissen aus dem
Ablaufplan, dass aus dem Schlauch später der Verdauungstrakt entsteht.

Von der Erstform zur menschlichen Gestalt

Wenn Sie sich den Körper jetzt anschauen, dann stellen Sie
nur eine entfernte Ähnlichkeit mit dem fest, was sie aus dem
Ablaufplan als Zweimonatsziel vor Augen haben. Was einmal
Kopf werden soll, ist ein großes, unförmiges Gebilde. Man
kann allerdings schon die Baustellen von Augen und Ohren
erkennen. Die kugelförmige Ausbuchtung, die das Herz
beherbergt, nimmt die obere Leibeshälfte ein. Der Unterleib
endet in einem Ringelschwanz. Mit etwas Phantasie kann man
schon Knospen der Gliedmaßen erkennen. Die Länge hat sich
in dieser vierten Woche auf 5000 Mikrometer verdoppelt Abb.
4.10).
    Das bisherige Schulungszentrum soll aufgelöst werden.
Die Entfernungen sind zu groß geworden. Die wichtigen
Schulungen sind beendet. Die Fachleute sind alle ausgebildet
und zum großen Teil schon bei der Arbeit. Ihre Personalpla-
nung sieht eigentlich nur noch weniger qualifizierte Leute vor,
zum Beispiel für die Automatenüberwachung. Noch notwendige Wissensvermittlung wird von den Spezialisten vor Ort
durchgeführt. Unmerklich hat sich Ihr Arbeitsplatz durch das
Wachstum des Firmengebäudes in die Kopfregion verschoben.
Das Schulungszentrum ist jetzt weit weg.

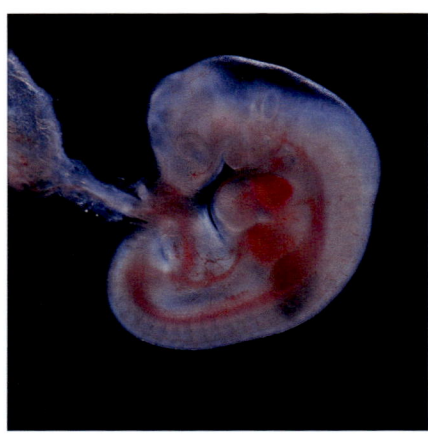

4.10 Das Firmengebäude, der menschliche Embryo 4 - 5 Wochen nach der Firmengründung. Man kann erkennen, wie der Blutkreislauf über die Nabelschnur zur Leber (mittlerer roter Fleck) zum Herzen (oberer roter Fleck) und über die Aorta zurück zur Nabelschnur geht.
Foto: Lennart Nilsson
© Lennart Nilsson

Morgen sollen Sie persönlich mit der Schulungsmannschaft verhandeln. Sie treten die Reise zum anderen Ende der Firma an. Dort treffen Sie den Ingenieur, der Ihnen die Zellteilung erklärt hat. Sie wollen natürlich wissen, was seine Pläne für die Zukunft sind. Die Schulung wird dezentralisiert. Die Zellteilung wird weitgehend automatisiert. Das sind alles keine Tätigkeiten, die seine hohen Qualifikationen erfordern.

„Was ich jetzt machen werde? Gute Frage. Wissen Sie, ich komme ja aus der Firma Papa Development Industries. Wir haben da ein hartes Training durchgemacht. Ich könnte eine Zelle alleine bauen. Ich kenne die gesamte DNS. Zwar nicht so im Detail wie die Spezialisten, aber ich kann mich überall hineinarbeiten. Als das Rennen um die besten Plätze in der Außenbaumannschaft stattfand, habe ich mich zurückgehalten. Ich wollte etwas für die Allgemeinheit tun. Die Ehrgeizlinge, die da jetzt in den Chefsesseln sitzen, haben doch hauptsächlich ihr eigenes Wohl im Sinn. Mit denen wollte ich nicht konkurrieren. Außerdem verdirbt die Spezialisierung den Blick für das Ganze. Was die meisten in dieser

Firma nicht wissen, irgendwann wird sich das Firmenpotenzial erschöpft haben. Dann werden sich alle einen neuen Job suchen müssen. Und dafür ist es nicht wichtig, wie gut es ihnen bis dahin gegangen ist, sondern was sie dann an Wissen und Können vorzuweisen haben. Für mich ergibt sich eigentlich nur eine Möglichkeit. Ich möchte helfen, die nächste Generation vorzubereiten. Ob ich dann noch einmal selber den Sprung zur nächsten Generation wagen werde, weiß ich noch nicht. Es wird wahrscheinlich sinnvoller sein, bei dieser Firma zu bleiben und deren Erfolge in die DNS einzubauen. Das ist eine lohnende Aufgabe."

Das passt ja gut, denken Sie sich. Die Firmenleitung hat Ihnen nämlich den Auftrag mitgegeben, die Besatzung des Schulungszentrums für die Neukonstruktionen im Fortpflanzungssystem zu gewinnen. Natürlich sollen sie dort auch nach dessen Fertigstellung die Mannschaften für neue Firmengründungen ausbilden. Dafür haben sie, entsprechend der Schwierigkeit der Aufgabe, lange Zeit. Etwa zwölf bis fünfzehn Jahre wird es dauern, bis der erste Testlauf stattfindet. Sie legen das Angebot der Firmenleitung vor.

Die Reaktion ist durchweg positiv. Der Ingenieur und seine Kollegen sehen das eigentlich so wie die Firmenleitung. Sie werden sich mit ihren Zellen in Richtung Baustelle des Fortpflanzungssystems bewegen. Nachdem das besiegelt ist, tauschen sie in lockerer Atmosphäre Erinnerungen aus. „Unsere Position in der Firma ist eigentlich gar nicht so schlecht", meint einer. „Zwar sitzen wir am unteren Ende der Firma und die Firmenleitung sitzt ganz oben, aber wenn es um Filialgründungen geht, können wir denen ganz schön dazwischenfunken!" „Ja", sagt ein Anderer, „ich erinnere mich, wie das bei den Papa Devolpement Industries abgelaufen ist. Wir haben bei bestimmten Gelegenheiten ganz schön Druck ge-

macht. Am Ende haben wir uns durchgesetzt und die da oben
haben verkündet, sie hätten es so gewollt." Alle lachen, aber
einer meint, dass das mit zunehmender Erfahrung der Firmenleitung immer seltener geschehen wird.

In den nächsten Wochen können Sie die Arbeit der Spezialisten verfolgen. Die Ausbildung war gut. In den einzelnen
Sparten setzen sie nun ihr Wissen ins Materielle um. An den
Außengrenzen des Firmengebäudes können Sie verfolgen, wie
sich langsam ein Kopf, dann ein Gesicht entwickelt, wie Augen, Ohren, Mund und Nase entstehen, wie Gliedmaßen
entstehen. Erst sehen ihre Enden paddelförmig aus, dann
entwickeln sich Finger und Zehen. Der Schwanz wird wieder
abgebaut. Bautrupps der Zwischenzellen haben den Haupt-
anteil an diesen Entwicklungen. Die Außenbaumannschaft
teilt ihre Zellen entsprechend und verkleidet alles, selbst die
entstehende Nabelschnur.

Sie verfolgen, wie die Elite der Außenbaumannschaft,
die nach innen abgewandert ist und das Nervensystem auf-
baut, überall Bautrupps aussendet. Diese Bautrupps suchen
vorausberechnete Standorte auf. Von ihren Zellen aus bauen
sie dann dünne Fortsätze: Dendriten und ein Axon. Über diese
Fortsätze nehmen sie Verbindung mit anderen Nervenzellen
auf. So entsteht das netzförmige Kommunikationssystem der
Firma. Alle Nervenleitungen führen letzten Endes in die
Zentrale. Dort ist eine Gliederung in funktionelle Bereiche
aufgebaut worden. Sie stellen fest, dass ihr Büro, das direkt an
die Firmenleitung angegliedert ist, sich im Zentrum der Zentrale befindet.

In den würfelförmigen Segmenten haben sich Zwi-
schenzelltrupps für den Bau der Hautinnenschicht, für den
Bau von Knochen und für den Bau von Muskeln weitergebildet. Sie können verfolgen, wie sie die Wirbelsäule bauen, wie

an den richtigen Stellen im Firmengebäude Knochen, Gelenke und Muskeln gebaut werden und wie die dünne Deckschicht der Außenbaumannschaft von innen stabil unterpolstert wird. Sie können auch erkennen, wie Zwischenzellmannschaften Nieren und das Fortpflanzungssystem bauen. Die Milz und das Lymphsystem bauen sie auch.

In Ihrer näheren Umgebung sehen sie, dass Besatzungen der Innenbaumannschaft entlang des zukünftigen Verdauungstraktes Baustellen eingerichtet haben. Sie können die Entstehung der Schilddrüse, der Zunge, der Luftröhre beobachten. Sie sehen die Anfänge der Lungen, die Entstehung von Speiseröhre, Magen, Leber und Bauchspeicheldrüse. Sie erkennen, dass die Organentstehung Umbauten und Erweiterungen des Kreislaufsystems erforderlich macht. Sie verfolgen auch, dass Nervenzellen mit ihren Ausläufern Kontakt mit den entstehenden Organen aufnehmen.

Am Ende der achten Woche ist das Gebäude der Firma Human Genom Realisation als funktionsfähiges Modell im Wesentlichen fertig gestellt. Die äußeren Formen sind in etwa fertig. Die Proportionen werden sich aber noch ändern. Am Gehirn, den Lungen, am Darmsystem und am Fortpflanzungssystem sind noch konstruktive Arbeiten im Gange. Das Kreislaufsystem wird nach der Abkoppelung von der Mama Corporation noch einmal geändert werden. Das hat aber noch sieben Monate Zeit. Nach den aufregenden acht Wochen kehrt etwas mehr Ruhe ein. Das Firmengebäude misst jetzt 30.000 Mikrometer. Das Firmengelände hat etwa den dreifachen Durchmesser. Es füllt den Uterus noch nicht aus (Abb. 4.11).

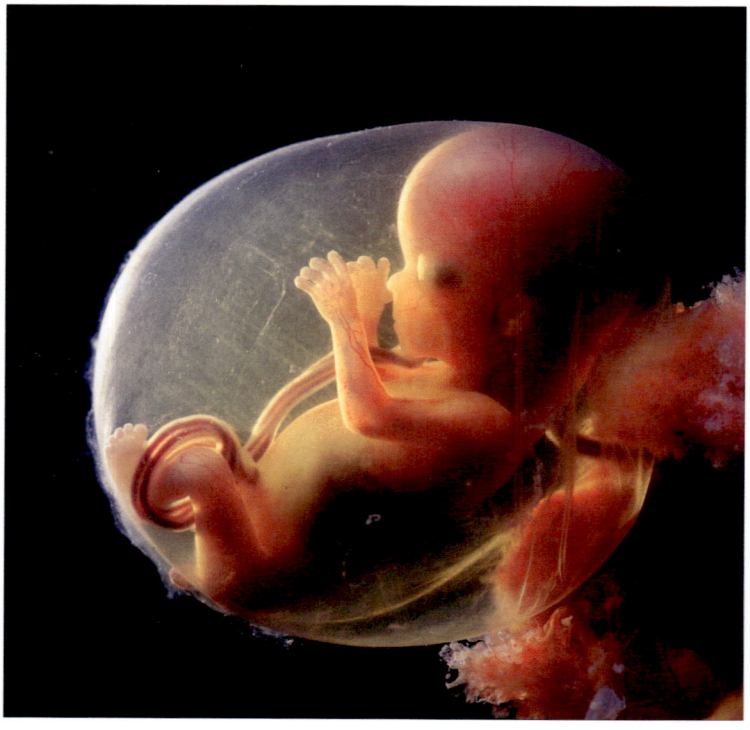

4.11 Das Firmengebäude, der menschliche Fetus etwa 3 Monate nach Firmengründung. Das wesentliche ist geschafft. Die Gestalt ist fertig. Die Proportionen werden sich aber noch ändern.
Foto Lennart Nilsson, © Lennart Nilsson

4.2 Gedanklicher Ausflug

Sichtweisen: Mit oder ohne Wolis?

Stellen Sie sich jetzt vor, Sie sind wieder ein Mensch. Sie sind nicht mehr der Mensch, der Sie vorher waren. Sie haben neue Erfahrungen gemacht. Sie haben eine Wanderung durch die Embryonalentwicklung eines Menschen erlebt. Sie haben sie mit den „Augen" der Wolis erlebt. Wie wäre es, wenn es keine Wolis gäbe? Wie wären dann die Vorgänge zu erklären, die von den Wissenschaftlern beobachtet werden? Die Naturwissenschaft hat dafür keine Erklärung. Sie sucht auch keine grundlegenden Erklärungen.

Natürlich habe ich die Beobachtungen der Wissenschaftler ein wenig verfremdet. Auch habe ich Beobachtungen aus der funktionellen Sicht interpretiert, die möglich ist, wenn man die Wolis kennt. Naturwissenschaftler müssen objektiv bleiben. Sie haben noch keine Wolis entdeckt („nachweisen können"), daher geschieht bei Ihnen alles von allein, auch wenn es komisch anmutet, da sie die teleologische Sicht vermeiden wollen. Das liest sich dann etwa so:

„Motorproteine bewegen sich in der einen oder anderen Richtung an den Mikrotubuli entlang und tragen ganz bestimmte membranumhüllte Organellen zu festgelegten Stellen in der Zelle."

Wenn Transporte zu festgelegten Stellen beschrieben werden, dann stellt sich doch die Frage, wer da transportiert, und wer da festlegt. Ohne die Wolis müssten die Motorproteine sich von selbst zu den „richtigen" Zeiten bewegen und das auch noch gezielt zu „festgelegten Stellen".

„Bemerkenswerterweise haben Aktin und Tubulin die Hydrolyse von Nukleosid-Triphosphaten aus demselben Grund entwickelt, nämlich damit sie schnell depolymerisieren können ..."

In seiner Not hat der Verfasser Aktin und Tubulin personifiziert. Sie haben entwickelt. Und das Ganze hatte auch noch einen Grund. Wenn die Teleologie schon nicht zu vermeiden ist, dann ist es natürlich wissenschaftlicher, dem Aktin und dem Tubulin eine Absicht zu unterstellen, als sich Gedanken über sonstige Akteure zu machen.

„Während der Evolution wurden viele Erfindungen, die sich bei der Entwicklung der einfachsten Vielzeller herausgebildet hatten, als Grundprinzipien für den Aufbau ihrer komplexeren Nachfahren beibehalten."

Der Begriff „Erfindung" hat sich dem Autor wohl aufgedrängt. Ein wissenschaftlicher Fehltritt, eine Teleologie. Aber sogleich fängt er sich wieder: Die Erfindung hat keinen Erfinder, sie hat sich „herausgebildet". Man fragt sich auch, von wem sie denn beibehalten wurde.

„Wie wir sehen werden, bestimmen die Eigenschaften der Aminosäureseitenketten in ihrer Gesamtheit die Eigenschaften der aus ihnen aufgebauten Proteine und sind die Grundlage aller verschiedenen intelligenten Funktionen von Proteinen."

Wenn ein Protein intelligente Funktionen hat, muss man sich doch fragen, welche Art von Intelligenz (Einsichtsfähigkeit) denn dahinter steckt. Sollte man da nicht doch nach Lebewesen suchen?

Die obigen Zitate stammen aus einem Lehrbuch für Molekularbiologie, das von sechs Wissenschaftlern verfasst wurde, darunter ein Nobelpreisträger (Molekularbiologie der Zelle, 3. Auflage, VCH-Verlag 1995).

Ja, die Wissenschaft unterliegt eben auch gewissen Moden und Teleologie ist zurzeit nicht modern.

Vom Klonschaf Dolly und von Baufehlern

Zurück zum Bau des menschlichen Körpers. Wir haben gesehen, dass der Anfang des menschlichen Körpers in der Vereinigung zweier Zellen besteht. Unterhalb des zellulären Niveaus ist ein Anfang nicht beobachtbar und kaum denkbar. Die DNS bedarf der Wartung und Pflege der Wolis. Außerhalb der Zellen ist das offenbar nicht möglich. Ohne DNS wiederum ist der menschliche Körper nicht herzustellen.

Die Naturwissenschaft ist zwar weit fortgeschritten, Miniaturisierung in der Elektronik und Konstruktionen der Nanotechnik bis auf die molekulare Ebene hinab lassen uns annehmen, dass wir den Mikrokosmos bald erobern werden. Aber eine menschliche Zelle zu bauen, dazu langt es bei weitem nicht. Man schätzt, dass 10.000 verschiedene Proteine zum Beispiel in einer Leberzelle gebaut werden. Wir können nicht ein einziges mit der richtigen Faltung bauen. Wir können auch nicht feststellen, wann welches Protein wo gebraucht wird. Selbst wenn das alles automatisch geregelt wäre, verstehen wir die Regelung nicht und könnten daher bei Defekten nicht korrigierend eingreifen. Und selbst wenn wir eine Zelle bauen könnten, würde sie nichts tun. Es fehlten die Wolis.

Der Bau des menschlichen Körpers findet ja vorwiegend durch Zellteilung statt. Alle Informationen für den Bau des menschlichen Körpers sind in jeder Zelle vorhanden. Und sie werden bei jeder Zellteilung weitergegeben, das haben wir ja schon gesehen. Dass das so ist, zeigt das Beispiel des Klonschafes Dolly. Bei diesem Schaf haben Wissenschaftler aus der ursprünglichen Eizelle den vorhandenen Zellkern entfernt und durch den Zellkern einer Körperzelle ersetzt. Als die Wissenschaftler sahen, dass die Wolis arbeiten, das heißt, dass die ersten Zellteilungen stattfanden, haben sie diesen Keim einer Leihmutter eingepflanzt. Die Wolis haben dann Dolly mit den Informationen aus dem Zellkern der Körperzelle gebaut. Die Wissenschaftler haben das als ihren großen Erfolg herausgestellt. Wie viele Fehlversuche es gab, weil sie den Wolis beschädigtes Material geliefert haben, oder weil sie beim Entfernen des Kerns zu viele Wolis der Basismannschaft mit entfernt haben, das ist nicht bekannt geworden. Es müssen Hunderte von Fehlversuchen gewesen sein, die für einen einzigen Erfolg nötig waren.

Es kommt nämlich darauf an, welche Mannschaft in einer Zelle tätig ist. Die Mannschaft einer spezialisierten Körperzelle kann die Basisleistungen der Embryonalentwicklung nicht vollbringen. Das können nur diejenigen Wolis, die in den Gonaden entsprechend darauf vorbereitet wurden. Das ist die Grundschule der Wolis. Die Wolis der so genannten Stammzellen können die embryonalen Basisentwicklungen vollziehen und ihr Wissen an nachfolgende Wolis vermitteln. Dieses Wissen beinhaltet auch die stufenweise Weiterentwicklung der Zellen und betrifft letztendlich den Umgang mit den Bauplänen und die daraus folgende Spezialisierung auf bestimmte Tätigkeiten. Daher halte ich das Studium der Stammzellen für eine wesentlich sinnvollere Forschung, als die gesamte Klonerei und auch die Gentechnik.

Die Wissenschaftler nennen die Spezialisierung der Wolis Differenzierung der Gewebe oder der Zellen. Sie beobachten Proteine, deren Wanderung Differenzierungen „induziert", das heißt auslöst. Die Boten sehen sie nicht, nur ihre Vehikel. Die Boten sagen aber auch nur: „Jetzt könnt ihr anfangen." Die Spezialisierung musste vorher schon geschehen sein. Es ist ja im Ablauf der Konstruktion des menschlichen Körpers so, dass eine festgelegte Reihenfolge der Konstruktionsschritte eingehalten werden muss. (Wie bei anderen Konstruktionen auch. Man kann bei einem Haus schlecht das Dach bauen, wenn die Grundmauern noch nicht fertig sind. Die Fertigstellung der Grundmauern „induziert" den Bau des Dachstuhls.)

Wenn die Tätigkeit einer Baukolonne der Wolis „induziert" wurde und die Materiallieferung bleibt aus oder ist nicht verwertbar, dann bleibt die Gesamtkonstruktion deswegen nicht stehen. Die Baustelle ist so groß, dass eine zentrale Bauleitung nicht möglich ist. Dann machen die anderen weiter und zwischendrin bleibt etwas unvollendet. Wenn zum Beispiel die Wolis im Mesoderm, (in den Zwischenzellen) für den Bau der Oberlippe und des Gaumens aus irgendeinem Grund nicht genügend Material haben, dann kann es vorkommen, dass die Wolis im Ektoderm und im Entoderm (der Außen- und der Innenschicht) weiterbauen und damit die Konstruktion nach außen abschließen. Die Wolis im Mesoderm können dann nicht mehr weiterbauen, auch wenn sie dann wieder Material hätten. Das Baby kommt dann mit einer Hasenscharte auf die Welt.

Bei uns Menschen soll es ja angeblich auch schon passiert sein, dass bei einem Hausbau die Elektriker durch eine Autopanne nicht zur Baustelle kommen konnten. Die nach ihnen eingeplante Putzkolonne hat dann pünktlich verputzt, weil sie in Terminnot war, weil keiner von ihnen qualifiziert genug war, die organisatorische Änderung zu veranlassen. Die Schlitze, in den Mauern, für die elektrischen Leitungen waren dann natürlich zu. Das wäre die menschliche Analogie zu einer von den Wolis produzierten Hasenscharte. Aber meistens geht es ja gut.

4.3 Umschaltungen bei der Geburt

Die Wolis haben nach acht Wochen den Embryo fertig gestellt. In der dann folgenden Fetalperiode wächst der Embryo zum Baby, durch unermüdliche Zellteilung mit allem, was dazu gehört. Bei der Geburt muss das Baby sehr plötzlich seine Blutzufuhr von der Mutter abkoppeln und seine Sauerstoffzufuhr über die Lungen in Gang setzen. Wer immer noch, trotz der dargestellten Zellteilung, trotz der dargestellten Embryonalentwicklung und allem, was in den Kapiteln davor gezeigt wurde, an die zufällige Variation als das Grundprinzip der Evolution glaubt, der kommt wohl auch hier nicht ins Grübeln.

Im Mutterleib pumpt der Fetus das sauerstoffreiche und nährstoffreiche Blut aus der Plazenta in seinen Körper und das verbrauchte Blut in die Plazenta zurück. Der Kreislauf führt über die Nabelschnur, die Leber, die rechte Vorkammer des Herzens über ein Rückschlagventil in die linke Vorkammer. Beide Vorkammern beliefern die Hauptkammern. Diese pumpen gemeinsam das Blut durch den Körper und zurück zur Plazenta. Da die Lunge noch nicht in Betrieb ist, wird sie nur durch einen kleinen Erhaltungsdurchfluss versorgt. Dieser zweigt vom Ausfluss der rechten Herzkammer ab. Der Hauptstrom aus der rechten Herzkammer fließt aber über den so genannten Ductus Botalli in die Aorta. (Abb. 4.12 links)

Unmittelbar nach der Geburt zieht sich die Nabelschnur zusammen und klemmt so den Blutstrom zur Plazenta ab. Der Ductus Botalli zieht sich ebenso zusammen, so dass der gesamte Blutstrom aus der rechten Herzkammer in die Lungen gepumpt wird und nicht mehr in die Aorta. Das Rückschlagventil zwischen den beiden Vorkammern bleibt geschlossen, da nun links der Druck höher ist, als rechts (Abb. 4.12 rechts).

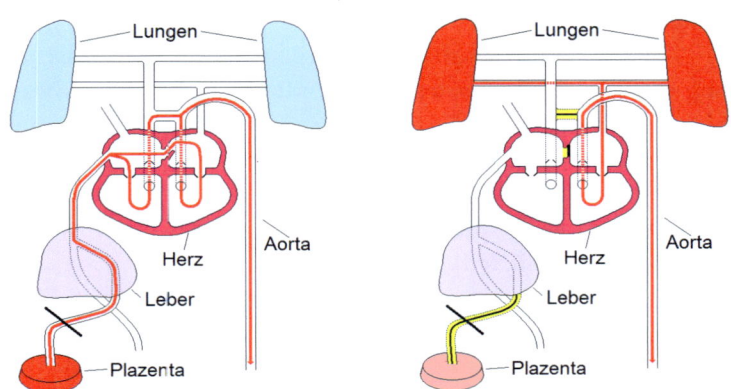

4.12 Links: Fluss des sauerstoffreichen Blutes beim Fetus vor der Geburt. Rechts: Fluss des sauerstoffreichen Blutes beim Baby nach der Geburt. An den drei gelb markierten Stellen finden gleichzeitig plötzliche Änderungen statt. Wie erklärt die Evolutionstheorie das Entstehen dieser Konstruktion?

Wenn dann, nach dem Weg durch den engen Geburtskanal, das letzte Fruchtwasser aus den Lungen gepresst worden ist, kommt der erste tiefe Atemzug praktisch von selbst. Oder doch nicht? Irgendjemand muss im Atemzentrum des Gehirns noch einen Schalter umlegen und damit eine Halbautomatik in Betrieb setzen, die zu diesem Zeitpunkt wahrscheinlich noch eine Vollautomatik ist.

Nabelschnur schließen, Ductus Botalli schließen, Atemzentrum einschalten, alles von allein? Oder durch eine Reihe von Auslösemechanismen, deren Spur sich im Dunkeln verliert, weil irgendwann jeder aufhört zu fragen? Es sind wieder Zellen, deren Bewegung die Arbeit leistet. Es sind die Wolis, die das kontrollieren. Hormone in der Blutbahn, Aktionspotenziale entlang der Nervenleitungen sind die Paketpost und die Telegrafie der Wolis. Deren Richtfunk und Internet exis-

tiert bestimmt auch. Nur haben wir das noch nicht herausgefunden.

Wenn keine konstruktive Absicht hinter der Umschaltung des Kreislaufs bei der Geburt stünde, müsste sich dieses
Zusammenspiel im Laufe der Evolution zufällig herausgebildet haben. Allerdings hätte die Evolution dazu nur etwa 100
Millionen Jahre Zeit gehabt. So lange gibt es Eierleger, die
nicht ausgestorben sind. Ich halte eine konstruktive Absicht
für gegeben. Nämlich die der Wolis.

Nun gilt es, aus dem Baby einen erwachsenen Menschen werden zu lassen. Wie das geschieht, das haben erwach-
sene Menschen selbst erlebt. Das wissen sie. Wirklich?

5 Die Programmierung des Menschen

Wir können das äußere Wachstum sehen. Wir können auch anhand von äußeren Merkmalen verschiedene Menschen von einander unterscheiden, obwohl Wissenschaftler schätzen, dass wir uns in höchstens einem halben Prozent des Erbguts von anderen Menschen unterscheiden. Aber wenn ich behaupten würde, Sie seien zu 99,5% konfektioniert, dann würden Sie mir wahrscheinlich widersprechen. Mit Recht! Nicht die Realisierung des Erbguts macht das Wesentliche des Menschen aus, sondern die individuelle Programmierung des Gehirns. Können wir auch das innere, das geistige Wachstum sehen? Schauen wir mal.

5.1 Unterschiede

Gespräch im Behandlungszimmer eines Zahnarztes: „Guten Tag, Herr Franz, Sie haben Schmerzen? Können Sie mir das bitte genauer beschreiben?" „Ja, Herr Doktor, ich weiß auch nicht. Das zieht, ich habe die ganze Nacht nicht schlafen können." „Also haben Sie die Schmerzen seit gestern. Können Sie mir sagen, wo es weh tut?" „Ja, Herr Doktor, ich weiß auch nicht. Ich habe die ganze Nacht nicht schlafen können. Ich weiß auch nicht, was das ist." „Ja, aber auf welcher Seite es weh tut, das werden Sie mir doch sagen können?" „Ja, schon, aber wissen Sie, die ganze Nacht habe ich nicht schlafen können, ich weiß auch nicht, was das ist" ... Und so weiter.

Ein anderes Gespräch: Guten Tag, Herr Fritz, Sie haben Schmerzen? Können Sie mir das bitte genauer beschreiben? „Ja, Herr Doktor, Ich habe über Nacht Zahnschmerzen bekommen. Ich kann es kaum noch aushalten. Unten rechts ist vor einem halben Jahr eine Wurzelbehandlung gemacht worden. Ich meine, dass es da ist. Da hat zunächst ein Zahn beim Draufbeißen wehgetan. Genau kann ich es jetzt nicht mehr lokalisieren. Es tut mittlerweile die ganze rechte Seite weh." „Gut, dann machen Sie bitte den Mund auf" ...

Von außen kann man den beiden Männern nichts Besonderes ansehen. Sie machen einen ganz normalen Eindruck. Aber wenn man mit ihnen spricht, wenn sie ihr Gehirn gebrauchen müssen, dann stellt man doch erhebliche Unterschiede fest. Der erste kann nicht erfassen, dass von ihm Informationen abgefragt werden. Seine Äußerungen sind auf der gefühlsmäßigen Ebene. Seine Botschaft ist: Es tut weh und ich bin hilflos. Er gehört zu den „Bauchgesteuerten", deren Wolis es aus welchem Grund auch immer nicht gelungen ist, das Gehirn zur beherrschenden Zentrale im Woli-Staat des menschlichen Körpers auszubauen.

Anders der zweite Mann. Auch er drückt seine Gefühle aus. Aber er erkennt von sich aus, dass der Zahnarzt Informationen braucht, um ihm zu helfen, und er gibt sie, trotz der Beeinträchtigung durch den Schmerz. Er ist außerdem interessiert an dem, was mit seinen Zähnen geschieht. Er kann angeben, dass eine Wurzelbehandlung gemacht worden ist. Dieser Mann gehört eher zu den „Kopfgesteuerten", deren Wolis das Gehirn zum beherrschenden Organ des Körpers ausbauen konnten.

Was ist geschehen bei der Entwicklung der beiden Männer, von denen gerade die Rede war? Wodurch ist der Unterschied in der Gehirnentwicklung zu erklären? Bei der Geburt ist das Gehirn nur als „Hardware" fertig. Es ist fertig für die Programmierung. Und die scheint bei dem ersten Mann nicht günstig verlaufen zu sein.

Nach der Geburt findet die Konfrontation mit der Umwelt statt. Es genügt nicht, das Kind kräftig essen zu lassen, damit es groß und stark wird. Die Vergrößerung des Körpers ist ein Automatikprogramm. Dessen Durchführung kann den Menschen nicht ausmachen. Die Persönlichkeit, der individuelle Mensch entsteht erst durch die Aufnahme und Verarbeitung von Impulsen aus der Umwelt, das heißt durch Einspielung von Software in die vorhandene Hardware. Die Wolis im Gehirn müssen und wollen lernen. Aber so weit sind wir noch nicht.

5.2 Über Nervenzellen, Inbetriebnahme der Sinne und das Lächeln

Die Vorläufer von Nervenzellen heißen Neuroblasten. Sie haben keine Ausläufer, weder Dendriten noch ein Axon. Sie können daher keine Nervenfunktion ausüben. Ihnen fehlen die „Kabel". Dafür können sie geteilt werden. Hat eine Nervenzelle schon Ausläufer, ist sie also verkabelt, dann verzichten die Wolis sinnvollerweise auf ihre Teilung.

Wenn ein Baby geboren wird, ist die Grundverkabelung des Gehirns fertig, sagen die Wissenschaftler. Bis vor kurzem hat man angenommen, dass die Teilung der Neuroblasten nach der Geburt aufhört. Das betrifft vor allem das Gehirn. Alle in der Zukunft benötigten Nervenzellen wären dann im Gehirn schon vorhanden. Es wären dann nur noch die Woli-Elektriker am Werk. Von den vielen Nervenzellen die in den verschiedensten Abteilungen angesiedelt sind, würden dann bei Bedarf nur noch neue Leitungen gelegt. Die Entwicklung schreitet dann nicht dadurch voran, dass neue Nervenzellen gebaut werden, sondern dadurch, dass die Komplexität des Leitungssystems wächst.

Das würde bedeuten, dass der menschliche Hirnschädel sein Wachstum vom Baby bis zum Erwachsenen allein der Bildung von Ausläufern und deren Einhüllung durch Isolierzellen (Gliazellen) und der zugehörigen Blutversorgung zu verdanken hat. Ob das wohl stimmt? Sinnvoll wäre es jedenfalls, Neuroblasten in Reserve zu haben, zumindest für mögliche Notfälle. Dass Zellen, auf Vorrat produziert, jahrelang ruhen können, wissen wir von den Gonaden. Und so ist dann vor einigen Jahren entdeckt worden, dass es im erwachsenen Gehirn entgegen der ursprünglichen Annahme doch Neuroblasten gibt. Also vielleicht doch Gehirnwachstum auch durch Zellteilung?

Die Entwicklung des Nervensystems hört aber nach der Geburt so oder so nicht auf. Das Baby muss ja zum Beispiel sein Bewegungssystem trainieren. Das gesamte Woli-Volk will ja, dass da ein großer funktionstüchtiger Mensch entsteht. Die Zentrale schickt also Nervenimpulse zu den Wolis in den Muskeln. Die Muskeln reagieren zwar automatisch, aber die Wolis, die in den Muskeln leben, sind für Pflege und Wartung da. Sie tun sogar noch mehr. Wenn sie feststellen, dass die Kraft der Muskeln häufig nicht ausreicht, vergrößern sie die Muskeln. Die neuen Muskelfasern müssen auch verkabelt werden, brauchen auch einen Nervenanschluss. Der wird von den Wolis der vorhandenen Nervenzellen installiert. Deren Wolis bauen Axone zu den neuen Muskelfaserbündeln samt motorischen Endplatten. Wir wissen ja schon, was das ist.

Um Muskeln aufzubauen, genügt es anfangs, wenn das Baby strampelt. Aber bald genügt eine Bewegung als solche nicht mehr. Die Bewegung muss dann vielleicht einen spezifischen Zweck erfüllen, das heißt, sie muss mit anderen Wahrnehmungen koordiniert werden. Wenn es juckt, muss man schon die Stelle treffen, an der es juckt, um wirkungsvoll zu kratzen. Für diese und andere Koordinationen haben die Wolis das Gehirn gebaut. Dessen Programmierung ist das wesentliche Kriterium für die Entwicklung des Menschen vom Baby über Kindheit und Jugend zum Erwachsenen.

Tastsinn und Geruchssinn hat das Baby schon im Mutterleib ein wenig trainieren können. Man weiß, dass der Fetus den Daumen in den Mund steckt. Und man kann vermuten, dass Moleküle der Mutter über das Fruchtwasser zum Fetus gelangen. So ist erklärlich, dass das Baby die Brustwarzen

„bedienen" kann und die Mutter am Geruch erkennt, wenn es zur Welt kommt.

Das Gehör hat schon im Mutterleib funktioniert. Erinnerungen aus dem Mutterleib sind daher möglich. Wenn zum Beispiel die Mutter in der späten Schwangerschaft in zahnärztlicher Behandlung war, dann hat der Fetus mit Sicherheit die Nebengeräusche der zahnärztlichen Behandlung gehört. Wenn die Mutter bei dieser Behandlung Angst und Schmerz empfunden hat, dann hat der Fetus das auf welchem Wege auch immer sehr wohl wahrgenommen. Diese Kombination aus Geräuschen und Angst hat er gespeichert. Wenn dann der hoffnungsvolle Sprössling selber das erste Mal in einer Zahnartpraxis erscheint, ist die Mutter oft über sein Verhalten sehr verblüfft. Der Kleine kann doch gar nicht wissen, was beim Zahnarzt geschieht. Warum bricht denn bei ihm die Panik aus?

Diese Erfahrung sollte Schwangeren zu denken geben. Die Programmierung des Menschen fängt eigentlich schon im Mutterleib an. Manche Verhaltensschablone, die man später bei einem Menschen beobachten kann, hat da ihre Wurzeln. Es ist also wünschenswert, vor allem für die Anlagen des Kindes, dass die Schwangerschaft in einer harmonischen Atmosphäre verläuft.

Mit den Augen hat der Fetus im Mutterleib nicht viel anfangen können. Aber jetzt dringt die ganze Welt des Sehens auf das Baby ein? Ja, schon, aber sie hinterlässt keine großen Eindrücke. Das Baby beschäftigt sich eigentlich mehr mit dem Tastsinn, reagiert auf Gehör besser als auf spezifische visuelle Reize. Wundert Sie das? Sicher nicht. Es müssen doch erst mal die visuellen Basisschaltungen aktiviert, vielleicht sogar gebaut werden. Im Gehirn muss sortiert werden nach hell, dunkel, Formen und Farben. Die Rezeptoren sind zwar mit der Zentrale verbunden und die Zentrale mit einzelnen Abteilungen. Aber die Deutung der Signale ist das Problem. Für diese Wolis ist es das erste Mal, dass sie visuelle Signale empfangen. Woher sollen sie wissen, was diese Signale bedeuten? In den Genen können sie das nicht lesen. In den Genen kann nicht die individuelle Umgebung eines jeden Babys vorhergesehen werden.

Früher hat man für Alles und Jedes ein Gen postuliert. Nachdem sich herausgestellt hat, dass der Mensch nur etwa 30.000 Gene hat, beginnt die Front der Genfanatiker zu bröckeln. Aber was setzen sie stattdessen? Die Wolis samt ihren Weiterungen werden sie wohl so schnell nicht akzeptieren. Das ist zu unwissenschaftlich. Der Schritt ist für Wissenschaftler vermutlich zu groß.

Anders in unseren Rechtssystemen. Da gibt es mutige Richter, die Urteile aufgrund von Indizien sprechen, in manchen Staaten sogar Menschen auf Grund von Indizien zum Tode verurteilen. Ich finde das nicht gut. Wenn Todesurteile vollstreckt werden, ist das unumkehrbar. Es sind aber genügend Fälle bekannt, bei denen sich im Nachhinein das Urteil als falsch herausgestellt hat. Das menschliche Gehirn funktioniert halt nicht so gut, als dass sich mit Indizien allein immer die richtigen Schlüsse ziehen ließen.

In der Wissenschaft hingegen würde ich mir im Gegensatz zur Justiz mehr Mut in dieser Richtung wünschen. Die defensive Aussage: „Das ist wissenschaftlich nicht erwiesen" hört man ziemlich oft, wenn sozusagen die Leiche fehlt, aber alle Indizien für einen bestimmten Sachverhalt sprechen. Man schafft in der Wissenschaft durch neue Annahmen, Thesen, Theorien ja keine unwiderruflichen Tatsachen. Wir sind ja sowieso die Urzeitmenschen der Zukunft. Und unsere Wissenschaftler produzieren ja heute (mit Verlaub) auch den geistigen Müll von morgen. Also könnte die Wissenschaft doch ruhig einmal annehmen, dass es die Wolis gibt und schauen, was dabei herauskommt.

Zurück zu den neu empfangenen visuellen Signalen. Im Gegensatz zu einem Huhn muss der Mensch bei seiner Geburt nicht laufen können und auch nicht wissen, vor wem er davonlaufen soll. Die Erfahrung zeigt, dass ihm die Instinkthandlungen weitgehend abhandengekommen sind. Seine Wolis haben auf eine Neuprogrammierung gesetzt. So kann er individuell an die Umstände angepasst werden, die er im Einzelfall vorfindet. Das bedeutet, in den einzelnen Abteilungen müssen die Wolis eines Babys die eingehenden, noch unbekannten Signale erst einmal zur Kenntnis nehmen. Das heißt, sie legen sie ab, sie speichern unterschiedliche Signalarten in unterschiedlichen Abteilungen.

Wenn eine Abteilung die Signale Schwarz und Weiß registrieren soll, wird sich bald herausstellen, dass die dortigen Wolis vor allem Meldungen erhalten, die aus Kombinationen von schwarz und weiß bestehen. Dann müssen sie neue Ablagen einrichten für Grautöne. Im Laufe der Zeit werden sie feststellen, dass es sehr viele Kombinationen, sehr viele Grautöne gibt. Entsprechend werden sie im Laufe der Zeit die Zahl der Ablagen vergrößern.

Und eine graue Maus ist etwas anderes als ein grauer Esel. Da müssen die entsprechenden Verbindungen zu anderen Abteilungen geschaffen werden. Wenn die Maus ein Plüschfell hat, dann ergibt sich eine dazugehörende Tastempfindung. Wenn die Maus beim Drücken quietscht, dann ist das ein dazugehörendes Hörerlebnis. Das alles wird beim ersten Mal gespeichert. In jeder Abteilung speichern die Wolis ihre spezifischen Signale. Aber sie bauen auch Verbindungen zu den Abteilungen, die von dem Gesamtobjekt Signale empfangen haben. So können sie bei späteren Gelegenheiten das Gesamtobjekt oder auch Teile davon abrufen.

Es gibt so viel zu speichern im Leben eines Babys. Jeden Tag kommt Neues hinzu. Da muss man viel schlafen. Sonst bleibt ja keine Zeit zum Sortieren. Und im Schlaf, wenn die Hauptsignalquelle Augen ganz abgeschaltet ist, die anderen Signalquellen weit heruntergefahren sind, dann sichten die Wolis die Ausbeute der letzten Wachzeit. Sie sind dann ja relativ ungestört. Es stellt sich heraus, dass der Esel nur einmal da war. Die Maus war aber sehr oft da. „Maus" scheint wichtig zu sein. An die Kabel, die verschiedene „Mausabteilungen" miteinander verbinden, werden daher zusätzliche Verzweigungen und Synapsen gebaut. Das macht die Übertragung sicherer und schneller, aber auch variabel dosierbar. „Maus" ist schon sehr komplex. Das Erlebnis „Maus" ruft viele Abteilungen gleichzeitig auf den Plan. Wie oft müssen die Wolis der Zentrale die Kombination von Signaleingängen erleben, die eine Maus, besser, die diese Maus ausmachen, um sie wiederzuerkennen? (Das Generalisieren und Abstrahieren wird erst in späteren Phasen der Gehirnentwicklung wichtig werden).

Egal ob einmal oder hundertmal. Recht bald wird die Mutter erleben, dass ihr Baby sie ansieht und lächelt. Es hat sie erkannt! Nicht nur durch ihren Geruch oder an ihrer Stimme, sondern mit den Augen! Die Wolis in der Zentrale des Babys haben die Eingangssignale mit den gespeicherten Signalen verglichen und festgestellt, dass diese Signalkombination die derzeit wichtigste überhaupt ist. Daraufhin haben sie das Muskelprogramm „Lächeln" aktiviert, das bei der Genausstattung mit dabei war und nicht gelernt werden muss. Über das Kleinhirn schießt das Lächeln direkt ins Gesicht.

Lächeln ist eine Information. Sie besagt in diesem Fall: Ich habe dich gesehen. Das löst bei mir angenehme Gefühle aus.

Wenn Sie sich selber beobachten, wann Lächeln Sie? Wenn Sie jemanden hören? Wenn Sie jemanden riechen? Oder wenn Sie jemanden sehen? Ich meine, man muss sehen, um zu lächeln. Lächeln als Information ist ursprünglich für einen Empfänger bestimmt. Die Information kann nur wirken, wenn der Empfänger sie wahrnimmt. Also muss Blickkontakt vorhanden sein, wenn man ein Lächeln sendet.

Ich kann aber auch in mich hineinlächeln, ohne jemanden zu meinen. Dann betrachte ich aber ein inneres Bild. Selbst, wenn ich eine lustige Begebenheit nur höre, muss ich mir innerlich etwas vorstellen, um zu lächeln. Lächeln ist im Gehirn mit Bildern verknüpft. Ursprünglich wohl mit äußeren Bildern. Die inneren Bilder sind eine spätere Entwicklungsstufe des Gehirns. Da bestand die Verknüpfung schon. Und das stört ja nicht. (Wenn ein Politiker beim Anblick einer Kamera sein Gesicht zu einer antrainierten, Zähne bleckenden Grimasse verzieht, dann bezeichne ich das nicht als Lächeln. Es kann aber damit verwechselt werden).

5.3 Daten sortieren, Programme schreiben

Das Baby hat also die Mutter angelächelt. Von innen heraus. Es hat sie erkannt. Dazu muss es die nötigen Informationen gespeichert und erinnert haben. Dieses Zusammenspiel von speichern und wieder abrufen nennen wir Gedächtnis. Darüber gibt es wenig gesichertes Wissen, aber viele Theorien. Da könnte ich, mit Hilfe der Wolis, auch eine Theorie hinzufügen, vor allem, was das Langzeitgedächtnis angeht. Aber das verkneife ich mir hier.

Wahrnehmen, etwas bemerken, die eingehenden Signale behalten, speichern. Verschiedene Signale, die zu einem Objekt gehören, miteinander verbinden (Neudeutsch: Links herstellen). Neue eingehende Signale mit den gespeicherten Signalen vergleichen. Feststellen, welche der neu eingehenden Signale und Signalkomplexe unbekannt sind und gespeichert werden müssen und welche schon gespeichert sind. Beim Erscheinen bereits gespeicherter Inhalte (Informationen), „Zählschalter" anbringen und betätigen. Anhand von Intensität und Eingangshäufigkeit von Speicherinhalten die Verkabelung ausbauen. Das sind also die wesentlichen Arbeiten der Wolis im Gehirn eines Babys.

Das sind individuelle Arbeiten, die da geleistet werden müssen. Das sind Arbeiten, die nicht sinnvollerweise von Automaten erledigt werden können. Es sind Arbeiten, die nach allen unseren Erfahrungen nur von Lebewesen, also von den Wolis, ausgeführt werden können. Sie sind die Programmierer. Sie machen kleinere und größere, untergeordnete und übergreifende Programme. Unsere Hirnforscher konstatieren einen weit gefächerten Aufbau der Signalverarbeitung. Sie entdecken immer mehr Fachabteilungen der Wolis, das sind Hirnareale, denen sie eine bestimmte Funktion in der Signalverarbeitung zuordnen können. Wo Daten verarbeitet werden, gibt es Programme. Und wo es Programme gibt, da gibt es auch Programmierer. Das ist meine Meinung.

Wenn sie bei dem Wort Programmierung die Stirn gerunzelt haben und überhaupt den Vergleich des menschlichen Gehirns mit einem Computer unpassend finden, dann habe ich im Prinzip dafür Verständnis. Ein Softwareprogramm ist eine Art von Automatik. Den Menschen zu programmieren, heißt, ihn zu automatisieren. In der Tat behaupte ich auf Grund meiner persönlichen Beobachtungen und Erfahrungen, dass Menschen und vor allem deren Gehirne zu einem sehr großen Teil automatisiert sind. Aber es gibt ja noch die Wolis. Die sind individuell. Wie soll man, aus deren Sicht gesehen, dieses riesige Staatswesen „Mensch" aufrechterhalten, kontrollieren und agieren lassen, wenn nicht so viel wie möglich automatisiert wäre? Der Meinung ist auch Hans-Ludwig Kröber, Direktor des Instituts für forensische Psychiatrie der Freien Universität Berlin. Zwar hat er noch nichts von den Wolis gehört, aber er schreibt in dem Buch „Wer erklärt den Menschen" (Fischer Taschenbuch 2006) in seinem Beitrag auf Seite 156: „Außerdem wäre der Mensch nicht überlebensfähig, wenn er nicht für den größten Teil seiner Motorik, aber auch seiner Kognitionen auf automatische Schemata zurückgreifen könnte." Die ersten Schemata oder Programme erstellen die Wolis also, sobald sie Daten aus der Außenwelt geliefert bekommen. Es sind individuelle Programme, welche die Umwelt reflektieren.

5.4 Das Baby lacht, das Baby weint, gesteuert von Gefühlen

Aber ein paar Basisprogramme waren schon da. Nachdem die automatische Energieversorgung durch die Geburt unterbrochen wurde, mussten ja Nahrungszufuhr und Abfallentsorgung neu geregelt werden. Die Hilfe der Mutter war nötig und sie musste angefordert werden. Wie funktioniert das?

Das Baby lacht, wenn es ihm gut geht, es weint, wenn es ihm schlecht geht. Wie wir aus unserer eigenen Erfahrung wissen, sind diese Verhaltensweisen mit Gefühlen verbunden, ja durch Gefühle ausgelöst. Hier habe ich allerdings ein Problem. Es betrifft die mangelnde sprachliche Differenzierung.

Ich möchte hier im Gesamtbegriff „Gefühl" unterscheiden zwischen eigentlichem Gefühl, Empfindung und emotionaler Bewertung. Gefühl nenne ich das, was ich als Körpersignal diffus spüre, ohne eine genaue Herkunft angeben zu können. Beispiele sind Hunger, Verliebtheit oder Trauer. Als Empfindung definiere ich das, was auf der Basis von Rezeptorenmeldungen im Bewusstsein repräsentiert wird. Die Empfindung hat einen körperlichen Ursprung. Sie ist die Wahrnehmung eines Reizes. Hierzu gehören alle Sinneswahrnehmungen, auch somatosensorische, wie zum Beispiel Berührung oder Wärme.

Lust oder Unlust werden auch als Gefühle bezeichnet. Ich möchte sie aber von anderen Gefühlen unterscheiden. Deshalb nenne ich Lust- oder Unlustgefühle, wenn ich sie gezielt anspreche, „emotionale Tönung" oder „emotionale Bewertung". Kombinationen aus emotionaler Tönung und Empfindungen nenne ich komplexe Empfindungen.

Die emotionale Bewertung ist generell mit Wahrnehmungen verbunden und auch mit Gedanken und inneren Vorstellungen. Die emotionale Bewertung selber hat keinen körperlichen Ursprung. Sie ist aber mit einem körperlichen Reiz, den wir als Empfindung wahrnehmen, verbunden. Die emotionale Bewertung stellt eine Bewertung in Bezug auf die Zuträglichkeit für das Gesamtwesen dar. Sie ist ein „Etikett, das die Wolis zum Beispiel auf die Empfindungen kleben". Das möchte ich genauer erklären.

Viele Abläufe werden im menschlichen Körper geregelt, das heißt, durch Automaten innerhalb bestimmter Grenzen gehalten. Nehmen wir als Beispiel die Temperaturregelung. Es wäre unsinnig, die Einzelwerte jedes einzelnen Fühlers und den Zustand jedes peripheren Blutgefäßes in der Zentrale zu repräsentieren. Das bedeutet, dass die Wolis eine Automatik installiert haben, die auf unteren Ebenen kontrolliert wird. Nur die Abweichung vom Sollwert des Gesamtsystems wird in die Zentrale gemeldet. Nur diese Meldungen nehmen wir wahr. Diese Empfindungen sind die bewusst gewordenen Reize von Rezeptoren, und sie sind mit emotionaler Tönung versehen.

Ist die Abweichung sehr gering oder Null, und alle anderen Regler sind auch in dem Bereich, dann haben wir umgangssprachlich „ein gutes Gefühl". Wir fühlen uns wohl. Das heißt, alle Wolis sind zufrieden, die emotionale Tönung ist positiv. Ist die Abweichung vom Sollwert etwas größer, dann haben wir kein so gutes Gefühl. Wir fühlen uns in unserem Wohlbefinden eingeschränkt. Die emotionale Tönung ist nicht so positiv. Wir nehmen wahr, dass es uns kühl oder warm ist. Die Wolis in der Zentrale werden unruhig. Sie ergreifen Maßnahmen zur Änderung des Istwerts in Richtung Sollwert. Wir ziehen dann bei Kühle vielleicht eine Jacke an. Bei Wärme fächeln wir uns vielleicht kühle Luft zu.

Ist das nicht möglich oder ist die Störung so stark, dass die Maßnahmen nicht ausreichen, dann setzen automatische Notprogramme ein. Im einen Fall bekommen wir eine Gänsehaut und zittern. Im anderen Fall schwitzen wir. Die Ausführung dieser Notprogramme wird natürlich von mehreren Seiten an die Zentrale gemeldet. Die Wolis dort sind sehr in Bedrängnis. Sie suchen nach Wegen aus der Not. Wir fühlen uns in solchen Situationen gar nicht wohl (Negative emotionale Bewertung, Unlust). Manchmal fühlen wir uns hin- und hergerissen und wissen nicht was wir tun sollen. Dann sind unsere Wolis in der Zentrale uneins und diskutieren wohl über die beste Lösung. Aber bedrohliche Gefühle werden weder durch Gänsehaut noch durch Schwitzen ausgelöst.

Bedrohliche Gefühle haben wir erst, wenn die Alarm-
anlage anspricht, das heißt, wenn wir Schmerz empfinden. Die
Wolis wissen dann, wenn jetzt nicht schnell etwas geschieht,
nimmt der Körper größeren Schaden. Wir fühlen dann den
Schmerz als ganz starke komplexe Empfindung, mit ganz
starker negativer emotionaler Bewertung, die bis zur Panik
führen kann. In seltenen Fällen wird den Wolis in der Zentrale
das Bewusstsein abgeschaltet. Eine Ohnmacht ist die Folge.

Die Wahrnehmungen und Empfindungen des Babys
sind natürlich auch mit emotionaler Tönung versehen. Nur
seine Problemlösungsmöglichkeiten sind noch beschränkt. Es
teilt sich daher seiner Umgebung im Positivfalle durch ein
Lächeln mit. Im Negativfalle weint es, bei Nichtbeachtung
schreit es und die lieben Eltern dürfen dann herausfinden, was
die Ursache ist. Aber deren Großhirnrinde ist ja schon ausreichend programmiert. Sie werden die Lösung schon finden.

5.5 Sprache

Das Baby wächst, die Zeit vergeht. Nachdem die Beinmuskeln
große Fortschritte gemacht haben, fängt es vermehrt an, die
Sprechwerkzeuge zu trainieren. Das bedeutet, dass die Wolis
im Gehirn zu den bereits gespeicherten Mustern die sprachlichen Elemente hinzufügen. Das geschieht nach bewährtem
System. Es werden die Abteilungen für sprachlichen Ausdruck und für sprachliche Bedeutung eröffnet beziehungs-
weise aktiviert und Verknüpfungen über Dendriten, Axone
und Synapsen hergestellt. Dadurch erweitern sich die Möglichkeiten der Wolis ungemein. Nachdem sie die Sprache
eigentlich ganz allein (durch Nachahmen) gelernt haben,
können sie jetzt beginnen, die Inhalte anderer Gehirne anzu-

zapfen. Das Verhaltensmuster heißt „Fragen". Kleine Kinder fragen viel. Manch genervte Mutter oder manch genervter Vater haben den Wolis ihres Kindes die Erfahrung vermittelt, dass Fragen zu unangenehmen Erlebnissen führt. Diese Wolis haben gelernt, dass es besser ist, nicht zu fragen. Da ist dann eine Basisschaltung blockiert worden, die weit reichende Ausfälle gegenüber der Idealentwicklung des Gehirns zur Folge hat. Auch wenn das im späteren Leben kompensiert werden sollte, so wird das wahrscheinlich mit Umgehungs- schaltungen erreicht, die nicht so effektiv arbeiten können wie die ursprünglich mögliche Basisschaltung.

Mit dem Erlernen der Sprache hat das Kind nicht nur die Möglichkeit, Sinneswahrnehmungen zu benennen, son- dern auch geistige Wahrnehmungen und Gefühle. Auch dafür werden die Wolis Ablagen in den entsprechenden Abteilun- gen des Gehirns einrichten. Je mehr, desto besser. Je feiner man unterscheiden kann, desto differenzierter kann man später denken. Desto mehr Lösungsmöglichkeiten fallen einem dann ein für die Probleme des Alltags und auch für andere Probleme. Desto weniger Fehlentscheidungen wird man dann treffen.

Für jemanden, der diese Differenzierung nicht leisten konnte, dessen Gehirnentwicklung nicht mit dem körperlichen Wachstum Schritt gehalten hat, ist eine Person, die eine andere Hautfarbe hat, vielleicht nur schlicht ein Ausländer. Wenn jemand zu diesem Thema nicht mehr als die zwei Bücher „Inländer" und „Ausländer" in seiner geistigen Bibliothek stehen hat, dann kann er zwar schnell urteilen, weil sein geistiger Bibliothekar nicht lange suchen muss. Sein Urteil gibt aber nicht viel her. Seine geistigen Fähigkeiten werden wahr- scheinlich nicht sehr geschätzt werden. Er wird sich dann wohl auf körperlichem, auf muskulärem Gebiet hervortun wollen, um seinem Ego zu genügen. Wenn es da auch nicht zu etwas Besonderem reicht, dann wird er sich mit Seinesgleichen zusammentun, und in einer Gruppe etwas darzustellen versuchen. Dafür gibt es Beispiele in unserer Gesellschaft. Es ist wohl besser, möglichst viel in das Gehirn hinein zu bekommen, und die Sprache ist eine Art Hebel dazu.

5.6 Die Wolis wollen lernen

Die Wolis im Gehirn können ein Leben lang Synapsen bilden. Sie bauen aber auch Verbindungen ab, wenn diese nicht benutzt werden. Wir haben gesehen, dass schon das Baby Sinneseindrücke sammelt und so sein Gehirn ausbaut. Es lernt zu krabbeln, zu stehen, zu laufen. Es lernt Tasten, Riechen, Schmecken, Hören und Sehen. Es lernt seine Sprechwerkzeuge zu gebrauchen. Es lernt, seine Umwelt zu erfassen, zu agieren und zu reagieren. Es lernt. Der Antrieb dazu kommt aus ihm selbst. Das bedeutet, seine Wolis in der Zentrale sind sehr daran interessiert, ihre Konstruktion in die Lage zu versetzen, mit der Umgebung auf allen verfügbaren Ebenen Kontakt aufzunehmen. Kinder sind neugierig. Das heißt, ihre Wolis wollen möglichst viel erfahren über das, was die Welt ist, in der sie ihre Konstruktionen bewegen. Die Wolis sagen sich, je mehr wir über die Welt wissen, desto besser können wir uns in diese Welt einfügen und unsere Konstruktion weiterentwickeln.

Lernen ist eine lebenslange Beschäftigung. Auch wenn der Mensch nicht lernen will, lernt er trotzdem. Lernen kann nämlich bewusst oder unbewusst geschehen. Nur, ob das, was der Mensch unbewusst lernt, auch immer für ihn gut ist? Das kann man bezweifeln.

Sicher kennen Sie das: Eine Mutter stellt bei ihrem Kind eine ganz und gar unerwünschte Verhaltensweise fest. Das führt dann zu dem Ausruf: „Wo hat das Kind das nur her? Von mir hat es das nicht!" Hört der Vater dies und bezieht er den Ausruf auf sich, ist der Familienstreit vorprogrammiert. Und schon geht die ungünstige Programmierung des Sprösslings weiter. Er schaut zu wie die Erwachsenen sich verhalten. Schließlich wollen seine Wolis ja möglichst viel lernen im Leben. Eine kritische Auswahl können sie aber noch nicht treffen, da sie sich die Erfahrungen anderer Menschen noch nicht zu Eigen machen können. So weit sind Gehirn und Bewusstsein noch nicht entwickelt. Lesen im weiteren Sinne und Sozialverhalten in der Gruppe, das kommt erst noch im späteren Leben. Also passt der Knirps auf, was jetzt zwischen Vater und Mutter abläuft.

Die „siegreiche" Verhaltensweise versucht er intuitiv zu kopieren und für spätere Zeiten zu speichern. Seine Wolis sagen sich aus ihrem jetzigen Kenntnisstand heraus: So muss man es machen, wenn man weiterkommen will. Ähnliche Familienszenen werden sich im Laufe der Zeit wiederholen. Menschen neigen zu ritualisiertem Verhalten. Wenn dann Jahre vergangen sind, vielleicht sind die Eltern mittlerweile geschieden und die Mutter versucht das Werk der Erziehung allein zu vollbringen, dann beginnen auf einmal die Probleme von früher. Der Sohn beginnt zu argumentieren wie der Vater. Er produziert denselben Tonfall, nimmt die gleichen Körperhaltungen dabei ein, wie seinerzeit sein Vater. Seine Wolis hatten es gelernt. Jetzt, mit dem gewachsenen sprachlichen und intellektuellen Vermögen wendet er intuitiv die Verhaltensweisen an, mit denen sein Vater Erfolg hatte. Verblüffenderweise hat auch er damit Erfolg. Aber in der Auswahl der Ziele, die er durchsetzen möchte, ist der Halbwüchsige natürlich nicht sehr kritisch und die Erziehung gestaltet sich schwierig.

Mit Hilfe solcher Beobachtungen kann man erkennen, dass die Wolis gerne das lernen, was sie aus ihrer eigenen Entscheidung heraus für wichtig halten. Sie können aber nur auf Grund des bereits Gelernten urteilen. Bei Kindern ist das noch nicht viel. So kann es bei deren Wolis zu schwerwiegenden Irrtümern kommen. Zum Beispiel, wenn sie das Fernsehen entdecken. Im Fernsehen wird viel Emotionales gezeigt. Das halten die Wolis für besonders wichtig. (Wir kommen im nächsten Kapitel noch ausführlich darauf zu sprechen). Also werden Kinder versuchen, sich Verhaltensweisen anzueignen, die sie im Fernsehen als erfolgreich erlebt haben. Dass sie damit im wirklichen Leben Schiffbruch erleiden werden, das wissen wir Erwachsenen. Aber wir können in die Köpfe nicht hineinschauen. Erst wenn so eine Fehlprogrammierung in der wirklichen Welt erprobt wird, können wir folgern, was der Grund war und vielleicht den Schaden begrenzen.

Besser ist es natürlich, vorbeugend etwas zu unternehmen. Das bedeutet, man sollte der unbewussten Programmierung eine bewusste Programmierung entgegensetzen. Wir nennen das Erziehung. Wollen die Wolis unserer Kinder das? Auf diese Frage werden die Ja's in der Minderzahl sein. Die Wolis wollen die bewusste Programmierung nur, wenn das Angebot interessant ist, wenn es einen hohen Aufmerksamkeitswert hat. Gegen die Medienprofis, die dem Selektionsdruck der Einschaltquoten und der Werbebudgets standhalten müssen, haben normale Eltern wohl keine Chance. Ihren Kindern über interessantere Angebote klarzumachen, dass vor allem kommerzielles Fernsehen heutzutage überwiegend schädlich ist, das werden sie wohl nicht schaffen. (Wenn sie es in der dritten Fernsehgeneration selber überhaupt noch so sehen).

Was dann? Bleibt die weniger gute Möglichkeit. Anweisungen, notfalls verbunden mit Strafandrohungen. Dann lernen die Wolis der Kinder etwas Neues, nämlich Interessenkonflikte zu bewältigen. Einerseits wollen sie das tun, was sie auf Grund ihrer noch beschränkten Kenntnisse für das Lohnenswerteste halten, andererseits werden sie (vielleicht sogar schmerzlich) erkennen, dass das mit Nachteilen verbunden ist. Sie werden das bisher erlernte Verhaltensrepertoire durchspielen, um doch zu ihrem Willen zu kommen. Schmeicheln, Bitten, Betteln, Weinen, Trotzen und so weiter. Wenn das alles keinen Erfolg hat und ihnen sonst nichts mehr einfällt, werden sie ihr Vorhaben für dieses mal aufgeben. Aber die Wolis wollen lernen. Kinder sind beharrlich.

Anweisungen befolgen, gehorchen ist ein Programm, das im Zusammenspiel einer Gesellschaft nützlich und notwendig ist. Das Kind wird versuchen, seinen Spielraum auszuweiten, es wird aber auch merken, wenn es an Grenzen stößt. Zu viele Grenzen werden den natürlichen Lerntrieb der Wolis dämpfen. Andererseits wird zuviel Fürsorge der Eltern den Wolis des Kindes vielleicht den Eindruck vermitteln, dass die Sicherheit ihrer Konstruktion auch ohne ihr Zutun gewährleistet ist. Das Erforschen der Umwelt, das Lernen ist dann nicht mehr so wichtig. Neugierde und Lerntrieb lassen dann vielleicht auch nach.

5.7 Schulreife erreichen

Das Kleinkind lebt in der Gegenwart. Was ihm in den Sinn kommt, muss sofort geschehen. Erst allmählich machen seine

Wolis die Erfahrung, dass es eine Zukunft gibt, dass ein für morgen versprochenes Ereignis dann auch wirklich eintritt. Sie bauen das Gehirn unermüdlich aus. Sie stellen fest, dass es Menschen, Tiere, Autos und ganz viele verschiedene Dinge gibt. Diese Erkenntnis hat sich erst ganz allmählich herausgebildet. Zu Beginn haben die Wolis alle Ereignisse einzeln gespeichert. Jeden Menschen, den sie neu sahen, jedes Tier, das sie neu sahen und so weiter. Als sie dann die Entdeckung machten, dass Menschen alle die gleiche Grundform haben und sich nur in Details unterscheiden, haben sie das Abstraktum „Mensch" hinzugefügt. Als sie dann erfuhren, dass alles, was sich zum Beispiel auf Beinen bewegt und nicht Mensch ist, ein Tier sein muss, haben sie diese Generalisierung gespeichert.

Allmählich haben die Wolis so viel gespeichert, dass das Kind schulreif wird. Die Auseinandersetzung mit der Umwelt, das Vorbild der Eltern, die aktive Einwirkung der Eltern haben zu einem bestimmten Sozialverhalten geführt. Hat das Kind mit vielen anderen Kindern spielen können, so wird es über ein breites Repertoire an sozialen Verhaltensmustern verfügen. Ist es ein Einzelkind und hatte wenige Möglichkeiten, mit anderen Kindern zu spielen, dann hat es sicherlich nur ein enges Spektrum an Sozialverhalten aufzuweisen.

Kommen die Kinder dann in die Schule, so werden die Lehrer mit den unterschiedlichsten Wesen konfrontiert. Es ist erstaunlich, welche Unterschiede sich innerhalb von sechs Jahren herausbilden können, sowohl was Sozialverhalten, als auch was geistige Leistungsfähigkeit betrifft. Wahrscheinlich bestehen bei der Basisverkabelung des Gehirns auch schon Unterschiede. Der eine hat von zu Hause vielleicht eine bessere Verarbeitungsfähigkeit mitbekommen, als der andere. Aber die Grundschulanforderungen sollten eigentlich von allen genetischen Grundausstattungen gleich gut bewältigt werden.

Es kommt wohl sehr darauf an, was die Wolis des Kindes bis zur Einschulung gelernt haben. Das heißt, welche Eindrücke sie haben speichern können, und wie sie diese Eindrücke verarbeitet haben. Hat das Kind viele Verbote, Beschränkungen und Strafen erfahren müssen, dann haben seine Wolis an Umgehungs- Ausweich- und Vermeidungsprogrammen gebastelt. Die sind natürlich nicht so effektiv wie direkte zielführende Programme. Haben die Wolis eines Kindes die Erfahrung machen müssen, dass Lernen wollen grundsätzlich zu unangenehmen Erlebnissen führt, dann hat das Kind in der Schule schlechte Karten. Dann kann es nicht gewinnen.

5.8 Wissen und Fähigkeiten erwerben

In dem Maße, in dem der heranwachsende Mensch lernt zu abstrahieren, zu generalisieren, Analogien zu bilden, Schlussfolgerungen zu ziehen, die Zukunft mit einzubeziehen, kann er die Inhalte seiner Speicher immer besser verarbeiten. Das Lernen erfolgt dann nicht mehr so sehr aus dem ungerichteten Wollen der Wolis heraus, nicht mehr als Urinstinkt sozusagen. Das Lernen erfolgt immer mehr über den Verstand. Das Produkt des Lernens ist dann nicht mehr Verhalten sondern Wissen. Und hier ist eine Differenzierung festzustellen, die sich daran ersehen lässt, wie weit jemand im Schulsystem hochgeklettert ist. Wissen ist aber nur eine Komponente der Persönlichkeit.

Der junge Mensch strebt dem Erwachsensein entgegen. Wenn er es selber noch nicht sieht, dann wird ihm nahe ge-

bracht, dass er bald für sich selber sorgen muss, dass er viel-
leicht bald einen Partner finden wird, dass er selber eine
Familie gründen wird, und dann geht die Konstruktion des
Menschen von Neuem los. Mit anderen Worten, der junge
Mensch muss sich Gedanken machen, wie er seinen Lebens-
unterhalt verdienen will. Das bringt uns zu einem Aspekt des
Lernens, den wir bisher vernachlässigt haben, nämlich zum
Erwerb von Fähigkeiten.

Die Ausübung eines Berufes setzt den Erwerb gewisser
Fähigkeiten voraus. Schon das Schreiben und das Rechnen
sind solche Fähigkeiten. Was macht ihre Eigenart, ihr Wesen
aus? Beim Schreiben werden Buchstaben, Wörter, grammati-
sche Regeln gelernt und außerdem lernt man, das alles auf das
Papier zu bringen. Es ist also die Datenverarbeitung im Gehirn
in Verbindung mit motorischen Prozessen gefordert. Sehr
viele Abteilungen der Wolis, nicht nur in der Zentrale, müssen
sich an dem Programm beteiligen. Das Programm ist, gemessen an einem Verhaltensmuster, sehr umfangreich. Das bedeutet, dass es vieler Anreize und Wiederholungen bedarf, bis
das Programm (fast) fehlerfrei abgerufen werden kann. Es
muss geübt werden.

Früher hat man ja unspezifisch das Üben geübt. Da
wurden meterlange Gedichte aufgesagt und das große Ein-
maleins im Kopf geübt. Das ist heute wohl nicht mehr so.
Gedichte gehören nicht zum Lebensbedarf und zum Rechnen
gibt es ja Taschenrechner. Ob aber das Training der Finger-
muskeln mittels Taschenrechner die Gehirndurchblutung so
steigern kann, dass der erhöhte Nährstoffbedarf, der beim
Denken im Gehirn entsteht, ausreichend gedeckt wird? Oder
müssen wir dann mit gedrosselten Gehirnleistungen, wenn
nicht gar mit häufigeren Aussetzern rechnen? Wenn ich an
meine Erfahrungen mit Auszubildenden denke, und wenn ich

daran denke, was ich sonst noch, vor allem von Lehrern, erfahren habe, dann vermute ich, dass das Letztere zutrifft.

Gegenüber dem Lesen und Rechnen ist die Lehre für einen Handwerksberuf ein sehr komplexes Programmpaket. Ein Studium, zum Beispiel das der Zahnmedizin, ist noch komplexer. Ein guter Zahnarzt arbeitet im Genauigkeitsbereich von weniger als einem Zehntel Millimeter und ist darüber hinaus nicht nur „Gewebemechaniker" im Gebiss, sondern weiß über den restlichen Körper auch Bescheid. Schließlich muss er die Funktion von Nerven ausschalten, und die Blutkörperchen, die gerade durch Zahn und Zahnfleisch sausen, sind Sekunden später im Herzen, in der Leber oder in den Nieren. Er sollte also auch wissen, was da passieren kann, wenn er Blutgefäße öffnet und in Regelungen eingreift.

Ein wesentlicher Aspekt bei den Fähigkeiten ist, dass sie teilautomatisiert sind. Erinnern Sie sich noch, wie sie ihre ersten Buchstaben gekrakelt haben? Wenn nicht, schauen Sie sich doch einmal Kinder an, die es gerade lernen. Die volle Konzentration ist von Anfang bis Ende erforderlich, um die Buchstaben auf das Papier zu bringen. Und was machen Sie, wenn Sie schreiben? Sie geben sich selbst quasi den Befehl und dann stehen da gleich ein paar Buchstaben oder vielleicht das ganze Wort auf dem Papier. Sie sind nicht den einzelnen Kurven der Buchstaben gefolgt. Es ging automatisch, aus dem Unterbewusstsein heraus. Das heißt, wenn etwas schnell gehen soll, was bei Routinearbeiten der Berufsausübung ja so ist, dann delegieren die Wolis der Zentrale diese Arbeiten an untergeordnete Abteilungen. Zum Beispiel an das Kleinhirn für motorische (muskuläre) Abläufe. Die Auslösung ist bewusst, der Ablauf automatisiert.

Das lässt sich besonders gut beim Tennisspielen verfolgen. Über sich selbst schimpfende Tenniscracks werden uns gar nicht so selten im Fernsehen übertragen. Da kommt der Ball auf die eigene Vorhand. Der Gegenspieler musste ziemlich weit in seine Vorhandecke, um ihn zu schlagen. Also bietet sich jetzt die Vorhand longline an. Die Wolis in der Zentrale haben diese Entscheidung blitzartig getroffen. Der Schlag war tausendmal geübt worden. Das Muskelprogramm läuft so schnell ab, dass die Wolis über das Bewusstsein gar nicht folgen können. Sie sehen bewusst nur das Ergebnis: Der Ball geht aus. Unverständnis, Ärger. Verhaltensweisen, die helfen sollen, werden von den Wolis aktiviert. Bei manchen ist das eben Schimpfen. Großhirn beschimpft Kleinhirn.

Es ist aber für die Wolis in der Zentrale nicht so einfach zu erkennen, wo denn der Fehler in diesem komplexen Ablauf lag. Sie sind auf die bewusste Wahrnehmung angewiesen und das ist ein Engpass in unserer Konstruktion. Da geht nicht so viel hindurch. Wäre unser Bewusstsein größer, weiter, dann könnten wir uns manche Automatismen sparen. Aber das ist ein Thema des nächsten Kapitels.

6 Des Menschen Kern

Ich habe ja schon am Anfang kurz angedeutet, dass die Wolis im Menschen einen Staat bilden müssen. Dieser Staat braucht sicherlich eine Regierung für sein Volk. Im bisherigen Verlauf dieses Buches wurde viel von der Zentrale gesprochen. Diese Zentrale ist nach allgemeiner Auffassung das Gehirn. Betrachten wir also die Vorgänge und die Zustände, die dem Gehirn zugeordnet werden, unter Berücksichtigung der Wolis etwas genauer. Da können wir nur Beobachtungen machen, den Hirnforschern ein wenig über die Schulter schauen, Analogieschlüsse ziehen und darauf ein Gebäude aus Spekulationen errichten. Aber Spekulieren macht mir Spaß, vor allem, wenn ich mit den Ergebnissen etwas anfangen kann.

Die Hirnforscher spekulieren ja auch. Sie erforschen die von den Wolis errichtete Infrastruktur und deren elektrische und chemische Funktionen. Die Lücke zwischen ihren Ergebnissen und dem, was wir alle an psychischen Phänomenen erleben, schließen sie dann mit Spekulationen. Aber Forschungsergebnisse als Basis von Spekulationen sind natürlich solider als die Wolis. Über die neuronalen Grundlagen von Gehirntätigkeiten gibt es eine Menge Forschungsergebnisse, über die Wolis nicht. Aber, wie gesagt, ich bin mit den Ergebnissen meiner persönlichen Überlegungen und den daraus resultierenden Anwendungen sehr zufrieden. Ich meine, dass ich mit meinen Spekulationen der Wahrheit näher komme als die Hirnforscher mit ihren Spekulationen.

6.1 Homunkulophobie

Von dem, was ich von Hirnforschern lesen konnte, haben
mich die Gedanken des Neurologen Antonio R. Damasio
beeindruckt. Ausgehend von seinen Erfahrungen als Forscher
und Neurologe ist er gedanklich fast bis zu den Wolis vorge-
stoßen. Aber er konnte sie ja nicht finden. Ich will einmal
versuchen zu erklären, warum er letzten Endes nicht dort
angekommen ist.

In dem Buch „Descartes' Irrtum" (List Taschenbuch
2004) auf Seite 160 schreibt Herr Damasio über die Veränder-
barkeit von Neuronenschaltkreisen: „Andere Schaltkreise
erweisen sich als überwiegend stabil und bilden das Gerüst
für die Begriffe, die wir uns von der Welt in uns und von der
Welt draußen angefertigt haben." In der Tat können Eindrücke, die wir durch häufig wiederholte sensorische Eingänge
gewonnen haben, als neuronale Repräsentationen sehr fest
sitzen. Sie werden dann zu Überzeugungen und können quasi
die Tür zu neuen Ideen versperren. Bei Herrn Damasio ist es
das Homunculus-Problem, das die Tür zu den Wolis ver-
sperrt. Er weist darauf an mehreren Stellen hin („Descartes'
Irrtum" Seite 302, „Ich fühle, also bin ich" List Verlag 2006
Seite 22, ausführlich Seite 230 ff).

Die Alchemisten des 13. Jahrhunderts haben geglaubt,
man könne ein künstliches Menschlein, einen Homunculus, in
der Retorte herstellen. Im 18. Jahrhundert greift Goethe das
Thema in seinem „Faust" auf. Er lässt den Famulus Wagner
mit Hilfe des Mephisto (also des Teufels!) einen Homunculus
herstellen. In neuerer Zeit muss es tatsächlich ernsthaft die
Vorstellung gegeben haben, im Gehirn säße so ein kleines
Menschlein, ein Homunculus, als erkennendes Subjekt. Die
Frage ist: Womit erkennt er? Hat er auch ein Gehirn? Dann

säße da ja wieder jemand, und so weiter. Der infinite Regress also.

Dass der Homunculus nicht die Lösung des Erkenntnisproblems ist, leuchtet mir ein. Dass ein infiniter Regress ein Forschungshindernis sein soll, leuchtet mir nicht ein. Er ist es aber, wie Herr Damasio über die „Homunculus-Lösung" schreibt: „Ihre Widerlegung war natürlich insofern eine gute Sache, als sie bewies, wie unzulänglich die traditionelle, auf ein „Hirnzentrum" bauende Erklärung für etwas so Komplexes wie das Erkennen war. Doch sie hatte auch einen einschüchternden Effekt auf die Entwicklung alternativer Lösungen. Sie rief die Angst vor dem Homunculus wach, schlimmer als die Angst vor dem Fliegen, die schließlich zu der Angst wurde, überhaupt ein erkennendes Selbst kognitiv und neuroanatomisch zu definieren.". Die Furcht vor dem Teufel wirkt anscheinend immer noch.

Man könnte natürlich meinen, die Wolis seien Homunculi. Mir ist es eigentlich egal, ob Sie das denken. Auf jeden Fall ist da kein Alleinunterhalter. Aber Herrn Damasio hat es davon abgehalten, in diese Richtung weiter zu denken. Also geht er in die andere Richtung und versucht die Quadratur des Kreises, indem er ein personenloses Selbst zu konstruieren versucht. Schade.

Da mache ich mir das Denken leichter. Ich bin ja auch kein Wissenschaftler und riskiere daher auch nicht, meinen Arbeitsplatz zu verlieren oder, noch schlimmer, isoliert und ignoriert zu werden. Einzelkämpfer war ich schon immer. In der Wissenschaft gibt es nach meinen Beobachtungen auch „Modetrends", und veröffentlichen darf man als Wissenschaftler nur, was nicht allzu sehr von der allgemeinen Strömungsrichtung abweicht. Sonst geht man Risiken ein.

6.2 Erkenne Dich selbst, aber genauer!

Wenn die Wolis ihre Konstruktionen, also zum Beispiel meinen Körper, bewohnen, steuern, in Bewegung halten, wer bin ich denn dann? Gegenfrage: Wenn es die Wolis nicht gäbe, wüssten Sie dann, wer Sie sind? Wenn Sie ehrlich sind, wissen Sie es nicht. Wenn Sie in den Spiegel schauen, sehen Sie ihren Körper. Sicher ist das ein Teil von Ihnen, aber ist es das, was Sie im Kern ausmacht? Mit den Wolis wird alles anschaulich.

Suchen wir uns eine Analogie. Die Erde ist von Menschen bewohnt. Von der Größenordnung her wäre das vielleicht eine Analogie zum menschlichen Körper, der von Wolis bewohnt ist. Die Menschheit insgesamt befindet sich aber, verglichen mit der Gemeinschaft der Menschen-Wolis noch in der Pubertätsphase. Sie versteht sich selber überhaupt nicht, produziert viele Pickel und ist zu Gemeinschaftsleistungen nur begrenzt fähig. Nehmen wir uns lieber ein hoch entwickeltes Staatswesen als Analogie. Das ist besser organisiert und von daher qualitativ besser vergleichbar.

Betrachten wir den Menschen als einen Woli-Staat und versuchen wir zu verstehen, was da vor sich geht. Laut Brockhaus Enzyklopädie ist ein Staat „eine Herrschaftsordnung, durch die ein Personenverband (Volk) auf abgegrenztem Gebiet durch hoheitliche Gewalt zur Wahrung gemeinsamer Güter verbunden ist." In einem Staat gibt es das Volk, gibt es eine Regierung und, verbindend zwischen beiden, ganz allgemein formuliert, eine Verwaltung. Ich schließe da Schulwesen, Forschung, Justiz, Polizei, Gesundheitswesen und Sozialwesen mit ein.

Im Woli-Staat unseres Körpers wird es dazu Äquivalente geben. Es gibt Billionen von Wolis. Das ist ziemlich klar. Es muss auch eine Verwaltung geben, die, meist unauffällig,

die tägliche Arbeit verrichtet, die sich aus dem Zusammenleben von so vielen Wolis ergibt. Regierung und Verwaltung
sollen dafür sorgen, dass alle Wolis am Wohl des Gesamtwesens teilhaben, und dass die Bedürfnisse der einzelnen Wolis
mit dem Gemeinwohl abgestimmt werden. Ob das bei den
Wolis auch so unbefriedigend funktioniert wie bei den Menschen? Logischerweise muss es so sein. Die Begründung dafür
ergibt sich später, wenn wir das Unterbewusstsein betrachten.
Vorerst wollen wir uns aber darüber klar werden, wer wir
nach unserem jetzigen erweiterten Wissensstand wirklich
sind. Das wird aber schwierig werden.

So manche Leserin, so mancher Leser (hoffe ich wenigstens) haben den Gedanken gehabt: „Wenn der menschliche Körper eine Konstruktion der Wolis sein soll, und das
Lebende im Menschen die Wolis sind, dann muss ich ja aus
Wolis bestehen oder ein Woli sein, oder wie muss ich mir das
vorstellen?"

In der Regierung eines Woli-Staates, das heißt, in dem
Gremium, das die Volksinteressen unmittelbar nach innen
und außen vertritt, muss es einen Chef geben. Einer muss als
Staatchef diese Doppelfunktion eines Kapitäns wahrnehmen.
Er muss dafür sorgen, dass sein Staatsgebiet im obigen Sinne
ordentlich verwaltet wird, damit sich alle „an Bord" wohl-
fühlen, und er muss sein bewegliches Staatsgebiet sicher
durch die Außenwelt navigieren. Er trifft letztendlich die
Entscheidungen, die das gesamte Staatswesen betreffen.
Verehrte Leserin, verehrter Leser, Sie treffen doch täglich
kleinere und manchmal auch größere Entscheidungen, die
direkt oder indirekt Sie als Person betreffen. Sie sind also die
Chefin oder der Chef ihres Wolistaates! Und Sie müssen ein
Woli sein. Sie haben eine Woli-Regierung um sich, die Sie in
Ihren Aufgaben unterstützt. Ich sage mal, Sie sind der (über-

geschlechtliche) Oberwoli. Das geht besser über die Lippen als „Regierungschef", finde ich, und die saloppe Sprache liegt mir mehr.

Mit den Wolis in Ihrer Umgebung verständigen Sie sich in der Woli-Sprache. Das ist Ihre Innenwelt. In dieser Innenwelt kann die Woli-Sprache schon aus energetischen Gründen nicht in das Bewusstsein vordringen. Wenn Sie mit anderen Woli-Staaten, also mit anderen Menschen zusammenkommen, dann kommen Sie mit der Woli-Sprache nicht weiter. Dann müssen Sie andere Kommunikationswege benutzen. Dann müssen Sie in der Außenwelt die Sprachwerkzeuge Ihres Körpers benutzen. Sie sprechen dann Texte, deren Zusammenstellung und Formulierung Sie in Auftrag gegeben haben, oder die Ihnen von mitdenkenden Mitarbeitern als für die Situation passend vorgeschlagen werden und die sie im Bewusstsein reflektiert haben. Auf der nächsthöheren Ebene, im Menschenstaat, ist es ja auch so, dass sich die Sprache in der Regierungssitzung von der Sprache der staatlichen Verlautbarung unterscheidet. Und die Außenstehenden, welche die Verlautbarung hören, wissen auch nicht, was in der Regierungssitzung geredet worden ist.

Aber stimmt die Analogie wirklich? Ich erkläre Ihnen hier, dass Sie der Oberwoli in ihrem Woli-Staatswesen, in ihrer Person sind. Warum wissen Sie das nicht selber? Warum ist Ihnen nicht bewusst, dass Sie in einem Staatswesen leben, und dass Sie der Chef dieses Staates sind? Der Regierungschef eines Menschenstaates weiß das doch auch.

Als Woli, in der Woliwelt des Unterbewusstseins, wissen Sie sehr wohl über den Woli-Staat bescheid und dass Sie der Oberwoli sind. Sie können es nur nach außen nicht vermitteln. Es dringt nicht in das Bewusstsein. Erstellen müssten

Sie die Mitteilung ja mit Hilfe der Einrichtungen, die für den Umgang mit der Außenwelt gebaut sind: Gedächtnis, Vorstellungsverknüpfung Analysevermögen, Sprachmotorik. Das heißt, Sie müssten es über die Außenwelt gelernt haben. Sie müssten es als Person wissen oder glauben. Und über die Außenwelt ist anscheinend bisher noch niemand zu den Wolis vorgedrungen. Also hat der Oberwoli darüber bisher nichts in seinen durch die Außenwelt gefüllten und für die Außenwelt bestimmten Speichern. Er kann daher der Außenwelt nicht mitteilen, dass es ihn gibt und wer er ist. Wollte er das, dann müsste er Woli-Wissen in die bewusste Welt übertragen. Das ist per Intuition möglich, aber nur, wenn der Oberwoli in seinem Bewusstsein nach Problemlösungen sucht, die diese Intuition hervorrufen.

Wenn Sie als Mensch Regierungschef eines unbekannten Landes sind, dann wissen Sie auch, dass Sie Regierungschef sind. Die restliche Menschheit außerhalb ihres Landes weiß das aber nicht. Sie können es den anderen Ländern nicht mitteilen. Erst wenn Ihr Land entdeckt worden ist, entsprechende Namensgebung und Kommunikationswege geschaffen worden sind, dann geht es. Das wäre eine ungefähre Analogie in der nächsthöheren Ebene.

Vielleicht schauen Sie doch noch einmal in den Spiegel. Was Sie sehen, das sind nicht Sie als Oberwoli selber. Es ist Ihr abgegrenztes Staatsgebiet, der menschliche Körper. Sie selber befinden sich innen im Kopf, ziemlich in der Mitte, wahrscheinlich. Und die beiden „Fernsehkameras", Ihre Augen, übertragen Ihnen die Außenwelt nach innen. Und die beiden „Mikrofone", Ihre Ohren, liefern den Ton dazu. Aber sie sind nicht in der Situation eines Panzerfahrers, der durch einen Sehschlitz nach außen schaut. Die Sache ist viel komplizierter.

Schauen wir mal weiter. Wir müssen jetzt, mit unserem neuen Kenntnisstand, unterscheiden zwischen dem Menschen als beweglichem Staatswesen und seinem Regierungschef, dem Oberwoli. Der Fußballer, der auf dem Rasen herumläuft, das ist der Mensch, aber der Urheber des Steilpasses, den er soeben gespielt hat, das ist sein Oberwoli. Spezialisten seines Volkes haben mit Hilfe des beweglichen Staatsgebietes den Steilpass ausgeführt.

Verehrte Leserin, verehrter Leser, reden wir jetzt von Oberwoli zu Oberwoli miteinander? Oder sagen Sie: „So ein Quatsch!" Nun, die Kommunikation von Oberwoli zu Oberwoli über die menschliche Sprache kann ja gar nicht funktionieren, da der Begriff „ich" die gesamte Person bezeichnet. Also den Körper samt Woli-Volk einschließlich Oberwoli. Die sprachliche Differenzierung hat ja bisher rückbezüglich nicht stattgefunden. Ein Reflexivpronomen für den Oberwoli ist nicht vorhanden. Ist es überhaupt nötig? Eigentlich nicht. Nach außen vertritt der Oberwoli wohl immer die gesamte Person. Seine Privatmeinung ist nur nach innen gerichtet. Oberwolis reden als Privatpersonen eigentlich nicht miteinander. (Ausnahmen, das heißt, Privatgespräche zwischen Wolis verschiedener Menschen, die natürlich nicht über die Außenweltwerkzeuge laufen, werde ich später ansprechen.) Also brauchen wir sprachlich keine Differenzierung des „Ich". Gedanklich, so meine ich, sollten wir schon differenzieren und unser Wissen erweitern.

Wenn Menschenaffen ins Wasser schauen erkennen sie ihren gespiegelten Körper, das heißt, sie wissen, dass das Bild ihren eigenen Körper darstellt. Bisher haben wir immer gesagt, „sie erkennen sich". Wir haben das als besondere Leistung empfunden, da zum Beispiel ein Hund dazu nicht fähig ist. Jetzt müssen wir sagen: Die Oberwolis der Hunde erkennen ihre Körper im Spiegelbild nicht. Die Oberwolis der Menschenaffen erkennen ihre Körper im Spiegelbild sehr wohl. Wir Menschenoberwolis sind stolz darauf, dass wir über eine Datenverarbeitung verfügen, die so weit ausgebaut ist, dass wir von unseren Möglichkeiten in der Außenwelt her hoch über den Menschenaffenoberwolis stehen. Aber die Änderung des Ich-Bewusstseins, die macht Schwierigkeiten, nicht wahr? Sind wir als Oberwolis in dieser Beziehung noch auf dem Stand der Menschenaffen?

Denkschablonen ändern, das ist nicht leicht. Kollektive Denkschablonen ändern, das ist noch schwerer. Wenn sich, vielleicht, das neue Wissen verbreiten wird, dann könnte es eine Zeit geben, in der wenige Woli-Bewusste unter vielen Woli-Ignoranten leben werden. Das wird dann manchmal zu Problemen führen. Die Ursachen dafür möchte ich Ihnen später erklären, wenn von kollektivem Unterbewusstsein die Rede sein wird. Ich werde Ihnen dazu das Schicksal der Rabenkrähe Jakl als Beispiel erzählen.

6.3 Die Funktion der Großhirnrinde aus der Woli-Perspektive

Es ist doch toll, wenn man sich darüber klar wird, dass man Regierungschef ist. Das führt hoffentlich zu der Erkenntnis, dass man eine große Verantwortung hat. Das Wohl aller Wolis meines Körpers hängt von meinen Entscheidungen ab. Und da gibt es ein Gegenseitigkeitsprinzip. Wenn es meinen Wolis gut geht, dann geht es mir auch gut. Das ist das Prinzip der Gesundheit. Dieses Thema möchte ich aber erst im nächsten Kapitel behandeln.

Was haben wir Oberwolis eigentlich für Möglichkeiten unsere Völker zu regieren? Natürlich kann man nicht alles allein machen. Ein Regierungschef im Menschenstaat braucht sein Kabinett, um sich in allen Sparten von Belang informieren und beraten zu lassen. Die Kabinettsmitglieder wiederum können auch das Detailwissen ihres Fachgebiets nicht haben. Sie müssen sich von ihrem Beamtenapparat fachlich informieren und beraten lassen und tragen dann die Quintessenz im Kabinett vor. Wir haben also zwei wesentliche Merkmale: Die Qualität der Entscheidungen eines Regierungschefs basiert weitgehend auf den Fähigkeiten seiner Führungsmannschaft. Und Detailwissen wird nach oben hin immer mehr herausgefiltert.

Haben wir in unseren Woli-Staaten so etwas auch? Sicher. Diese Struktur haben wir Menschen auch in unseren Gehirnen. Die Begriffe der „übergeordneten Zentren" und der „hierarchischen Struktur des Gehirns" sind ja bei uns bekannt. Nur meine ich, dass in der Menschenwelt die Anatomie des Gehirns falsch gedeutet wird.

Trotz aller bildgebenden Verfahren, mit denen in letzter Zeit immer mehr neue Hirnareale und deren Zusammenspiel bekannt wurden, kommt man um eine Deutung dessen, was man sieht, nicht herum. Die Menschen-Wolis sind natürlich von den Woli-Erfindungen und Einrichtungen in der Innenwelt so begeistert, dass deren Oberwolis vielleicht ein wenig den Überblick verloren haben, nachdem sie die Werke ihrer Vorfahren nun über die Außenwelt bei der Arbeit beobachten können. Die Großhirnrinde ist das, worauf alle schauen, wenn es gilt, sich von anderen Konstruktionen abzugrenzen. Wenn Meldungen aus der Außenwelt („aufsteigende Erregungen") von den Oberwolis der Forscher betrachtet werden, dann werden sie immer bis in die Großhirnrinde verfolgt. Da ist ja das Neue, der Neocortex. Da vermuten sie das Zentrum der Intelligenz, das Gedächtnis und alles, was sonst noch den menschlichen Geist ausmacht. Aber kann das wirklich so sein?

Nach allem, was Sie, liebe Leserinnen und Leser, jetzt wissen, können wir da nur bedingt zustimmen. Dass das Gehirn die Steuerzentrale des Menschen ist, das wissen wohl alle. Dass die Wolis eine sinnvolle Infrastruktur für die Zentrale geschaffen haben, das müssen wir nach den bisherigen Prämissen annehmen. Diese Infrastruktur muss einerseits der Tatsache genügen, dass da ein immens großes Volk regiert werden muss. Andererseits muss der Tatsache Rechnung getragen werden, dass der gesamte Staat beweglich ist und mit seiner Umwelt interagieren muss.

Das bedeutet, dass der Regierungschef und seine Regierungsmannschaft die wesentlichen Informationen aus der Außenwelt (nach entsprechender Aufbereitung durch die Verwaltung, aber notfalls auch direkt) und auch die Informationen aus der Innenwelt erhalten müssen. Dass der Regierungschef und seine Regierungsmannschaft in der Lage sein müssen, die Bewegungen des beweglichen Staatswesens zumindest auszulösen. Das bedeutet weiterhin, dass Regierungschef und Regierungsmannschaft in der Lage sein müssen, Maßnahmen zur Steuerung und Regelung der Innenwelt einzuleiten.

Im Laufe der Evolution wurden die Lebewesen immer komplexer. Entsprechend nahmen ihre Aktionsmöglichkeiten zu. Da musste der Verwaltungsapparat der Woliregierungen entsprechend vergrößert werden. Wir können davon ausgehen, dass dieser Verwaltungsapparat die Großhirnrinde ist, denn sie ist es, die im Laufe der Evolution ständig vergrößert wurde. Da die Regierung eng mit der Verwaltung verbunden sein sollte, haben die Wolis die Verwaltungsgebäude sicher-

lich um die Regierungsgebäude herum errichtet. Die Großhirnrinde umgrenzt das Gehirn. Die Regierungsgebäude
sollten in ihrer Mitte sein. Der Ort, der im Zentrum des Gehirns liegt, ist ein Neuronenverband, der Thalamus genannt
wird. Der Thalamus liegt zentral zur Großhirnrinde. Er liegt
etwa im Zentrum des limbischen Systems, das mit Gefühlen
zu tun hat. Er grenzt an den Hypothalamus, wo wichtige
Hormone zur Regulierung des Innenmilieus produziert werden. Im Bereich des Thalamus war sicherlich schon in den
ersten Gehirnen der Regierungssitz und da ist er auch heute
noch (Abb. 6.1). Auch mit wenig Großhirn konnte und kann
man Entscheidungen treffen und sinnvolle Bewegungen
ausführen. Mit einer großen Verwaltung kann man das aber
viel präziser, wenn man sie entsprechend einsetzt. So gesehen
ist Intelligenz ein gekonntes, bewusstes Zusammenspiel aus
Regierung und Verwaltung.

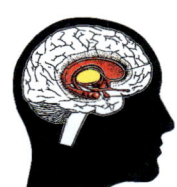

6.1   Schematische
Darstellung der Lage des
Thalamus (gelb) und des
limbischen Systems (rot)
im Gehirn.

Und wo ist jetzt Ihr Büro als Oberwoli? Irgendwo im
Thalamus, vermute ich. (Der Thalamus ist für die Wolis immer
noch ein riesiges Gebiet). Wenn Sie mehr kreativ geartet sind,
residieren Sie wahrscheinlich auf der rechten Seite. Wenn Sie
eher zum nüchternen logischen Denken neigen, residieren Sie
wahrscheinlich auf der linken Seite. In der Mitte wären sie im
Wasser, im Liquor cerebralis, wie die Mediziner sagen. Sie
erinnern sich vielleicht, die Wolis haben das Nervensystem
aus einem Rohr entwickelt. Die dritte Hirnkammer, um die es

sich hier handelt, ist ein Teil des damaligen Rohrinnenraumes. Da wären Sie frei von dem Betrieb in den Zellen und Sie könnten sich jenseits aller Zellwände schnell innerhalb des Gehirns bewegen. Vielleicht ist das ja Ihr Aufenthaltsort. Aber das sind nur Gedankenspielereien.

Ich gehe also davon aus, dass die Entscheidungen immer noch da getroffen werden, wo der Regierungssitz war und ist, nämlich im Gebiet des Thalamus. Alle relevanten Informationen kommen dort an. Von dort werden Rückfragen an die Bürokratie (die Großhirnrinde) gestellt. In der Großhirnrinde werden sie bearbeitet und zur Entscheidungsfindung zum Thalamus zurückgeleitet. Die Hirnforscher können diesen lebhaften Informationsaustausch zwischen Thalamus und Großhirnrinde bestätigen. Sie haben ihm nur nicht die richtige Bedeutung zugemessen, da sie das Konzept der Wolis nicht kannten.

Im limbischen System erhalten die Informationen ihre emotionale Tönung. In der Zentrale werden die aufbereiteten Informationen bewertet, zur Speicherung freigegeben oder gelöscht, das heißt vergessen. Dann trifft man in der Regierung eine Entscheidung über eventuell notwendige motorische Aktionen. Nach diesem System läuft es aller Wahrscheinlichkeit nach ab. Das müssen wir annehmen als Konsequenz aus der Existenz der Wolis, den Befunden der Hirnforscher und unseren analogen menschlichen Erfahrungen im täglichen Leben.

Ist das zu behandelnde Ereignis komplex, dann sind zusätzliche Rückfragen notwendig, deren Ergebnisse immer wieder beraten werden. Wir Oberwolis nennen das Überlegen. Dabei werden auch mögliche Aktionsprogramme durchgespielt.

Ist die Entscheidung zu einer Aktion gefallen, so löst der Chef selber Bewegungen über die Großhirnrinde aus (absteigende Erregungen). Da es sich um Bewegungen handelt, ist es wohl besser, wenn es nur einen Lenker gibt. In Flugzeugen gibt es zwar auch Kopiloten, aber fliegen sollte immer nur einer.

6.4 Über das Bewusstsein

Wenn wir aus unseren Alltagserfahrungen heraus über Wahrnehmung, Bewusstsein, Geist und Gefühle reden, alles Begriffe, die mit dem Gehirn in Verbindung gebracht werden, dann kann es sprachliche Probleme geben. Es wird vorkommen, dass der Eine unter obigen Begriffen etwas anderes versteht als der Andere. Das liegt nicht daran, dass ein Begriff unterschiedliche Bedeutungen hätte. Ein Diplomat versteht ja unter dem Wort „Note" etwas anderes als ein Musiker oder ein Lehrer. Nein, hier liegt es daran, dass die zu Grunde liegenden Inhalte schwer zu fassen sind und auch nicht so genau reflektiert werden. Da ich aber genau hinschauen möchte, werde ich also möglichst genau sagen müssen, was ich unter den einzelnen Begriffen verstehe.

In unserer geistigen Welt gibt es den Bereich des Bewusstseins. Das ist das Fenster zur Außenwelt und ein wenig auch zur Innenwelt. Aber da geht es schon los: Ist das Bewusstsein das, was mir im Augenblick bewusst ist, oder umfasst der Begriff „Bewusstsein" auch Bereiche, die mir prinzipiell bewusst sein können? Wir können in unserem Bewusstsein ja den Ausschnitt bestimmen. Ich kann in die Ferne schauen oder nach rechts, wenn ich da ein Geräusch ergründen will. Ich kann mit offenen Augen träumen, Luft-

schlösser bauen, oder ich kann mich auf einen Punkt konzentrieren und alles andere ausschalten. Das alles findet im Bewusstsein statt. Es kommt uns als kontinuierlicher Strom von
Wahrnehmungen vor. Hirnforscher und Psychologen interessieren sich dafür, ob die neuronale Verarbeitung der Sinnesinformationen in Einzelbildern geschieht. Ich möchte mich da
nicht einmischen. Aber aus der Sicht der Wolis definiere ich
„Bewusstsein" als Kommandostand des Oberwolis und seiner
Regierung.

Das Bewusstsein ist also nach meiner Definition der Ort
oder der Raum, von dem aus ich als Oberwoli innere Wahrnehmungen und Vorstellungen betrachten kann, Gedächtnisinhalte abrufen kann, Gedanken verknüpfen kann und Bewegungen auslösen und steuern kann. (Wenn Sie hier die äußere
Wahrnehmung vermisst haben, gedulden Sie sich bitte bis
zum nächsten Unterkapitel).

Augenblickswahrnehmung nenne ich das, was ich gerade an innerer und äußerer Wahrnehmung betrachte.

Bewusstseinsprozess nenne ich den Rückkoppelungs-
vorgang, der die Bewusstseinsarbeit begleitet: Informationsan-
forderung (zum Beispiel aus dem Gedächtnis), neuronale
Aufbereitung, Präsentation im Bewusstsein, Betrachtung und
weitere Anforderung. Der Bewusstseinsprozess bleibt innerhalb des Gehirns, während der Wahrnehmungsprozess auch
außerhalb des Gehirns stattfindet.

Die Intensität, mit der ich Inhalte des Bewusstseins betrachte, nenne ich Aufmerksamkeit.

Bewusstsein als Zustand (im Gegensatz zu Bewusstlosigkeit) bezeichne ich als Wachheit.

Der Kenntnisstand der Hirnforscher in Bezug auf die
neuronalen Grundlagen des Bewusstseins, und was man
daraus schließen soll, hat sich in den letzten Jahren in den

Details ziemlich schnell geändert. (Und so wird es wohl noch lange bleiben.) Der Erste unter den Hirnforschern, der ernsthaft über den Sitz des Bewusstseins spekuliert hat, war der Nobelpreisträger Sir Francis Crick. (Was die Seele wirklich ist – Die naturwissenschaftliche Erforschung des Bewusstseins, Rowohlt Taschenbuchverlag 1997). Allerdings war natürlich auch er in diesem naturwissenschaftlichen Käfig gefangen. Die Denkschablonen seiner Ausbildung und seines beruflichen Umfeldes, das ganze wissenschaftliche Paradigma konnte und wollte er nicht durchbrechen. Im Gegenteil, er war stolz darauf, in diesem Käfig zu sitzen. Trotzdem ist er zu dem Schluss gekommen, dass der Thalamus eine wichtige Rolle im Bereich des Bewusstseins spielt.

Gerhard Roth betitelt ein Unterkapitel in seinem Buch „Fühlen, Denken, Handeln" (Suhrkamp 2003, Seite 221): „Der assoziative Cortex als ‚Ort' des Bewusstseins". Er stellt fest, dass ohne assoziativen Cortex das Bewusstsein ausfällt. Andererseits „sind Aktivitäten außerhalb der Großhirnrinde – so komplex sie auch sein mögen – nicht von Bewusstsein begleitet." Daraus schließt er offensichtlich auf den Ort des Bewusstseins.

Wir haben gesehen, dass man mit den Wolis zu anderen Ergebnissen kommt. Das wird sich später in diesem Kapitel noch erhärten. Aber welche Hirnareale und welche Zellverbände mit den Funktionen des Bewusstseins zu tun haben, ist für uns nicht so wichtig. Uns geht es mehr um Erklärungsmöglichkeiten dessen, was wir an uns selbst beobachten können, und da helfen uns die Wolis mehr als die Hirnforscher.

Im Bewusstsein findet die Wahrnehmung statt. Oder sollte man sagen: Die Wahrnehmung der Wahrnehmung? Ist Wahrnehmung das, was von den Augen oder Ohren aufgenommen wird, oder ist Wahrnehmung das, was im Bewusstsein ankommt? Kann ich sagen, ich habe etwas wahrgenommen, aber es ist mir nicht bewusst geworden? Da das sprachlich nicht differenziert ist, treffe ich folgende Unterscheidungen: Das, was ich als erste Person, also als Oberwoli wahrnehme, nenne ich subjektive Wahrnehmung. Das, was von meinen Sinnesorganen empfangen wird, was von einer dritten Person gemessen werden kann, nenne ich objektive Wahrnehmung. Der Unterschied zwischen objektiver und subjektiver Wahrnehmung ist das, was von der Großhirnrinde und auf dem Weg dorthin, oder besser von der Woli-Verwaltung, ausgefiltert wird. Detailwissen wird nach oben hin immer mehr ausgefiltert, habe ich weiter oben formuliert. Das Bewusstsein ist die Regierungsebene, also ganz oben.

Zusätzlich zur subjektiven und objektiven Wahrnehmung postuliere ich noch eine visuelle und akustische Wahrnehmung durch den Körper. Diese kann ich aber erst später erklären.

Das Bewusstsein ist auch der Zielort für alle Arten von Gefühlen, wie ich sie schon im Unterkapitel 5.4 definiert habe und im Unterkapitel 6.7 noch ausführlicher behandeln werde. Auch hier findet eine Filterung statt, die aber nicht objektivierbar ist, da der Gesamtvorgang innerhalb des Körpers bleibt.

Ich kann mir auch Vorstellungen aus dem Gedächtnis in das Bewusstsein, in den Raum der Betrachtung rufen. Entweder als Gesamtvorstellung, wenn ich zum Beispiel an eine Person denke. Oder als Kombination aus Einzelteilen, wenn ich mir zum Beispiel vorstelle, wie die Möblierung eines leeren Zimmers aussehen könnte. Was die Wolis betrifft, handelt es sich dabei um Aufträge der Regierung an die Verwaltung und Rückmeldungen der Verwaltung an die Regierung.

Ferner kann ich im Bewusstsein Denkprozesse ausführen. Ich kann einen Dreisatz im Kopf lösen oder mir überlegen, wann ich zu Hause losfahren muss, wenn ich zu einer bestimmten Uhrzeit einen Zug erreichen will. Meine Woli-Verwaltung muss dazu Zwischenergebnisse speichern und später bei Abruf wieder im Bewusstsein präsentieren, nachdem ich das Bewusstsein zwischenzeitlich für die Überlegung des nächsten Schrittes belegt hatte.

Bei Denkprozessen interessiert mich, ob es auch Gedanken gibt, die meinem Inneren entspringen. Den spontanen Geistesblitz sozusagen, den göttlichen Funken, der nicht durch einen äußeren Anlass ausgelöst wurde.

Da der Strom des Bewusstseins nicht so viele Eindrücke gleichzeitig zulässt, läuft viel nacheinander ab. Es ergeben sich Gedankenketten, deren Ausgangspunkt meistens nicht mehr klar ist. Er war nicht wichtig und wurde vergessen. (Da Vergessen auch ein aktiver Vorgang sein kann, sollte man besser sagen, er wurde nicht behalten). Wir meinen dann, dass wir Gedanken „produzieren", sozusagen selbst schaffen, weil uns der Ursprung verloren gegangen ist. Aber ich meine, in den allermeisten Fällen verarbeiten wir nur Reize. Die Anstöße kommen (fast) immer von außen, die Inhalte häufig von innen.

Aber ich kann mir doch ein Nilpferd mit einem Elefantenrüssel vorstellen, vielleicht noch mit Pickelhaube und einem Federbusch am Schwanz? Sicher kann ich das. Aber das Neue daran ist nur die Kombination. Die Einzelteile sind Speicherinhalte. Und die basieren auf äußeren Reizen. Wir haben ja im letzten Kapitel gesehen, dass wir erst unsere Speicher füllen müssen, bevor wir die Daten der gefüllten

Speicher verarbeiten können. Übrigens, wo haben Sie sich bei dem Nilpferd die Pickelhaube vorgestellt? Wahrscheinlich auf dem Kopf. Sehen Sie, wie Sie in Denkschablonen verfangen sind? („Eine Pickelhaube gehört auf den Kopf".) Ich hatte mir die Pickelhaube unter dem Bauch vorgestellt.

Denken bedeutet wohl, Kombinationen von Speicherinhalten zu schaffen, manchmal auch neue Kombinationen. Insofern kann man schon davon sprechen, dass wir Gedanken produzieren. Etwas Neues schaffen wir aber nicht in dem Umfang, wie wir es wahrscheinlich lieber sähen. Und der „göttliche Funke", die Idee, die über die Kombination von Bekanntem hinausgeht? Na ja, der scheint unserer heutigen Welt abhandengekommen zu sein. Allenfalls gibt es da die Intuition. Die ist nach meiner Anschauung eine Meinungsübertragung aus der Woliwelt in die Menschenwelt. Manchmal wohl auch eine Wissensübertragung. Und das wäre ja auch schon was.

Das Bewusstsein ist also die zentrale Informations- und Schaltstation. Von hier aus werden die Regierungsgeschäfte getätigt. Auch bewusste Bewegungen werden von hier ausgeführt und geregelt (das Halten der Kaffeetasse). Bewegungsmuster werden von hier bewusst ausgelöst (der Vorhandcross des Tennisspielers).

Sie als Oberwoli sind im Bereich des Bewusstseins angesiedelt. Wenn ihnen „der Strom abgeschaltet" wird, dann schlafen Sie mitsamt Ihrer Zentrale ein. Wenn das Bewusstsein nicht in Betrieb ist, können Sie nichts machen. Dass ihre Kollegen im Gehirn weiterarbeiten, während ihre Zentrale abgeschaltet ist, das können Sie daran ersehen, dass Sie träumen. Wird die Zentrale wieder eingeschaltet und ist noch etwas im Kurzzeitgedächtnis vorhanden, dann können Sie das bewusst betrachten. Sie sagen: „Ich habe geträumt." Während Sie und

Ihre Mannschaft Pause hatten, haben Andere am System die Verknüpfung von Vorstellungen geübt, allerdings ohne große Bewegungen (es sei denn, Sie als Person wandeln im Schlaf). Bei Verknüpfungsübungen kann ja nichts passieren. Sie als Oberwoli haben aber überwiegend mit der Außenwelt zu tun. Also messen Sie mit den Maßstäben der Außenwelt und sagen: „Was habe ich da wieder für einen Quatsch geträumt!" Sie haben den Film gar nicht gedreht. Aber Sie benutzen das Instrumentarium für die Außenwelt. Wenn Sie da „ich" sagen, dann ist das gesamte Staatswesen gemeint. Das schließt die Filmemacher mit ein.

Wenn man sich mit dem Bewusstsein beschäftigt, dann muss man sich auch Gedanken über Wachheit und Aufmerksamkeit machen. Die Hirnforscher haben in der Formatio retikularis, einem Teil des Stammhirns, Kerne gefunden, deren Aktivität die Wachheit beeinflusst. Wie allerdings die Regelung funktioniert, das scheint noch nicht bekannt zu sein. Abnehmende Wachheit wird als Müdigkeit empfunden. Müdigkeit ist aber ein Zustand, der mit einem Gefühl verbunden ist. Also stellen wir das Thema besser zurück, bis wir uns die Gefühle näher angesehen haben. Gehen wir noch einmal zurück zum Thema Wahrnehmung.

6.5 Über die Wahrnehmung

Der Wahrnehmungsapparat, die Konstruktion, mit welcher die objektive Wahrnehmung bewerkstelligt wird, ist das Objekt menschlicher Forschung: Rezeptoren, Nervenleitung, neuronale Schaltkreise, Synapsen und deren Modifikation. Hier kann und will ich mit den Hirnforschern nicht konkurrieren. Wer ein ganzes Berufsleben lang Fachwissen gesammelt hat, der hat natürlich zu dem Thema wesentlich mehr in seinen Speichern, als ich mir in relativ kurzer Zeit aneignen konnte.

Wenn man sich aber mit der Wahrnehmung als Funktionsprinzip auseinandersetzen möchte, ist man auf das Denken angewiesen. Dann muss man sich etwas vorstellen können. Bei der Übertragung der Informationen ins Gehirn ist die Sache noch einfach. Bei der Aufbereitung der Informationen durch neuronale Schaltkreise wird es schon schwieriger. Bei der Präsentation der Ergebnisse dieser Aufbereitung bin ich mit meinen Wolis allein auf weiter Flur.

Wie Sie schon aus dem zitierten Text des Herrn Damasio entnehmen konnten, hält er eine zentrale Präsentation („Hirnzentrum") für abwegig. „Etwas so Komplexes wie das Erkennen", das ja auf neuronaler Ebene durch die Aktivierung von Schaltkreisen weit auseinanderliegender Rindenfelder gekennzeichnet ist, kann nach seiner Auffassung nicht zentral repräsentiert sein.

Nun, wenn ich mich entscheiden soll zwischen dem, was ich in mir selbst beobachten kann und dem was mir die Hirnforscher anzubieten haben, dann entscheide ich mich für meine eigene Beobachtung.

Das Selbst, das in der Komplexität neuronaler Schaltkreise und Netzwerke irgendwo verborgen ist, ähnelt ja irgendwie dem infiniten Regress, nur dass der in diesem System nicht so genau fassbar ist. Warum dann nicht gleich den infiniten Regress in Kauf nehmen? Da ich nicht die Quadratur des Kreises versuchen möchte und auch keine Angst vor dem Gespenst des Homunculus habe, denke ich lieber in die andere, die plausible Richtung weiter.

Die Wolis können aus aktiven neuronalen Schaltkreisen und „feuernden" Synapsen natürlich keinen direkten Nutzen ziehen. Wir sehen ja Farben und nicht neuronale Entladungen. Und wir hören Töne und nicht „feuernde" Synapsen. Und wir hören auch nicht an den Schläfen und sehen auch nicht im Hinterkopf, wo die entsprechenden Rindenfelder sind. Wir sehen und hören gleichzeitige Ereignisse dort, wo sie sind, gleichzeitig und kongruent. Zwischen der neuronalen Aufbereitung und dem, was wir wahrnehmen, muss also noch etwas passieren. Die neuronale Aufbereitung der Informationen aus der Außenwelt für die Wolis muss den Wahrnehmungsmöglichkeiten der Wolis gerecht werden.

Die Wolis sind nach meiner Hypothese aus Teilchen und Teilchensystemen zusammengesetzt, die sich unseren Wahrnehmungsmöglichkeiten entziehen. Gleiches muss dann auch für die Teilchen gelten, auf denen das Wahrnehmungs-System der Wolis basiert. Diese Teilchen, auf denen das Wahrnehmungssystem der Wolis basiert, müssen zwangsläufig so klein sein, dass sie durch Atome hindurchfliegen. Das bedeutet aber, die Wolis können Atome nicht „sehen". Es muss zwar für die Wolis eine Wahrnehmung der Atomkerne geben. Diese ist aber vermutlich, ähnlich unserem Gehör, ziemlich unstrukturiert und auch nicht so weit reichend. Zur genauen Orientierung in der atomaren Außenwelt ist sie mit Sicherheit nicht ausreichend.

Die Wolis mussten aber vermeiden, dass Sie ihre höchst wertvollen Konstruktionen, die Menschen, gegen feste Verbunde von Atomen, zum Beispiel gegen Bäume steuerten. Dazu haben sie ein feineres System, das mit ihrem eigenen Wahrnehmungssystem kompatibel ist, mit einem gröberen System, das mit Atomen interagiert, koppeln müssen. Dieses gröbere System basiert auf Photonen, die von Atomen näherungsweise reflektiert werden.

Ich meine, die elektrischen Aktivitäten neuronaler
Schaltkreise, denen die Hirnforscher in den spezifischen
Rindenfeldern nachspüren, dienen der Transformation der
Informationen in ein feineres System, das der Woli-Wahrneh-
mung genügt. Und sie dienen der Aussendung von feiner
Strahlung, in der diese Information enthalten ist. Sie dienen
auch dazu, die Dinge wieder da erscheinen zu lassen, wo sie
der Information nach sind. Das kann ja bisher niemand erklären, dass wir die Dinge da sehen und hören, wo sie sind. Wir
sehen und hören sie nicht in unserem Hirnschädel. Wie kommen sie denn aus dem Kopf heraus?

Als Analogie aus unserem Lebensbereich fällt mir dazu
die Holographie ein, die auf Photonen basiert und am besten
mit Laserstrahlen funktioniert. So etwas, nur mit den wesentlich kleineren Teilchen, deren Verdichtungen für die Wolis
wahrnehmbar sind, stelle ich mir vor. Dass es so funktioniert,
darauf deutet die Tatsache hin, dass bei teilweisem Verlust der
Sehrinde die Bilder zwar vollständig vorhanden sind, die
Farben aber schwächer werden. Bei der Projektion beschädig-
ter Hologramme ist das auch so.

Für mich stellt sich also der visuelle Wahrnehmungsprozess folgendermaßen dar: Gegenstände unserer Umgebung
werden von Lichtquellen beleuchtet. Photonen dieser Lichtquellen werden von den Gegenständen reflektiert. Einige
dieser Photonen gelangen in meine Augen und liefern Informationen über die beleuchteten Gegenstände. Hier beginnt die
neuronale Bearbeitung der Informationen. Bereits in den
Neuronen der Netzhaut findet eine erste Auswertung der
Informationen statt. Da der Transport dieser Informationen im
Körper einheitlich mittels einer begrenzten Zahl von Aktionspotenzialen stattfindet, müssen für die verschiedenen Moda-
litäten auch getrennte Wege und Zielorte vorhanden sein. An

den Zielorten werden die Informationen, zum Beispiel Entfernungen, Formen und Frequenzen in das feinere System umgesetzt, vermutlich durch Neuronenaktivität. Dann werden die transformierten Informationen als feine, woligerechte Strahlung wieder an die Orte zurückprojiziert, von denen sie hergekommen sind. Die Wolis legen also eine Art holographisches Bild über die Gegenstände, die sie sonst nicht sehen könnten. Die wir sonst nicht sehen könnten. Dass das eine ingenieurmäßige Spitzenleistung ist, die wir Menschen für geraume Zeit nicht durchschauen werden, das steht wohl außer Frage.

Diese kontinuierlichen holographischen Aufnahmen können alle Wolis mit ihren eigenen „Augen" sehen, egal, wo sie sich im Körper befinden. Atome sind kein Hindernis für die Betrachtung. Dies ist die visuelle Wahrnehmung durch den Körper, die ich weiter oben postuliert habe. Menschen, die sich ernsthaft mit Hypnose befassen, können darüber mehr Auskunft geben. (Was der Oberwoli zum Beispiel nicht gesehen hat, haben vielleicht andere Wolis gesehen, und die kann man in Hypnose befragen).

Vielleicht haben Sie selber schon einmal das Phänomen erlebt, dass Sie sich beobachtet fühlen. Sie drehen sich um und tatsächlich ist da jemand, der sie anschaut. Dieses Gefühl werden Sie nicht haben, wenn das Bewusstsein voll ausgelastet ist. Eher dann, wenn die bewussten Eingänge nur schwach und spärlich sind, so dass auch subtile „Reize" wahrgenommen werden können. Da könnte zum Beispiel die feine Strahlung, die ein anderer Mensch aussendet, wenn er Sie fokussiert, in Ihr Bewusstsein dringen. Ein Kanal, der von seiner Leistung her so schwach ist, dass er normalerweise nicht ins Bewusstsein dringt. Es könnte auch diese feine Strahlung von den Wolis im Körper aufgenommen werden, um dann gebün-

delt in das Bewusstsein zu gelangen. Zum Thema „Wahrnehmung subtiler Reize" kann ich ein persönliches Erlebnis beitragen:

Bei Arbeiten an einem Schafstall benutzte ich ein dickes,
etwa fünf Meter langes Brett als Sitz. Das Brett lag in 2,50m
Höhe mit seinen Enden auf zwei Balken des noch offenen
Heubodens. Was ich übersehen hatte, war ein Ast in der
Brettunterseite, der etwa ein Meter vom entfernten Brettende
die tragende Brettdicke halbierte. Als ich meinen Sitzplatz
rutschenderweise in die Nähe dieser unfreiwilligen Sollbruch-
stelle verlegte, krachte es. Die Schwerkraft konnte wirken, das
Brett stand ihr nicht mehr entgegen. Im Gegenteil, es bewegte
sich gemeinsam mit mir nach unten. Durch meine Rutschbe-
wegung hatte ich zusätzlich einen Impuls nach links. Da
befand sich der untere Begrenzungsbalken des Stalles.

Wenn der Herr Galilei und seine Nachfolger die
Schwerkraft richtig berechnet haben, dann hatte ich bis zum
Erreichen des Erdbodens 0,7 Sekunden Zeit. Während dieser
Zeit (die mir aber viel länger vorkam,) konnte ich ein inneres
Stimmengewirr wahrnehmen. Der Grundtenor war: „Nach
rechts! Vorsicht, der Balken! Achtung, das Brett! Jetzt passt
es!" Dazu machte ich rudernde Bewegungen mit den Armen,
deren Auslöser ich aber nicht war. Es war wie in Hypnose.
Der Aufschlag erfolgte flach auf den Rücken. Auf dem Boden
lagen ein Brett und verschiedene Werkzeuge. Ich war auf einer
freien Stelle gelandet. Die mit mir fallenden Brettteile landeten
woanders. Den Balken hatte ich um etwa einen halben Meter
verfehlt.

Der Aufschlag erfolgte mit 19 Kilometern pro Stunde.
Der Bremsweg betrug, auf gestampftem, aber feuchtem Lehm
einige Zentimeter. Da hatte der Körper eine Belastung entsprechend der 25–80fachen Schwerkraft auszuhalten, je nach

Elastizität des Gewebes. Es ist mir dabei so gut wie nichts
passiert. Aber als ich das dann alles geistig nachvollzogen
hatte, kam ich ins Grübeln. Offenbar war ich mit dem Rücken
voraus gefallen. Die Wolis hatte ich damals schon im Sinn,
allerdings nicht so präzise wie heute. Aber über welche Wahrnehmungsmöglichkeiten verfügten die denn? Heute „weiß"
ich darüber ein wenig mehr.

Das System der Transformation neuronaler Information
in die Projektion kleinerer, woligerechter Teilchen und die
daraus resultierende Erzeugung holographieähnlicher Bilder
funktioniert natürlich nicht nur im visuellen Bereich. Es eignet
sich auch sehr gut für die Erfassung des Körpers im somatosensorischen Bereich. Darum tut Ihnen der Fuß nicht im Kopfe
weh, sondern da, wo er ist. Nach meiner Auffassung findet
dieser Wahrnehmungsprozess bei allen Empfindungen statt.
Phantomschmerzen lassen sich zum Beispiel so erklären.

Übrigens, wenn Sie bewusst erleben wollen, wie die
Wolis durch Atome hindurchschauen, dann schauen Sie doch
noch einmal in den Spiegel. Sie sehen da die Gegenstände, die
sich hinter ihnen befinden. Sie sehen diese Gegenstände aber
vor sich. Durch die Atome des Spiegels hindurch und durch
die Atome der Mauer hindurch, an der Ihr Spiegel hängt. In
dem gleichen Abstand, in dem die Gegenstände vom Spiegel
entfernt sind, werden sie hinter den Spiegel projiziert. Nun
gut, das ist ein virtuelles Bild. Wenn man dem Phänomen
einen Namen gibt, dann hat man den Eindruck, man kennt es,
man weiß es. Aber kann man das Zustandekommen eines
virtuellen Bildes tatsächlich erklären? Ich erkläre es so: Die
Photonen werden von der Spiegelfläche reflektiert. Daher
gelangen sie sozusagen „um die Ecke" in unsere Augen. Von
dort werden die Informationen in das Gehirn transportiert. Im
Gehirn werden sie in das Wahrnehmungssystem der Wolis

umgesetzt und hinausprojiziert. Die Teilchen, auf denen das Woli-Wahrnehmungssystem basiert, werden aber am Spiegel nicht reflektiert. Sie sind ja viel keiner als Atome. Sie gehen durch Atome hindurch, also auch durch den Spiegel und die Mauer. Darum sieht man gespiegelte Dinge nicht da wo sie sind. Aber dafür kann man sich ein Bild davon machen, wie es ist, wenn man durch eine Mauer sehen kann. Und Sie werden vielleicht bemerken, dass Gewohnheit „blind" machen kann. Oder ist Ihnen jemals aufgefallen, dass Sie bei einem Spiegelbild durch die Mauer hindurch sehen?

Sie könnten vielleicht noch einwenden, dass ja holographische Bilder gar nicht mit Teilchen, sondern mit Wellen entstehen. Nun, wie wir alle wissen, hängen Wellenaspekt und Teilchenaspekt des Lichtes irgendwie zusammen. Allerdings möchte ich hier nicht auch noch das Rätsel um die Dualität des Lichtes auflösen. Das wäre ein neues Buch. Also bleibe ich besser bei den Wolis. Das ist schon genug des Neuen.

Aber ich biete ihnen noch ein Experiment an. Wenn Sie mal erfahren möchten, wie so ein holographieähnliches Bild sich darstellt, dann probieren Sie doch einmal Folgendes aus: Suchen Sie sich einen Gegenstand in etwa einem Meter Entfernung oder etwas weiter, etwa eine Flasche oder ein Glas auf dem Tisch vor ihnen. Fokussieren Sie ihren Blick auf diesen Gegenstand. Nun bewegen Sie Ihren ausgestreckten linken Zeigefinger etwa 20 cm vor Ihre Nasenspitze. Halten Sie den Blick weiterhin auf den Gegenstand fokussiert. Sie können Ihren Zeigefinger trotzdem sehen. Wenn Sie den Fokus auf dem Gegenstand halten, dann werden Sie bemerken, dass Sie Ihren Zeigefinger zweimal sehen. Da stellt sich die Frage: Wo ist denn nun der Zeigefinger tatsächlich? Hinter dem rechten Bild? Hinter dem linken Bild? Oder in der Mitte? Das können

Sie überprüfen. Bleiben Sie auf den Gegenstand fokussiert und nähern Sie Ihren rechten Zeigefinger dem rechten Bild. Sie können nun mit dem rechten Zeigefinger durch das rechte Bild (des linken Zeigefingers) hindurchfahren. Da ist nur ein holographisches Bild. Der linke Zeigefinger ist hinter dem linken Bild. Sie müssen aber die Überprüfung zügig machen, sonst sehen Sie den rechten Zeigefinger auch zweimal, was die Prüfung erschwert.

Nun, Sie haben die Schwächen der Woli-Konstruktion ausgenutzt, um Ihrem Beamtenapparat in der Großhirnrinde einen Streich zu spielen. Nur die fokussierte Ebene wird richtig abgebildet. Davor und dahinter sehen wir Doppelbilder. Das ist durch die Geometrie des Strahlengangs bedingt und wirkt sich besonders im Nahbereich aus. In das Bewusstsein gelangt aber das, worauf wir unsere Aufmerksamkeit richten. Sie haben sicher bemerkt, dass es schwierig ist, auf den Gegenstand fokussiert zu bleiben und gleichzeitig die Bilder zu betrachten. Die Wolis in der Großhirnrinde wollen entweder das eine oder das andere fokussieren. Sie als Oberwoli müssen Ihren Willen einsetzen, um die Betrachtung von Gegenstand und Bildern gleichzeitig zu erreichen. Interessant ist, wie die Beamten der Großhirnrinde sich entscheiden. Sie waren aufgefordert, auch das Doppelbild auf der Netzhaut zu projizieren. Sie hätten ja auch je ein Bild rechts und links vom tatsächlichen Ort des Fingers projizieren können. Sie projizieren aber normalerweise das linke Bild auf den linken Zeigefinger. Sie projizieren auch das rechte Bild auf den rechten Zeigefinger, wenn man den Versuch anders herum macht. So, nun haben Sie auch erfahren können, dass aus unseren Köpfen feine Strahlen herauskommen, mit deren Hilfe wir holographieähnliche Bilder sehen, welche die atomare Struktur der

Gegenstände überdecken. (Manchmal ist auch nichts dahinter, wie bei unserem Versuch oder beim Phantomschmerz).

Das mag trotz aller Anschaulichkeit schwer zu begreifen sein. Es würde mich aber schon freuen, wenn Sie beim Blick in den Spiegel bemerken würden, dass Sie ja durch den Spiegel hindurchschauen, und vielleicht ein wenig darüber grübeln, dass das nach dem, was Sie gelernt haben, eigentlich gar nicht möglich ist. Aber vielleicht steckt ja in unserem Geist mehr drin als wir für möglich halten.

6.6 Über den Geist

Zum Thema Geist können die Wolis nur wenig beitragen. „Geist" ist zwar ein wichtiges Wort im allgemeinen Sprachgebrauch, aber es bezeichnet eigentlich nur den Inhalt, die Essenz einer Sache. „Der Geist der Verträge" zum Beispiel soll sagen: Das, was drinsteckt, die Gesinnung, die dahintersteht.

Auf das Gehirn bezogen also das, was im Gehirn drinsteckt. Es herrscht zwar immer noch Unklarheit darüber, was das ist, aber so lange die Menschen bei Bewusstsein sind, können sie denken, sprechen, planen. Wenn sie tot sind, ist zwar das Gehirn noch da, aber sie können nichts mehr von dem. Diese Beobachtung konnte man schon seit Langem machen. Es muss also im Gehirn etwas sein, das Gedanken, Sprache, Pläne hervorbringt. Das nannte man dann den Geist des Gehirns. Sprachlich ist es der Geist schlechthin. Beim Wein sagt man Weingeist, beim Gehirn sagt man einfach nur Geist. Man spricht von geistiger Arbeit, wenn man Denkprozesse meint. Man gebraucht das Wort „Geist" synonym zu Verstand, Vernunft, Bewusstsein, ja sogar synonym zu Psyche, was ja eigentlich Seele bedeutet und somit zum Wortschatz der Religionen gehört. Das Wort „Geist" ist also vieldeutig. Wenn man Verwirrung schaffen will, dann muss man möglichst oft das Wort Geist verwenden.

Geist im Gegensatz zum Körper und dann noch gekoppelt mit den Begriffen „immateriell und materiell" scheint bei den Philosophen ein beliebtes Thema zu sein. Der französische Gelehrte René Descartes hat unterschieden zwischen einer „denkenden Sache" (res cogitans) und einer „Sache, die eine Ausdehnung hat" (res extensa). Die denkende Sache wird allgemein mit Geist übersetzt. Das Andere muss dann ja wohl der Körper sein, und der wird allgemein als materiell bezeichnet. Descartes sah keinen Zusammenhang zwischen Geist und Körper. Er lebte in der ersten Hälfte des 17. Jahrhunderts, aber sein Dualismus, hier immaterieller Geist, da materieller Körper, der spukt anscheinend heute noch in den Köpfen der Gelehrten herum. Den Gegensatz zwischen Materie und Nichtmaterie gibt es immer noch bei unseren Wissenschaftlern. „Res cogitans", die „denkende Sache" heißt heute immaterielles Feld, immaterielle Strahlung oder masseloses Teilchen.

Unverständlicherweise setzt sich Herr Damasio ganz ernsthaft mit Herrn Descartes auseinander (Descartes Irrtum Seite 328ff).Ich finde, Herr Descartes hat seinen Wolis sehr gut zugehört. Wahrscheinlich konnte er auf Grund des damaligen objektiven Wissens seine Intuitionen nicht besser formulieren. Aber Herr Descartes ist seit mehr als 350 Jahren tot. Wenn wir uns heute zu der Auffassung durchringen könnten, dass materielle Teilchen bis ins Unendliche gehen, dann könnten wir auch seinen Dualismus begraben. Und das „denkende Ding", wie man „res cogitans" auch übersetzen kann, das ist für unsere Außenwelt das Gehirn, bedient von der Woli-Regierung und natürlich von Ihnen, dem Oberwoli.

Ansonsten meine ich, das Wort „Geist" könnte man in Bezug auf das Gehirn eigentlich entsorgen (in der Philosophie und beim Wein lasse ich es gelten), während ich das Wort „Gefühl" zwar für undifferenziert aber für sehr wichtig halte.

6.7 Über die Gefühle

Hirnforscher, Neurologen, Psychologen und Philosophen beschäftigen sich auch mit Gefühlen. Sie tun sich dabei sehr schwer. Da gibt es sogar Wissenschaftler, welche die sprachliche Benennung der Gefühle zum Ausgangspunkt ihrer Überlegungen machen. Ohne Wolis ist es natürlich schwer, eine Basis zu finden. Im Gegensatz zu den Wissenschaftlern kennen wir aber jetzt die Wolis. Die Wolis erlauben uns eine teleologische Betrachtungsweise. Die Konstruktion Mensch ist ja kein Roboter. Sie funktioniert nicht allein mechanisch, chemisch und elektrisch. Sie funktioniert nur dadurch, dass jede einzelne Zelle dieser Konstruktion belebt ist. Sie funktioniert durch die Mitarbeit und zum Wohle eines ganzen Woli-Volkes.

Die Wolis als Lebewesen sind Individuen, die auch individuelle Bedürfnisse haben. Das ergibt sich als Analogie zum Menschenstaat. Irgendwie müssen sich auch die Wolis in ihrem Staate, zum Beispiel im Menschen, Gehör verschaffen können, wenn es um ihre individuellen Bedürfnisse geht. Wenn zum Beispiel die Bestandteile ihres Lebensbedarfs mit dem Blutstrom nicht mehr in ausreichender Menge eintreffen. Oder wenn Regierungsentscheidungen anstehen, die Veränderungen für das gesamte Woli-Volk bedeuten. Nach meiner Anschauung geht das über die eigentlichen Gefühle.

Ich habe ja im 5. Kapitel (5.4) meine Definition der Gefühle schon gegeben. Ich hatte unterschieden zwischen den eigentlichen Gefühlen, Empfindungen und emotionaler Tönung. Empfindungen und emotionale Tönung hatte ich behandelt. Die eigentlichen Gefühle, die diffus und nicht genau lokalisierbar sind, die halte ich sozusagen für die bewusst gewordene Volksmeinung des Woli-Volkes. Von diesen Gefühlen wird in diesem Kapitel hauptsächlich die Rede sein.

Eine Erweiterung muss ich allerdings noch anbringen: Ereignisse, die zu Gefühlen führen, bewegen natürlich das Woli-Volk. Vor allem starke Gefühle und komplexe Empfindungen veranlassen das Woli-Volk spontan zu begleitenden Aktivitäten. Diese Aktivitäten, teils angeboren (Adrenalinausschüttung bei Gefahr) oder erworben (Weinen aus Mitgefühl) zeigen sich direkt oder indirekt als Verhaltensmuster nach außen. Diese außen sichtbaren Begleiterscheinungen innerer Gefühle nenne ich Emotionen.

Das Nervensystem mit seinen Aktionspotenzialen ist ein relativ grobes System. Es ist hauptsächlich für den Gesamtorganismus, für die molekulare Welt gebaut. Für einzelne Wolis ist es ganz sicher nicht geeignet. Da muss es feinere Kommunikationsmöglichkeiten geben. Wenn in einer Zelle die Nährstoffe knapp werden oder ein bestimmter Baustoff zu Ende geht, dann kann die Information auch nicht im Nervensystem beginnen, da die einzelnen Zellen der Organe keinen „Nervenanschluss" haben. Die aufsteigenden und absteigenden Nervenbahnen sind nur für Zwecke des Gesamtwesens da und nicht für die individuellen Bedürfnisse von Zellen oder genauer deren Wolis. Es ist auch nicht sinnvoll, dass jede Zelle ins Gehirn meldet, was ihr fehlt. Sinnvoll wäre es, dass sich ihre Wolis an die örtliche Verwaltung wenden und die wiederum an zwischengeschaltete Kommunikationszentren.

Wenn in einigen Zellen die Versorgung nicht mehr ausreicht, werden sicher irgendwelche Signale ausgesandt, die zu fein sind, als dass sie sich naturwissenschaftlich erfassen ließen. Diese Signale richten sich sinnvollerweise an untergeordnete Zentren. Werden mehr Zellen von dem Engpass betroffen, dann vermehren sich die Signale. Ab einem bestimmten Schwellenpegel gleichgerichteter Signalhäufigkeit werden Nerven angesprochen. Diese transportieren die Meldung über vegetative Zentren in die Zentrale.

Wir nehmen zum Beispiel wahr, dass wir Hunger haben oder dass wir müde sind. Ob das allerdings die Regierung dazu veranlasst, Gegenmaßnahmen zu ergreifen, das ist wieder eine andere Sache. Vielleicht hat die Regierung gerade etwas zu tun, das sie als wichtiger einstuft, als das bisschen Hunger oder das bisschen Müdigkeit. Dann werden sich immer mehr Wolis melden. Das wird mehr Nervenzellen ansprechen, und die Ationspotenziale, die hirnwärts streben mehren sich. Der Hunger wird stärker oder die Augenlider werden schwerer.

Ein Gefühl ist auf jeden Fall eine (subjektive) Wahrnehmung. Im Fall des Hungers und der Müdigkeit macht diese Wahrnehmung auf ein körperliches Bedürfnis aufmerksam. Wer hat denn dieses Bedürfnis? Der Körper ist ja nur ein Gebäude, das bewegliche Staatsgebiet der Wolis. Es müssen, siehe oben, wohl die Wolis sein, die das Bedürfnis haben. Gleiche Meldungen und Meinungen vieler Wolis dringen offenbar zum Bewusstsein vor und werden als Gefühl wahrgenommen.

Es gibt die Theorie, dass das Hungergefühl durch den Blutzuckerspiegel gesteuert wird. Im Hypothalamus soll es ein Hungerzentrum geben, das entsprechende Meldungen von Magen und Leber erhält. Aus Sicht der Wolis sollte man annehmen, dass das Hungergefühl die Regierung dazu bewegen soll, Nahrung in die dafür vorgesehene Öffnung einzufüllen. Ein Signal an den Hypothalamus erreicht das nicht. Andererseits ist ein bestimmter Zielort im Gehirn schon notwendig, wenn Nahrungsmangel zu einem Gefühl führen soll. Da ich mein Hungergefühl aber im Bauchbereich wahrnehme, frage ich mich nach dem Sinn dieser Platzierung. Wenn die Wolis im Hypothalamus sowieso schon die Meldung per Nervenleitung aus Magen und Leber erhalten, warum braucht es dann noch ein diffuses Hungergefühl in der Leibesmitte? Die Wolis im Hypothalamus sitzen doch im Vorzimmer der Regierung.

Ich kann mir das nur so vorstellen, dass die Meldung ja den „Kommandostand" der Regierung, das Bewusstsein erreichen muss, und zwar in einer für die Wolis „lesbaren" Form, damit über die Außenwelt Gegenmaßnahmen eingeleitet werden können. Vielleicht lässt sich der Vergleich ziehen, dass sie nicht an den Bewegungen einer Zeitungsdruckmaschine entziffern wollen, was los ist, sondern sie wollen das Druckerzeugnis lesen. Der Druckmaschine entspricht in diesem Vergleich die beteiligte neuronale Maschinerie. Dem Druckerzeugnis entspricht die aus feiner Strahlung bestehende, für die Wolis „lesbare" Projektion. Diese Projektion kann der Oberwoli als am Bauch lokalisiert wahrnehmen.

Im Bewusstsein lässt sich der Körper in seiner gesamten Ausdehnung repräsentieren. (Der Fuß tut da weh, wo er ist). Also ist eine Projektion der Hungerinformation an den Ort der Nahrungsaufbereitung für die Information der Regierung sinnvoll. Wir können so den Zusammenhang dieses Gefühls mit dem Nahrungsmangel besser deuten, als wenn wir das Gefühl im Kopf hätten.

Am Beispiel des Hungers können wir sehen, dass Gefühle unterschiedliche Stärke haben können. Das bedeutet für
mich, dass sie von unterschiedlich vielen Wolis verursacht
werden können. Das, was wir im Bewusstsein als eigentliches
Gefühl wahrnehmen, entspricht der gebündelten Meinung
vieler Wolis.

Fazit: Wenn ich als Oberwoli wissen will, wie es meinem Volk geht, dann muss ich auf Gefühle achten, auch auf
sehr subtile Gefühle. Es soll Menschen geben, die an Speisen
oder Nahrungsmitteln riechen und dabei auf ihre Gefühle,
genauer: auf ihre komplexen Empfindungen, achten. Sie
versuchen so herauszufinden, was ihre Wolis gerade am
nötigsten brauchen. Wenn das funktioniert, dann wäre das ein
Beispiel für eine Kommunikation zwischen dem Oberwoli und
seinem Volk.

Aber es gibt ja nicht nur Gefühle, die das Innenleben
betreffen, sondern auch solche, die „außenpolitischer" Natur
sind. Wenn uns Umstände daran hindern, Ziele zu erreichen,
wenn Personen dazu beitragen, unsere Situation zu ver-
schlechtern, dann ärgern wir uns. Vielleicht werden wir sogar
zornig oder gar aggressiv. Wenn uns dagegen etwas gelingt,
wenn wir unsere Situation verbessern, dann freuen wir uns.
Vielleicht jubeln wir sogar aus Begeisterung oder werden gar
euphorisch.

Da geht es also nicht um das innere Wohlergehen, son-
dern um den Stand des Wolistaates Mensch unter den anderen
Menschen und in seiner Umwelt. Auch da wollen die Wolis ja
weiterkommen, jeder Woli-Staat nach dem Kenntnisstand
seines Oberwolis und den Fähigkeiten seines Woli-Volkes.
Diese Aspekte des Daseins werden aber nicht so sehr im
Körper allgemein diskutiert, sondern mehr im Nervensystem.
Wir hatten ja bei der Emryonalentwicklung gesehen, dass die

Mannschaft für den Außenbau die längsten Schulungszeiten hatte. Spezialisten, die sich aus dieser hochqualifizierten Mannschaft rekrutierten, haben das Nervensystem gebaut. Dort ist also die Elite des Woli-Staates angesiedelt.

Gefühle, welche die Umwelt des Wolistaates Mensch betreffen, sind differenzierter als Körpergefühle. Offenbar sind es mehr die persönlichen Äußerungen und Meldungen der Wolis in der Zentrale. Selbstverständlich haben sie, wenn sie die Inhalte für das Bewusstsein bearbeiten, auch eine persönliche Meinung dazu. Und sie sind auch qualifizierter, solche Meinungen zu äußern, als zum Beispiel Wolis, die Haare wachsen lassen oder Urin abscheiden.

Dass Gefühle in unterschiedlichen Stärken vorkommen, ersehen wir auch an der sprachlichen Abstufung. Sie reicht von Befindlichkeit (auf den Körper bezogen), zum Beispiel schlapp oder behaglich, oder Stimmung (auf den Geist bezogen), zum Beispiel missmutig oder angeregt, über Empfindung oder Gefühl (zum Beispiel Ekel oder Freude) bis zum Affekt (zum Beispiel Mordlust oder Ekstase).

Worin besteht aber diese unterschiedliche Stärke? Wohl hauptsächlich in der Anzahl der Wolis, die gleicher Meinung sind und diese äußern. Ob ich Sympathie oder Liebe oder alles verzehrendes Feuer fühle, das hängt wohl davon ab, wie viele meiner Wolis die Regierung animieren wollen, geeignete Schritte zu unternehmen.

Gefühle und Empfindungen landen im Bewusstsein, sind also für die Woli-Regierung des Menschen bestimmt. Wer aber sind denn diese „Etikettenkleber", die Empfindungen zu komplexen Empfindungen machen? In der Regierung sitzen sie offenbar nicht.

Es gibt wohl eine Instanz, welche die Woli-Regierung zum Handeln motiviert. „Tut dieses, lasst jenes", sagt sie. Die

Regierung wird bei der Abarbeitung der Bewusstseinsinhalte
vor allem nach der emotionalen Tönung der Empfindungen
entscheiden, welche Maßnahmen erfolgen, welche Programme
gestartet werden sollen. Aber sie wird auch abwägen, welche
Folgen die in Aussicht genommenen Maßnahmen haben
werden. Kommt die Regierung zu dem Schluss, dass die
Motivation durch die Gefühle in die falsche Richtung geht,
dann wird sie auch einmal gegen die Volksmeinung entscheiden. Das nennen wir dann vernünftig oder rational. Zum
Beispiel den Entschluss, zur zahnärztlichen Kontrolluntersu-
chung zu gehen.

Emotionale Tönung ist auch ein Gefühl. Und die In-
stanz, welche Empfindungen und auch Vorstellungen durch
Lust und Unlust gewichtet und dadurch erst zu komplexen
Empfindungen und zu bewerteten Vorstellungen werden
lässt, das ist dann wohl die Volksvertretung, sozusagen das
Parlament der Wolis. Das müssen also die „Etikettenkleber"
sein, die Volksvertreter der Wolis. Nach Meinung unserer
Wissenschaft findet die emotionale Tönung im limbischen
System statt. Da säßen die Volksvertreter der Wolis ja an der
richtigen Stelle, nämlich in der Nähe der Regierung (siehe
Abb.6.1).

6.8 Über die Emotionen

Aber nicht nur Regierung und Volksvertretung mit ihrer
bewussten Entscheidungsfindung prägen das Außenbild des
Woli-Staates Mensch. Das Woli-Volk ist ja in allen Teilen des
Körpers präsent und kann dort unterbewusste Programme
ausführen, die der Regierung dann erst über die sensorischen

Meldungen aus der Innenwelt oder gar erst über die Außenwelt bekannt werden. Dazu gehören auch die Emotionen

Der Oberwoli interessiert sich sehr für Emotionen. Nicht nur für die in seinem Staat, sondern auch für die in anderen Staaten. Die Emotionen anderer Staaten zu beobachten ist wichtig für die eigene Staatsführung. Manch ein Woli-Volk verleitet seine schwache Staatsführung zu Handlungen, die anderen Menschen zum Schaden gereichen. Oder das Volk handelt direkt, an der Regierung vorbei. Vor solchen Handlungen anderer Menschen möchte der Oberwoli seinen Staat schützen. Also versucht er die Emotionen der Menschen seiner Umgebung zu beobachten und einzuschätzen.

Man kann auch eine interindividuelle Koppelung der Gefühle und Emotionen feststellen. Die Aggression eines Anderen löst bei mir vielleicht Angst aus. Andererseits löst die Feststellung, dass mich jemand mag, bei mir angenehme Gefühle aus. Die Beobachtung von Emotionen und das Wissen um die Koppelung ermöglicht es, den fremden Emotionen nachfolgende Taten schablonenhaft vorauszusehen und sich entsprechend zu verhalten. Auch das Woli-Volk reagiert unabhängig vom Oberwoli auf solche Interaktionen. Die Gänsehaut beim Anschauen eines Gruselfilms ist sicher nicht vom Oberwoli veranlasst.

Gefühle lösen also oft Handlungen aus. Deswegen ist es für die Wolis ja so wichtig, die Emotionen anderer Menschen zu beobachten. Hat Sie Ihr Partner schon einmal gefragt: „Ist was?" oder „Hast du was?" Wenn da tatsächlich „etwas ist", wenn man sich nämlich über den Partner geärgert hat, oder wenn es tatsächlich Streit gegeben hat, dann ist es schon verflixt. Es bleibt ja nicht bei der Meinung der Wolis, bei den eigentlichen Gefühlen. Es werden ja im Vorfeld der erwarteten Handlungen bereits Vorkehrungsmaßnahmen getroffen. Da

gibt es zum Beispiel „Verordnungen", die besagen, dass bei
erwarteten Auseinandersetzungen der Blutdruck zu erhöhen
ist. Dass gewisse Hormone zu verteilen sind, die selbst dem
letzten Woli klarmachen, dass „Krieg" erwartet wird. Selbst
wenn der Oberwoli versucht, den „Krieg" zu vermeiden, er
kann die installierten Automatismen nicht außer Kraft setzen.
Jedes Mal, wenn er den Partner sieht oder hört, läuft die
Automatik wieder an und er hat alle Mühe, sein Volk zu
beruhigen. In Partnerschaften können sich so Schmollreaktio-
nen entwickeln. Auch wenn man mit dem Verstand die Situation überspielt, die Gefühle kann man nicht abschalten. Erst
wenn das Woli-Volk sich beruhigt hat, ist die Versöhnung
möglich.

Auch gegenüber Fremden lässt mancher seinen Frust
heraus, zum Beispiel über einen verbeulten Kotflügel. Da wird
dann mit hochrotem Kopf und erregtem Tonfall dem Woli-
Volk Genüge getan, das heißt Gefühle werden abreagiert. Zur
Schadensabwicklung trägt das natürlich nicht bei. Aber über
die Persönlichkeit sagt das etwas aus. Es gibt Menschen, die
sind aufbrausend, verlieren leicht die Kontrolle. Dann gibt es
welche, die bleiben höflich, entschuldigen sich sicherheitshalber, auch wenn sie gar keine Schuld haben. Es gibt auch Menschen, die lachen und sagen: „So ein Mist". Das sind nur drei
Beispiele. Varianten gibt es viele, aber sie alle sagen etwas aus
über das Verhältnis des Oberwolis zu seinem Volk.

Bei dem aufbrausenden Menschen hält sich der Oberwoli heraus. Er tritt quasi beiseite und lässt sein Volk agieren.
Daraus kann man folgern, dass er wenig Kompetenz hat. Er
lässt sein Volk machen, was es will und versucht selber möglichst gut dabei zu leben.

Bei dem höflichen Menschen hat der Oberwoli sein Volk
gut im Griff. Da muckt keiner. Das geht nur mit vielen „Ver-

ordnungen und Gesetzen". Das heißt, dieser Mensch unterliegt sehr stark ausgeprägten Verhaltensschablonen. Die
erlernten Schablonen unterdrücken die Gefühle. Früher hätte
man vielleicht gesagt: „Er hat eine gute Erziehung genossen".
Aber ob er damit glücklich werden kann, ist eine andere
Frage.

Bei dem, der gelacht hat, muss ja etwas ganz Seltsames
geschehen sein. Der hat sich wohl gefreut, dass es nicht
schlimmer gekommen ist. Ein Positivdenker also. Nach dem
Schreck, der im Bewusstsein als Ausdruck eines Alarms auf
Woli-Ebene registriert wird, hat sich der Oberwoli wohl gedacht: „Ich kann es nicht mehr ändern und Gott sei Dank ist es
glimpflich ausgegangen".

Karambolagen verursache ich lieber beim Billard, aber
sollte es mir beim Autofahren passieren, dann würde ich
lieber mit dem Dritten zusammenstoßen.

Gefühle lösen oft Handlungen aus, habe ich behauptet.
Wenn ich Hunger habe, werde ich früher oder später etwas
essen. Wenn ich Gefühlsäußerungen bei Anderen wahrnehme,
kann mich das dazu bringen, mitzufühlen, zu lachen oder zu
weinen (interindividuelle Kopplung der Emotionen). Ich kann
mit jemandem Freude oder Trauer empfinden, obwohl ich gar
nicht direkt beteiligt bin. Ja, ich kann das sogar, wenn ich
einen Film anschaue, obwohl ich weiß, dass das nur gespielt
ist.

Könnte es sein, dass nur der Oberwoli weiß, dass das
nur gespielt ist? Die Gefühlsproduzenten, die Wolis der unteren Ebenen verfügen ja nicht über das Bewusstsein. Sie können keine Denkprozesse in der Menschenebene vollziehen. Sie
halten das, was sie aus der Außenwelt aufnehmen, für echt
und lancieren ihre darauf basierenden Gefühlsäußerungen am
Bewusstsein vorbei nach außen. So muss es wohl sein.

Das bedeutet, dass die Wolis der unteren Ebenen auch fernsehen, wenn der Oberwoli fernsieht. Wie das nach meiner Auffassung funktioniert, habe ich als „Wahrnehmung durch den Körper" weiter oben beschrieben. Sollten Sie einmal einen rührseligen Film anschauen, und das Bedürfnis verspüren, dabei Tränen zu vergießen, dann können Sie sich ja klarmachen, dass es nur eine Geschichte und nur gespielt ist. Es wird Ihnen nicht helfen. Das Woli-Volk ist mit Verstandesargumenten nicht zu beeinflussen. Höchstens mit dem Willen ein wenig zu bremsen. Ich halte das für einen Beweis dafür, dass es eine visuelle und akustische Wahrnehmung durch den Körper gibt.

6.9 Kollektivbildung über Gefühle und Emotionen

Untergeordnete Wolis sind in der Lage beim Fernsehen und auch sonst, Inhalte wahrzunehmen. Diese ihre Fähigkeit ist ein wichtiges Merkmal, das der Konstruktion Mensch innewohnt. Nur weil sie diese Inhalte wahrnehmen, sind die Wolis in der Lage ihre Meinung dazu zu äußern. Und die Meinung der vielen Wolis im Woli-Staat haben wir ja als Basis erkannt für das, was wir eigentliche Gefühle nennen.

Die Wolis sorgen durch die Darstellung starker Gefühle nach außen (also durch Emotionen) dafür, dass die Bildung größerer Einheiten auch bei ihren Konstruktionen, zum Beispiel den Menschen, weitergeht. Das ist für die Arterhaltung wichtig. „Brutpflege" lässt sich am besten in der Familie durchführen. Und Entstehung und Zusammenhalt einer Familie basiert auf Gefühlen, die mit Emotionen verbunden sind. Gefühle, verbunden mit Emotionen, sind aber auch wichtig, um die Bildung größerer Kollektive zu erreichen.

Vereine, Interessenverbände, politische Parteien basieren darauf, dass gemeinsame Interessen da sind. Gemeinsame Interessen sind mit gemeinsamen Gefühlen verbunden. Gemeinsame Gefühle führen zu gemeinsamem Handeln. Wenn viele Menschen eng beieinander sind und zum Beispiel ein Fußballspiel oder die Rede eines Parteiführers verfolgen, dann lassen sich Gleichschaltungen in den vegetativen Funktionen der einzelnen Menschen feststellen. Das heißt, dass deren untergeordnete Wolis gewisse Zustände ihrer Umgebung wahrnehmen und die eigenen Regelungen entsprechend anpassen. Erfolgreiche Volksführer haben es immer verstanden, gleichgerichtete Gefühle im Volk zu wecken und für ihre Zwecke auszunutzen. So kann ein Oberwoli mit der Hilfe seiner Regierung und seines Beamtenapparates (ein Mensch mit Hilfe seines Gehirns) ein großes Kollektiv von Woli-Völkern (von Menschen) dazu bringen, am Verstand vorbei, rein gefühlsmäßig zu reagieren. Die Situation ist dann so, dass die individuellen Regierungen es schwer haben, sich gegen ihre Völker durchzusetzen. Auch wenn es einige schaffen, so gehen diese in der Masse unter. Das Kollektiv bestimmt die Erscheinung. Und was beim Individuum die Emotionen sind, das sind beim Kollektiv weithin sichtbare Symbole: Embleme, Fahnen, Hoheitszeichen.

6.10 Über die Manipulation durch Gefühle und Emotionen

Die Regierungen der Woli-Staaten berücksichtigen bei ihrer Tätigkeit, das heißt bei der Reihenfolge der zu bewältigenden

Aufgaben, den Druck der Volksvertreter und die wiederum hören auf ihr Volk. Das kann man analog unserer Menschenwelt folgern. Diesen Umstand machen sich kluge Oberwolis zu Nutze, wenn sie nicht so kluge Oberwolis dazu bringen wollen, das zu tun, was sie wollen. Sie wiegeln einfach deren Volk auf.

Es ist doch interessant zu sehen, wie es in anderen menschlichen Woli-Staaten dem Volk geht. Emotionen kann man ja von außen erkennen, da die Wolis der unteren Ebenen auch an der Regierung vorbei Verhaltensmuster nach außen bringen. Es gibt daher bei der Körpersprache bewusste und unbewusste Gesten und Bewegungen. Wenn ich weine, dann ist der Auslöser unbewusst, obwohl ich das Weinen dann bewusst wahrnehme. (Bewusst ausgelöstes Weinen wäre Schauspielerei). Ich mache aber auch Gesten, Bewegungen, die mir unbewusst bleiben. Über den sprachlichen Informationsgehalt hinaus kann man „als Empfänger" Lautstärke, Tonfall und Eindringlichkeit bewusst und unbewusst wahrnehmen.

So kann es vorkommen, dass man jemanden das erste Mal trifft, und der Mensch ist einem auf Anhieb unsympathisch. Aber man kann nicht sagen, warum das so ist. Das heißt, die Informationen, die dem Oberwoli angeboten wurden, also ins Bewusstsein gelangten, reichten für eine Erklärung nicht aus. Aber das Volk hat sich eine Meinung gebildet. Es hat die ungefilterten Informationen mit seinen gespeicherten Daten verglichen und signalisiert über seine Volksvertreter Ablehnung. Dieses Gefühl wird dem Oberwoli übermittelt. Das Gefühl wird bewusst, die Begründung aber nicht.

Es kann sein, dass ein Oberwoli zum Thema Körpersprache nichts in seinen Speichern hat. Das kommt häufig vor. Es kann auch sein, dass jemand sich für den unumschränkten Herrscher seiner Wolis hält, dass er Einflüsse des Unterbewusstseins ableugnet. (Ich habe in meinem Leben etliche Richter erlebt, die sich für objektiv und unbeeinflussbar hielten.) Auch das kommt heutzutage noch sehr häufig vor. Jeder, der für die Todesstrafe ist, hat da ein Defizit.

Wenn ein skrupelloser Mensch solche Oberwolis findet, hat er es natürlich leicht, sie zu manipulieren. Er richtet sich vordergründig an den Oberwoli. Gleichzeitig gibt er aber Botschaften an sein Volk ab. Das merkt dieser Oberwoli natürlich nicht. Aber sein Volk macht ihm dann schon durch Gefühle klar, was er tun soll. Und zunächst ist er auch glücklich mit „seiner" Entscheidung.

Auf diese Weise werden zum Beispiel Zigaretten verkauft, die ja eigentlich zu überhaupt nichts gut sind. Wie das geht? Über unterbewusste Botschaften. Da hängt zum Beispiel ein riesengroßes Plakat an einer Stelle, wo viele Menschen vorbeikommen. Darauf sind Menschen mit einem glücklichen Lächeln zu sehen. Das Plakat dringt den meisten Menschen überhaupt nicht ins Bewusstsein. Sie sind geschäftig unterwegs. Sie haben den Kopf mit anderen Dingen voll. Aber wenn etwas nicht ins Bewusstsein dringt, heißt das noch lange nicht, dass die Information auch am Woli-Volk vorbeigegangen ist. Zehn Millionen Bits pro Sekunde liefern die Augen in Richtung Gehirn. Durch das Bewusstsein passen aber nur 25 bis 100 Bits pro Sekunde hindurch. Die erreichen den Oberwoli. Den Rest haben andere Wolis gesehen, bevor er ausgeblendet wurde. Auch das Plakat. Wenn das auf dem Weg zur Arbeit hängt, sehen sie es jeden Werktag. Dann kann sich da ein Muster verfestigen.

„Den Wolis in diesen Menschen auf dem Plakat geht es gut", haben sich die beobachtenden Wolis gedacht. „Sie lächeln, sie senden Freude nach außen". Also haben sie den Grund für die Freude gesucht. Da war noch ein Sportflugzeug auf dem Plakat. Dann war da noch ein tolles Auto. Ach ja, diese glücklichen Menschen hielten glimmende Zigaretten in ihren Händen.

Sollte der Oberwoli so ein Flugzeug mal in seinem Bewusstsein betrachten, dann wird er den Wunsch verspüren, so ein Flugzeug zu besitzen. Diesen Gedanken wird er aber verwerfen. „Was soll ich mit dem Flugzeug, außerdem kann ich mir so etwas nicht leisten". Ähnlich wird es mit dem Auto sein. Sollte ihm aber im Freundeskreis eine Zigarette angeboten werden, so wird er sie, wenn er diesbezüglich keine gegenteiligen Prinzipien hat, freudig nehmen. Die kann er sich leisten, und er ist dabei glücklich. Wenigstens einen Teil des suggerierten „gehobenen Lebensgefühls" spürt er jetzt. Dieses über das Plakat in sein Unterbewusstsein eingeschleuste Gefühl lassen ihm seine Wolis jetzt zuteilwerden. Das Verlangen nach weiterem Glück in Form von Zigaretten kann er sich auch erfüllen.

Wie gesagt, es sind die weniger klugen Oberwolis, die darauf hereinfallen. Vor allem wenn wir jung sind, sind wir noch nicht so klug, gefestigt und weitblickend. Und die offenen Beine und das Bronchialkarzinom kommen ja erst viel später.

6.11 Über das Unterbewusstsein

Immer wieder im Text wurde das Unterbewusstsein erwähnt. Die eigentlichen Gefühle sind ja nach meiner Auffassung Botschaften des Unterbewusstseins an das Bewusstsein. Das Bewusstsein ist der Bereich der Regierung, das Unterbewusstsein ist der Bereich des Volkes. So gesehen ist das Bewusstsein nur der „Gipfel des Eisberges" der Handlungsmöglichkeiten eines Individuums. Auch hatten wir in Kapitel 5 gesehen, dass bestimmte Lernprozesse das Überführen von komplexen Sachverhalten und Tätigkeiten in das Unterbewusstsein beinhalten. Jetzt möchte ich anhand verschiedener Situationen und Begebenheiten das Thema „Unterbewusstsein" etwas ausführlicher beleuchten. Aus den Staaten der Wolis ist ja auch viel zu berichten.

Vielleicht kommt Ihnen folgende Situation bekannt vor, weil sie schon etwas Ähnliches erlebt haben: Da setzt sich jemand in sein Auto, um in den Urlaub zu fahren. Diesen Weg aus seinem Ort heraus fährt er sehr selten. Während er noch auf den gewohnten Wegen zur Hauptstraße fährt, fällt ihm ein, dass er vergessen hat, den Anrufbeantworter neu zu besprechen. Während er noch überlegt, welche Folgen das haben könnte, reißt ihn seine Frau aus den Gedanken. „Wo fährst du denn hin?" An der Hauptstraße angekommen, war er nach rechts abgebogen in Richtung Büro, anstatt nach links in Richtung Urlaub.

Was war geschehen? Sein Oberwoli hat innerlich die Aufmerksamkeit auf den Anrufbeantworter gerichtet und nicht auf das Autofahren. Sein Bewusstsein war also mit etwas anderem beschäftigt, als mit dem Autofahren. Der Mann ist aber trotzdem Auto gefahren. Irgendein Woli muss das ja übernommen haben. Und er hat es gekonnt, mit allen Rückkoppelungen, die dazu nötig waren. Nur kannte dieser Woli nicht das neue Programm „Fahrt in den Urlaub". Er kannte nur die Routineprogramme. Da wählte er das wahrscheinlichste aus, und das hieß „Fahrt ins Büro". Wenn also Wolis der zweiten Ebene den Weg ins Büro kennen, dann haben sie das gelernt und dieses Wissen irgendwo gespeichert. Haben diese Wolis nun von den bearbeiteten Inhalten im Gehirn ihre Kenntnisse bezogen, oder gibt es da noch einen anderen Weg?

Gäbe es in unseren Körpern eine dem Internet vergleichbare Kommunikationseinrichtung, dann könnte jeder
interessierte Woli an dem teilhaben, was ins „Internet" gestellt
wird. Die Inhalte des Kurzzeitgedächtnisses, die ja zum größten Teil dem Vergessen anheimfallen, die würden mit Sicherheit nicht ins „Internet" gestellt werden. Aber die Inhalte, die
schon oft wiederholt wurden, die schon zu Automatismen, zu
Schablonen geworden sind, die würden bestimmt im „Internet" stehen.

Unsere Naturwissenschaftler haben wahrscheinlich keine Chance, dieses spekulative, dem Internet vergleichbare
System im menschlichen Körper zu finden, aber es ist doch
plausibel, dass so etwas existiert. Von der Funktion her ist das
sehr wahrscheinlich. Im Bewusstsein wird das Gegenwartsge-
schäft der Woli-Regierung bewältigt. Was sich bei dessen
Abwicklung als behaltenswert herauskristallisiert, wird sozusagen als Verordnungen und Gesetze in das „Internet" gestellt
und damit auch untergeordneten Zentren und im Prinzip
allen Wolis zugänglich. Diese Automatismen (Denkschablonen, Verhaltensschablonen) und die ausführenden Wolis
machen unser Unterbewusstsein aus. Und das ist schon von
seiner materiellen Basis her viel größer als das Bewusstsein.

Wenn also „kleine Beamte" nach dem Motto: „Das haben wir schon immer so gemacht" manchmal an den Erfor-
dernissen vorbei handeln, dann ist das ein Phänomen, das
sowohl im Menschenstaat, als auch im Woli-Staat anzutreffen
ist. Der Auto fahrende Woli beweist das.

Der „kleine Beamte" hält sich an die ihm bekannten
Vorschriften. Situationen, die eine individuelle Neubewertung
erfordern, kann er zwangsläufig nicht meistern. Ist Eile gebo-
ten, dann ist der Dienstweg nach oben zu lang. Die „Prob-
lemlösung" verläuft suboptimal.

Ebenso im Woli-Staat. Die „Vorschriften" sind da Denk- und Verhaltensschablonen. Wenn es schnell gehen muss, werden sie immer angewandt. Die Evolution hat bei uns leider noch nicht zu einem superschnellen Bewusstsein geführt.

Wir können Verhaltensschablonen, die fehl am Platze sind, bei den verschiedensten Gelegenheiten beobachten. Zum Beispiel bei unseren Mitgeschöpfen: Wenn eine Katze versucht, ihr Häuflein einzuscharren, das sie soeben auf eine Steinfläche gesetzt hat, dann belächeln wir das. Zum Beispiel bei uns selber: Wenn wir in einer Reflexhandlung ein herunterfallendes Messer aufzufangen versuchen, dann sagen wir vielleicht: „So etwas Dummes!" Wenn wir uns dabei verletzt haben, beklagen wir vielleicht unsere Ungeschicklichkeit. Zum Beispiel in unserem Staatswesen: Wenn uns eine Polizeistreife stoppt und ein Verwarnungsgeld kassiert, weil wir mit den Rädern eine durchgezogene weiße Linie berührt haben, dann denken wir uns wahrscheinlich, dass der Herr Wachtmeister wohl ein bisschen spinnt. Sagen werden wir es nicht, sonst wird es wahrscheinlich teurer.

Die drei Begebenheiten beinhalten im Prinzip alle das Gleiche. Das Bewusstsein kritisiert (und versteht nicht) das Unterbewusstsein. Sie, als Oberwoli, der über die Möglichkeiten seines Bewusstseins verfügt, Sie fühlen sich der Katze überlegen, weil Sie sehen, dass der Oberwoli der Katze das Automatikprogramm nicht übersteuert. Bei der Katze führt die (unbewusste) Automatik zu einer sinnlosen Handlung, weil sie die individuelle Situation (Steinboden) nicht berücksichtigt.

Werden Sie mit Fehlleistungen Ihres eigenen Unterbewusstseins konfrontiert, dann finden Sie das in der Regel nicht lustig. Die meisten menschlichen Oberwolis verstehen überhaupt nicht, was da passiert. Der Körper hat doch vernünftig zu funktionieren, warum tut er das nicht? Weil die Wolis, welche die Automatikprogramme auslösen, in diesem Fall meinten, nicht warten zu können, bis der Oberwoli das Bewusstsein ausgewertet hat und sich endlich für etwas entschieden hat. Sie lösen das (in den meisten Fällen richtige) Programm „Fangen eines herabfallenden Gegenstands" aus, obwohl es in diesem individuellen Fall wegen der Verletzungsgefahr nicht richtig war.

In unserem menschlichen Zusammenleben sind die Automatikprogramme zum Beispiel die Gesetze und Verordnungen. Und dem Woli, der das körperliche Automatikprogramm beim Fall des Messers ausgelöst hat, entspricht bei uns Menschen der diensteifrige Herr Wachtmeister. Er tut dem Gesetz genüge. Die individuelle Situation muss er nicht abwägen. Er sagt Ihnen, dass Sie gegen die Straßenverkehrsordnung verstoßen haben und dass er deswegen ein Verwarnungsgeld verhängen muss. Er ist Teil der staatlichen Automatik. Und Sie als Person suchen mit Ihrem Bewusstsein nach dem Sinn der staatlichen Amtshandlung. Genauso, wie der Oberwoli, der nicht versteht, warum „er" in das fallende Messer gegriffen hat.

Die Analogien Woli-Staat zu Menschen-Staat sind klar: Dem Oberwoli entspricht der Regierungschef. Den bewussten Entscheidungen entsprechen die Regierungsentscheidungen und Erlasse. Den Denk- und Verhaltensschablonen entsprechen Gesetze und Verordnungen. Sowohl Denk- und Verhaltensschablonen als auch Gesetze und Verordnungen sind entstanden als Lösungsversuche für Probleme, die bei deren Etablierung Vergangenheit sind. Neue und individuelle Situationen in der Zukunft können bei der Erstellung dieser Gesetze und Verordnungen nicht ausreichend vorhergesehen werden. Bei der Ausführung sowohl von Denk- und Verhaltensschablonen als auch von Gesetzen und Verordnungen durch die jeweiligen Verwaltungen können neue und individuelle Gegebenheiten nicht berücksichtigt werden. Darum funktioniert logischerweise die Verwaltung im Woli-Staat genau so unzulänglich wie die im Menschen-Staat. Aber besser so als gar nicht.

Dass ich diese Analogien zwischen staatlichem und menschlichem Verhalten ziehen kann, dass sich so menschliches Verhalten erklären lässt, das ist meiner Anschauung nach ein deutlicher Beweis dafür, dass es die Wolis gibt.

Vielleicht sollten wir die Analogie noch auf den zellulären, den neuronalen Bereich ausdehnen: Bei den Wolis sitzt die zentrale Verwaltung natürlich im Gehirn. Sie umgibt sinnvollerweise örtlich das Regierungszentrum. So ist es ja im Menschen-Staat auch. Darüber hinaus gibt es aber auch regionale Verwaltungen. Die größte dieser regionalen Verwaltungen ist eine Zusammenballung von Nervenzellen, die wir Solarplexus nennen. Der Solarplexus befindet sich in Höhe des Bauches vor der Wirbelsäule. Wenn Sie also bei manchen Entscheidungen ein „ungutes Gefühl" im Bauch haben, dann sind ihre Wolis im Solarplexus mit der Entscheidung der Regierung nicht einverstanden. Manchmal ist ein noch weiter unten liegendes regionales Zentrum auch sehr beunruhigt. Das ist aber kleiner, und dessen Wolis können den Solarplexus gefühlsmäßig nicht übertönen. Dafür machen sie sich dann an der Blase bemerkbar. Abgelenkt durch die bedrohlichen zentralen Ereignisse vernachlässigen sie den Schließmuskel. Der Volksmund sagt dazu, jemand hat sich vor Angst in die Hose gemacht. Ein lokaler Streik sozusagen.

Das Woli-Volk verfügt zwar über mehr Daten aus der Außenwelt, aber mit deren Verarbeitung klappt es halt nicht so gut. Da ist es auf seine Regierung mit samt ihrer Bürokratie angewiesen. Aber das totale Vertrauen herrscht da nicht. Vielleicht meinen Sie, als Oberwoli könnten Sie uneingeschränkt über ihr Woli-Volk bestimmen. Dann möchte ich Ihnen dazu eine eigene Erfahrung schildern:

Es war Ende März. Der Schnee an diesem unberührten relativ flachen Hang glitzerte verführerisch in der Vormittagssonne. Vorsichtig fuhr ich in den Hang hinein, setzte einen weichen Schwung an: Es war, wie ich es erhofft hatte, ein wunderschöner Firnschnee. Genussvoll reihte ich Schwung an Schwung. Doch plötzlich war der Genuss zu Ende. Die Schneedecke gab nach. Ich brach ein, stürzte kopfüber in den Schnee und fand mich in einer seltsamen Lage wieder. Über mir waren meine Skier. Sie lagen flach auf der Schneeoberfläche und hielten mein Gewicht. Ich hing mit dem Kopf nach unten in einem Hohlraum. Knapp unter mir hörte ich einen Bach plätschern. Ich dachte mir: Nur die Ruhe bewahren, da kommst du schon wieder heraus. Das letzte, was mein Bewusstsein registrierte, war, dass mir Schneebrocken in die Nasenlöcher fielen. Das erste, was mein Bewusstsein dann wieder registrierte, war, dass ich auf meinen Skiern stand. Ich stand in einer festgestampften Schneemulde, in der überall die Abdrücke von Skiern und Armen zu sehen waren. Ich muss gearbeitet haben wie ein Verrückter, um das alles zusammenzustampfen, nur gemerkt habe ich davon nichts. Es fehlt mir jede Erinnerung daran. Und meine Brille war auch weg.

Aus meiner heutigen Sicht haben damals die Wolis der zweiten Ebene das Kommando übernommen und irgendwelche Urautomatiken in Gang gesetzt. Das war ein richtiger Putsch. Sie haben die Führung einfach bei Seite geschoben, als sie meinten, dass die Führung nicht mehr Herr der Lage war. Und deren Bewusstsein haben sie einfach abgeschaltet. Als die Situation bereinigt war, durfte die Regierungsmannschaft wieder übernehmen. Das Unterbewusstsein ist stärker als das Bewusstsein. In Gefahrsituationen, in denen es seiner Ansicht nach schnell gehen muss, spielt es diese Stärke aus. Diese Lehre habe ich aus der Begebenheit gezogen.

Ich weiß aber auch, dass unterbewusste Reaktionen nicht immer optimal sind. Darum versuche ich möglichst viel bewusst zu tun. Das ist nicht immer leicht, da es viele das Bewusstsein einschränkende Faktoren gibt. Einer ist zum Beispiel die Angst.

Wie es da bei meinen Mitmenschen aussieht, konnte ich bei meiner Arbeit als Zahnarzt täglich beobachten. Zwar hat die Einsicht der Regierung (Vernunft) dazu geführt, dass der Patient sich zum Zahnarzt begeben hat, aber sein Volk hat der Oberwoli nicht überzeugen können. Alle möglichen Verhaltensschablonen werden von untergeordneten Wolis aktiviert. Der Oberwoli versucht, die Kontrolle zu behalten, aber in seinem Staat rumort es gewaltig.

Zwei Drittel der Zahnarztpatienten haben Angst. Je nachdem, wie ihre innere Struktur ist, schon beim Gedanken an den Zahnarztbesuch oder erst beim Betreten der Praxis oder erst beim Betreten des Behandlungsraumes. Das weiß ich aus einer Patientenbefragung, die ich selbst durchgeführt habe. Entsprechend sind die Reaktionen bei der Behandlung. Während die „Chefetage" sich durch die Angst einschränken lässt, haben die untergeordneten Wolis freie Hand, ihre Konstruktion gegen die „drohende Gefahr" zu verteidigen. Sie versuchen das mit den verschiedensten Strategien.

Da geht ganz unmerklich langsam der Mund zu. Oder die Zunge versucht den Bohrer vom Zahn abzuhalten. „Bitte machen Sie den Mund weiter auf" oder „bitte halten Sie die Zunge nach rechts" ruft den Oberwoli wieder auf den Plan. Er richtet sein Bewusstsein weg von den Angstvorstellungen auf die ihm übertragene Aufgabe. Der Mund geht wieder auf, die Zunge wird rechts gehalten. Gut.

Dann setzt das Geräusch des Bohrers wieder ein. Bereits da sind bei einigen Rückfallerscheinungen zu beobachten. Dann kommt die Vibration am Zahn dazu, das Abhalten der Wange drückt. Schließlich möchte der Zahnarzt ja gut arbeiten und dazu muss er auch ganz hinten im Mund noch sehen und sein Handwerkszeug einem Uhrmacher gleich handhaben können. Es laufen also zunehmend Wahrnehmungen durch das Bewusstsein des Patienten, die unangenehme Assoziationen aufspüren. Der Oberwoli des Patienten hat daher Schwierigkeiten, das alles aus dem Bewusstsein schnell wieder herauszubefördern, damit er sich auf die übertragene Aufgabe konzentrieren kann („Mund auf", „Zunge nach rechts").

Im praktischen Ablauf sieht das dann so aus, dass die Zunge in zuckende Bewegung gerät. Mal ist sie rechts, dann geht sie nach links, zuckt dann gleich wieder nach rechts, geht wieder langsam nach links, stößt gegen den abschirmenden Mundspiegel, zuckt wieder nach rechts und so weiter. Während beim Patienten so das Bewusstsein mit dem Unterbewusstsein kämpft (oder umgekehrt), muss der Zahnarzt dabei möglichst locker bleiben, um sich seinerseits auf seine Arbeit konzentrieren zu können, die ja ziemlich diffizil ist.

Manchmal versucht er gerade die Rückseite eines hinteren Zahnes, die er ja nur indirekt, über den Spiegel, sehen kann, mit einer Hohlkehle zu versehen. Die Hohlkehle ist der erste Schritt zu einem möglichst „nahtlosen" und damit parodontalfreundlichen Übergang einer Krone zur Zahnsubstanz. Während er also voll konzentriert mit leichter Hand sein diamantiertes Schleifwerkzeug über die Zahnfläche führt, gelingt es dem Oberwoli seines Patienten, wieder die Kontrolle zu gewinnen. Er reißt den schon wieder unmerklich sich

schließenden Mund ruckartig auf. Eine unbeabsichtigt hinein-
geschliffene Rille in der schön präparierten Zahnfläche ist die
Folge. Da hat es der Uhrmacher leichter.

Zahnärzte können das Spektrum der Menschen und deren Unterbewusstsein in einer Ausnahmesituation studieren.
Wer da nicht im Laufe der Zeit zum Psychologen wird, der
kann wohl nicht beobachten. Mir ist jedenfalls klar geworden,
dass zur Persönlichkeit bewusste und unbewusste Lebensäu-
ßerungen gehören, und dass derjenige eine ausgewogene
Persönlichkeit besitzt, bei dem Harmonie zwischen Bewusstsein und Unterbewusstsein herrscht. Deswegen versuche ich,
mit den Wolis meines Volkes zu kommunizieren. Wie das
möglich ist, das habe ich beim Thema „Gefühle" schon erwähnt. Wie Wolis verschiedener Staaten direkt miteinander
kommunizieren, das habe ich allerdings noch nicht beschrieben.

Nach dem Frühstück schaue ich in die Zeitung. Beim
Kulturteil kommt mir der Gedanke, dass unser nächstes
Abonnementkonzert eigentlich bald sein müsste. In diesem
Moment sagt meine Frau, die nicht sehen kann, was ich gerade
lese: „Weißt Du, dass wir morgen unser nächstes Konzert
haben?" Zufälliges Zusammentreffen zweier Gedanken?
Andere Menschen haben mir meine Erfahrung bestätigt, dass
solche „zufälligen Zusammentreffen" unter Personen, die sich
sehr nahestehen, öfter vorkommen. Mir ist es sogar schon
passiert, dass ich gedacht habe: „Jetzt gebe ich dem Kater
etwas zu fressen." Aber bevor ich mich überhaupt bewegt
habe, ist der Kater aufgestanden und hat sich vor den Fress-
napf gesetzt.

Da ich von der Existenz der Wolis ausgehe, habe ich natürlich kein Problem mit der Erklärung dieses Phänomens.
Oberwolis verfügen nach meiner Ansicht über die Fähigkeit,

auch über eine gewisse Entfernung hinweg miteinander sozusagen Privatgespräche zu führen. Wenn man sich nah ist, kann man sich verstehen ohne etwas zu sagen. Untergeordnete Wolis möchten das auch gerne, können es aber anscheinend nicht so gut. Daher verspüren wir das Bedürfnis, lieben Personen möglichst nah zu sein, den Körperkontakt zu suchen. Man kann sich sogar vorstellen, dass es zum Austausch von Wolis kommt, wenn über die Schleimhäute Feuchtigkeitsbrücken hergestellt werden. Und der Austausch von Wolis fördert sicherlich das Zusammengehörigkeitsgefühl. Das ist ja auch unsere Erfahrung im Leben.

Gesetze und Verordnungen und deren ausführende Personen bilden sozusagen das Unterbewusstsein eines Staates. Aber auch andere Kollektive haben eine Art Unterbewusstsein.

Das Rabenkrähenküken Jakl war bei einem Sturm aus dem Nest gefallen. Da hieß er noch nicht so. Aber da wir beschlossen, ihn nicht den streunenden Katzen zu überlassen, gaben wir ihm Unterkunft und Namen. Er lernte, Würmer aus der Pinzette zu fressen und auch Hackfleisch. Später, als er es schon selbständig konnte, fraß er auch Hunde- Katzen- und Entenfutter. Er hörte auf seinen Namen, lernte fliegen und machte allerlei Unfug. Er stahl Zigaretten, pickte Besucher ins Ohr, turnte auf Flaschen herum, die auf dem Tisch standen. Er fühlte sich bei uns offensichtlich wohl. Da wir ihm nicht beibringen konnten, das Klo zu benutzen, und er doch schon sehr selbständig war, erhielt er eines Tages Hausverbot. Er kam aber trotzdem regelmäßig zur Küche geflogen. Dort landete er auf dem Fensterbrett und klopfte an die Scheibe. Wenn ihm geöffnet wurde, bediente er sich aus dem Katzennapf, nahm noch ein Stück mit auf den Weg und flog wieder aus dem Fenster.

Wir konnten Jakl häufig beobachten, wie er am Teich aus dem Entennapf fraß. Eines Tages hatte er Gesellschaft. Oder nicht? Zwei Rabenkrähen fraßen aus dem Entennapf. Beim Öffnen der Terrassentür flog eine davon, die andere blieb sitzen. Also doch, Jakl hatte Gesellschaft gefunden. Kurze Zeit danach berichtete ein Nachbar, dass Jakl von anderen Rabenkrähen angegriffen wurde. Am Abend vor seinem Tod schien er unbedingt zu uns ins Haus zu wollen. Wir haben die Gefahr nicht wahrgenommen und ließen das Fenster zu. Morgens um halb sechs wurde ich wach. Ein Lärm drang an mein Ohr, der vom hinteren Teil des Grundstücks kam. Lautes Krächzen von mindestens zwanzig Rabenkrähen ließ mich nichts Gutes ahnen. Wir fanden Jakl inmitten der Wiese. An seinem Rücken, genau zwischen den Flügeln klaffte eine tiefe Wunde. Er war tot (Abb. 6.2).

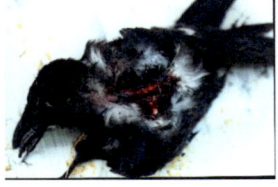

6.2 Die Rabenkrähe Jakl. Sie hatte gegen Rabenkrähengesetze verstoßen ohne etwas dafür zu können. Das führte zu ihrem Tod. In manchen menschlichen Gesellschaften gibt es so etwas auch.

Sie hatten ihn hingerichtet. Rabenkrähen sieht man mal einzeln auf einem Acker, mal zu zweit auf einem Baum, auch mal drei oder vier kurzzeitig zusammen. Ich habe in unserer Gegend aber noch nie zwanzig Rabenkrähen versammelt gesehen, außer an jenem Morgen um halb sechs.

Sie wollten wohl nicht, dass Rabenkrähen die Nähe zum Menschen suchen. Jakl war nicht so wie eine Rabenkrähe sein soll. Er verstieß gegen Schablonen, gegen die „Gesetze" seines Kollektivs. Christen und Heiden, Mauren und Ungläubige, Serben und Bosnier, Skinheads und Ausländer. Wir kennen das Muster. Wenn Kollektive das Geschehen bestimmen, kommen Programme reduzierten Denkvermögens zum Tragen. Wir haben sie heute noch in uns. Gruppenbildung geht über das Gefühl. Da hat der Verstand nicht viel zu sagen. Ich hoffe, dass die Woli-Bewussten, sollte es sie einmal geben, nicht zu sehr unter den Woli-Ignoranten zu leiden haben werden.

6.12 Über den Willen

Gefühle führen oft zu Handlungen, die auf andere Menschen oder auch Tiere, das heißt auf andere Woli-Staaten gerichtet sind. Wenn man dann das Ergebnis dieser Handlungen betrachtet, dann sagt man (sich) manchmal: „Das habe ich nicht gewollt!" Dann war das also eine unüberlegte Handlung, eine Handlung, die am Bewusstsein vorbeigelaufen ist. Die Woli-Regierung übernimmt natürlich die Verantwortung dafür (sie wahrt das Gesicht des Staates), aber sie hat es nicht gewollt und auch nicht getan. Ihr Volk hatte mal wieder eine Verhaltensschablone kopiert.

Was heißt denn das eigentlich, „ich habe das nicht gewollt"? Etwas wollen, die Absicht haben etwas zu tun, der Wille ist offenbar ein Merkmal der Woli-Regierungstätigkeit. Alles was ich mit dem Bewusstsein, besser im Bewusstsein tue, das geschieht willentlich. Wenn ich meine Aufmerksamkeit irgendwohin richte, den Wahrnehmungsausschnitt bestimme, dann geschieht das willentlich. Wenn ich willkürliche Bewegungen mache, dann geschieht das willentlich.

Willentlich heißt dann also vom Oberwoli ausgelöst und gesteuert.

Wenn ich in die Zukunft denke, wenn ich plane, dann heißt das aber noch nicht, dass ich den Plan auch durchführen will. Ich kann ja mehrere Pläne alternativ machen. Aber wenn ich mich dafür entscheide, einen Plan durchzuführen, dann will ich das. Der Wille ist in diesen Fällen also die Absichtserklärung, die Ankündigung meiner Woli-Regierung an das Woli-Volk. Der Wille kann stark oder schwach sein. Er steht manchmal dem Gefühl entgegen. Wenn der Wille schwach ist und das entgegenstehende Gefühl stark, dann wird aus dem Plan sicher nichts werden. Zahnarztbesuche werden häufig in letzter Minute verschoben. Mit „rationalen" Begründungen, das ist doch klar.

Wille gegen Gefühl, das ist also Woli-Regierungsabsicht gegen Woli-Volksmeinung. Welche Mittel hat eine Woli-Regierung, ihren Willen durchzusetzen? Am Beispiel der Fakire oder der Feuerläufer lässt sich ersehen, dass die Regierung im Prinzip enorme Möglichkeiten hat. Am Beispiel zorniger und schimpfender Mitmenschen können wir andererseits ersehen, dass es Woliregierungen gibt, die weit entfernt von diesen Möglichkeiten sind.

Die Aktivität des Willens richtet sich ja meistens auf das Verhalten in der Außenwelt. Ist der Wille stark, dann widerlegt der Oberwoli und seine Regierung alle Einwände der Verwaltung gegen ein beabsichtigtes Verhalten. Ist der Wille schwach, dann erlahmt die Kraft des Oberwolis und er setzt den Argumenten der Verwaltung irgendwann nichts mehr entgegen. Mit welchen Mitteln findet der Dialog zwischen Oberwoli und Regierung einerseits und der Verwaltung andererseits statt? Welcher Art ist die Kraft, die beim Oberwoli und der Regierung erlahmt?

Was unsere Wissenschaftler verfolgen können, das sind die neuronalen Aktivitäten, das heißt, ob Aktionspotenziale ausgelöst werden oder nicht. Ob Aktionspotenziale ausgelöst werden, hängt davon ab, ob der Schwellenwert der Depolarisation erreicht wird. Das wiederum hängt vom Zusammenspiel der vielen Synapsen ab, welche mit einer Nervenzelle kommunizieren und deren Depolarisation fördern oder hemmen.

Der australische Physiologe, Hirnforscher und Nobelpreisträger Sir John C. Eccles hat vermutet, dass eine Wechselwirkung von Geist und Gehirn durch die Modulation der Synapsentätigkeit stattfindet („Wie das Selbst sein Gehirn steuert", Piper Verlag 1997). Das Wort „Selbst" erläutert er auf Seite 35: „Es wird im Sinn einer erfahrenen Einheit verwandt, die sich aus einer Verbindung von Erinnerungen an bewusste Zustände herleitet, die zu sehr unterschiedlichen Zeiten über das ganze Leben verteilt erfahren werden." Nun, diese „erfahrene Einheit", die den Strom des Bewusstseins wahrnimmt und auch Zugang zu Erinnerungen hat, die nenne ich Oberwoli. Das konnte Sir John natürlich nicht tun, selbst wenn er die Idee gehabt hätte. Er war ja Wissenschaftler und hätte damit das Gelächter der gesamten Wissenschaft ausgelöst. Und Wissenschaft war sein Leben.

Aber er lag meiner Auffassung nach mit seinen Intuitionen gar nicht so sehr daneben. Da er wissenschaftlich bleiben musste, postulierte er den Einfluss von quantenmechanischen Zuständen bei der Arbeit der Synapsen. In der Quantenphysik gibt es ja unbestimmte Zustände, das heißt Bereiche der Individualität. Nur haben die Physiker keine Ahnung, was dahintersteckt.

Wenn man die Wolis kennt, könnte man auch annehmen, dass der Einfluss der örtlichen Wolis in den Synapsen die Weiterleitung der elektrischen Erregungen sowohl in der Qualität wie auch in der Quantität modifiziert. Die Wolis könnten die Ausschüttung von Neurotransmittern in den synaptischen Spalt beeinflussen. Oder sie könnten die Spaltung der Neurotransmittermoleküle nach der Ausschüttung beeinflussen. Oder sie könnten die Ionenkanäle beeinflussen. Oder deren Rezeptoren, oder die Moleküle, die an den Rezeptoren andocken. Es gibt genügend Möglichkeiten. Es sind sehr viele Synapsen und es sind sehr viele Wolis. Das trägt zwar alles zur Ausführung gewollter Aktionen bei, aber den unmittelbaren Willensakt erklärt es nicht. Da muss es noch etwas anderes geben.

Und da sind wir wieder bei den feinen Strahlen-Systemen, welche die neuronalen Informationen auf die Woli-Ebene heruntertransformieren. Bei der visuellen Wahrnehmung und bei den Gefühlen haben wir ja gesehen, dass es so etwas geben muss. Die Hirnforscher sagen uns, dass zum Beispiel erinnerte visuelle Vorstellungen die gleichen neuronalen Muster hervorrufen wie aktuell erlebte visuelle Eindrücke, aber viel schwächer. Das ist auch verständlich, da diese Vorstellungen ja nur im Gehirn betrachtet werden müssen. Sie brauchen nicht die Reichweite zu haben, die bei den Bildern für die Außenwelt erforderlich ist. Aber sie werden betrachtet, und zwar als Projektion dieses feinen Strahlen-Systems. Bei komplexen Vorstellungen sind die Gesamtprojektionen sicherlich zusammengesetzt aus Teilprojektionen, die den verschiedensten Hirnregionen entspringen. Synchrones „Feuern" von Neuronenverbänden in verschiedenen Regionen des Gehirns wird von den Hirnforschern beobachtet.

Das bedeutet, dass unser Hirnschädel sozusagen ein Amphitheater ist, in dem der Film oder Film-Mix gespielt wird, den der Oberwoli durch die von ihm gesteuerte Augenblickswahrnehmung betrachtet. (Der amerikanische Philosoph Daniel C. Dennett hat den Begriff des „kartesischen Theaters" geschaffen. Er tat dies in der Absicht, die Idee einer zentral erkennenden Instanz zu widerlegen. Nach meiner Anschauung hat er da zu kurz gedacht.)

Die Wolis in den Synapsen sehen die Projektionen, die der Oberwoli abruft, natürlich auch und können und müssen bei ihrer Arbeit die eigenen Ansichten einfließen lassen. In der Menschen-Bürokratie geschieht das ja auch. Man bearbeitet Aufträge und gibt Berichte, welche die eigene Ansicht enthalten. Die Wolis könnten zum Beispiel über die Synapsen die Projektionen verändern. Sitzen sie im limbischen System, dann können sie damit große Wirkung erzielen. Der Oberwoli wird dann erneut und korrigiert seine Aufträge erteilen.

Dieses Erteilen von Aufträgen ist aus meiner Sicht ein ziemlicher Kraftakt. Auf irgendeine Weise muss der Oberwoli ja in der Lage sein, die initiale Depolarisation von Nervenzellen auszulösen. Sowohl die Art der Aufträge, als auch deren Abfolge sind so verschiedenartig, dass sie kaum automatisierbar sind. Also sind, wie bei den Menschen in solchen Fällen auch, viele „Hände" und eine unmittelbare Steuerung erforderlich. Diese vielen Wolis muss der Oberwoli also kommandieren. Er braucht dazu ein Kommunikationssystem, das unserer Sprache gleicht. Seine „Stimme" muss die Wolis in den umliegenden Zellen erreichen. Dass er über so ein Kommunikationssystem verfügt, haben wir ja schon weiter oben vermutet, als die Rede von der „privaten" Kommunikation zwischen Oberwolis war. Die so kommandierten Wolis müssten dann über die oben aufgeführten Mechanismen die Depolarisation der richtigen Nervenzellen erreichen. Die Wissenschaftler würden so etwas Spontandepolarisation nennen. Spontandepolarisationen sind bisher nur beim Herzen bekannt. Es würde mich nicht wundern, sollte man so etwas auch im Gehirn, zum Beispiel im Bereich des Thalamus entdecken.

Hier möchte ich die Betrachtung des Willens beenden. Kommunikationssysteme, Einwirkungsmöglichkeiten, Anatomie und Physiologie der Wolis sind Gebiete, die wir mangels geeigneter Anknüpfungspunkte nicht bearbeiten können. Da kommen wir nicht weiter. Vielleicht lassen sich einmal Anknüpfungspunkte für weitere Denkprozesse finden, wenn die Hirnforschung und vielleicht sogar die Physik weiteres Material zu Tage gefördert hat. Aber das wäre dann wieder ein neues Buch.

Es wird den Menschen genug Schwierigkeiten bereiten, sich mit den Wolis und ihren Implikationen anzufreunden. Da kann deren genauere Betrachtung ruhig unterbleiben. Das entspricht durchaus menschlicher Verhaltensweise. Wir wissen ja auch nicht was die Masse ist und was die Schwerkraft ist. Aber wir bestimmen das Gewicht der Masse mit Hilfe der Schwerkraft, ohne darüber nachzudenken. Das heißt, ohne das Wesen der Dinge zu erkennen, haben wir keine Schwierigkeiten, mit diesen Dingen und ihren Implikationen zweckmäßig umzugehen. Warum nicht auch mit den Wolis und deren Implikationen, ohne das Wesen der Wolis zu kennen?

6.13 Über Augenblickswahrnehmung, Aufmerksamkeit und Wachheit

Mit seinem Willen steuert der Oberwoli auch die Augenblickswahrnehmung. Die Augenblickswahrnehmung wird oft als Aufmerksamkeit bezeichnet, da die Aufmerksamkeit nur in der Augenblickswahrnehmung wirkt. Wenn ich meine

Aufmerksamkeit auf etwas richte, dann bedeutet das, dass ich mit meinem Willen über das Bewusstsein den Ausschnitt bestimme, der von dem Wahrnehmungsprozess erfasst werden soll. Dieser Ausschnitt wird durch die feine Strahlung so abgebildet, dass der Oberwoli seine notwendigen Wahrnehmungen machen kann. Da dieser Ausschnitt visuelle, auditive, sensorische und Gefühlswahrnehmungen enthalten kann, ist das Wort „abgebildet" im weiteren Sinne zu verstehen. Die Steigerung der Intensität, mit der durch die feine Strahlung die Wahrnehmungen erstellt werden (die holographieähnlichen Bilder projiziert werden), entspricht der Zunahme der Aufmerksamkeit, die wir bei hoher Steigerung als Konzentration bezeichnen.

Versuchen Sie doch einmal, den Druck zu spüren, den Ihnen Ihr Gesäß vermittelt, wenn Sie sitzen (oder der Fußsohlen, sollten Sie jetzt gerade im Stehen lesen). Versuchen Sie gleichzeitig zu hören, was in Ihrer Umgebung gerade zu hören ist. (Es gibt eine Menge von Geräuschen, die Sie normalerweise ausblenden.) Und während Sie den Druck spüren und der Umgebung lauschen lesen Sie bitte weiter. Geht das? Können Sie alle drei Informationseingänge gleichzeitig wahrnehmen? Oder springen Sie mit Ihrer Augenblickswahrnehmung? „Beleuchten" Sie immer ganz kurz nur eine Empfindung und dann die Nächste?

Es ist so wie bei dem Versuch, einen nicht fokussierten Gegenstand visuell mitzuerfassen. Man braucht seinen Willen, um mehrere Eingänge gleichzeitig zu überwachen. Und irgendwann ist die Kapazitätsgrenze erreicht (Sollten Sie bei drei Eingängen gleichzeitig noch keine Schwierigkeiten haben, dann gratuliere ich Ihnen zu Ihrer guten Gehirnausstattung. Dann versuchen Sie doch statt zu lesen eine Rechenaufgabe zu lösen, die aus mehreren Schritten besteht. Jetzt springen Sie bestimmt mit Ihrer Augenblickswahrnehmung).

Das war der Versuch, die Augenblickswahrnehmung möglichst weit zu lassen, einen möglichst breiten Strom zu erfassen, der durch das Bewusstsein fließt. Man kann die Augenblickswahrnehmung aber auch ganz eng fokussieren. Im normalen Sprachgebrauch bezeichnen wir das als Konzentration. Wenn ich mich konzentriere, dann meistens auf einen Kanal allein. Der Schütze konzentriert sich visuell auf sein Ziel. Der Konzertbesucher konzentriert sich auditiv auf die Klaviersonate. Will er sie besonders intensiv aufnehmen, wird er die Augen schließen. Aber auch andere Erlebnisse gibt es in diesem Zusammenhang: Ängstliche Menschen konzentrieren sich beim Arzt auf den Einstich der Injektionsnadel, obwohl die gegenteilige Taktik angenehmer ist. Bei der Konzentrationsfähigkeit gibt es auch, je nach verfügbarer psychischer Energie, individuell unterschiedliche Grade. Die Psychologen haben Geräte mit denen man das messen kann.

Die Augenblickswahrnehmung ist also steuerbar, sowohl was die Kanäle betrifft als auch, was den Ausschnitt betrifft als auch, was den Grad der Aufmerksamkeit betrifft. Da kann man fragen: Wer steuert da? Der Oberwoli? Nicht nur. Wie zum Beispiel bei der Atmung ist auch bei der Augenblickswahrnehmung eine automatische Regelung installiert, die individuell übersteuert werden kann. Starke äußere Reize lenken die Augenblickswahrnehmung und die erhöhte Aufmerksamkeit automatisch auf sich. Wenn Sie gerade eine Rechenaufgabe durchführen und in der Nähe ertönt ein ungewöhnliches Geräusch, dann werden Sie automatisch hinschauen. Mit der Rechenaufgabe fangen Sie danach wieder von vorne an. Das ist sinnvoll, da die Gefahrenabwehr Vorrang haben muss. Erst wenn geklärt ist, dass das akustische

Ereignis für den Woli-Staat keine Bedeutung hat, sind die Beamten in der Großhirnrinde bereit, innere Aufgaben weiter zu bearbeiten. Gespeichert haben sie das Zwischenresultat natürlich auch nicht. Es war wichtiger den Kurzzeitspeicher leer zu lassen.

Aber der Oberwoli hat auch Zugriff auf die Augenblickswahrnehmung. Zu deren Steuerung benötigt er das, was wir Willen nennen. Also vermutlich ein Kommunikationssystem, das auf kurze Distanz wirksam ist, und viele Wolis, die entsprechende Depolarisationen auslösen. Diese Depolarisationen setzen neuronale Prozesse in Gang, die in der Großhirnrinde zur Projektion der feinen Strahlung führen, welche der Oberwoli als Gedanken, Vorstellungen oder auch Sinneseingänge wahrnehmen kann. So stelle ich mir das vor.

Ich stelle mir weiter vor, dass das System eine maximale Leistung hat, und dass beim Erweitern der Augenblickswahrnehmung die Intensität der feinen Strahlung (Teilchen pro Fläche) entsprechend abnimmt. Wenn die Intensität zu schwach ist, kann der Oberwoli sie nicht mehr wahrnehmen, die Grenze der bewussten Wahrnehmung ist erreicht. Hier schein ein automatisches Programm einzusetzen, das den Fokus verkleinert und auf serielle Bearbeitung der Bewusstseinsinhalte umstellt.

Diese Intensität der feinen Strahlung stellt nach meiner Anschauung den Grad der Aufmerksamkeit dar. Sie erreicht bei der Konzentration ihr Maximum. Die Aufmerksamkeit kann der Oberwoli in der Augenblickswahrnehmung aber nur steuern, wenn das Bewusstsein in Betrieb ist, wenn Wahrnehmungsprozess und Bewusstseinsprozess ablaufen, das heißt, wenn der Woli-Staat wach ist.

Müdigkeit ist ein eigentliches Gefühl. Das bedeutet, dass es bestimmte Wolis gibt, die ein Signal an die Regierung, an das Bewusstsein senden. Missachte ich dieses Signal, dann kann es passieren, dass ich einschlafe ohne es zu wollen. Das Bewusstsein wird abgeschaltet.

Wir haben schon gesehen, dass der Prozess des Bewusstseins ein Rückkopplungsprozess ist. Die Auslösung und Steuerung geschieht irgendwo im Bereich des Thalamus („Kommandostand"). Die Signale laufen (auch unter Einbeziehung weiterer subkortikaler und kortikaler Strukturen) per Nervenleitung in bestimmte Felder der Großhirnrinde. Dort werden den Signalen entsprechend die feinen Strahlen projiziert, deren Bilder im Bewusstsein gelesen werden. Auf Grund der Auswertung dieser Projektionen werden gegebenenfalls Änderungen angebracht und die Rückkopplungsschleife beginnt von Neuem.

Wir können jetzt verstehen, wie der Hirnforscher Roth zu dem Ergebnis kam, dass der „Ort" des Bewusstseins in der Großhirnrinde liegt. Ohne Großhirnrinde kein Bewusstsein, das stimmt zumindest, ob mit oder ohne Wolis.

Aber auf welchen Mangel wollen mich meine Wolis aufmerksam machen, bevor ich einschlafe? Es muss ein Mangel sein, der diesen Rückkopplungsprozess betrifft, vermutlich eine Art von Energie. Da wir regelmäßig schlafen, kann man annehmen, dass diese Art von Energie nicht in dem Maße nachgeliefert werden kann, in dem sie verbraucht wird. Es müssten also Speicher da sein, die während des Schlafes aufgefüllt werden. Mir ist nicht bekannt, ob diese Fragestellung bisher von physiologischem Interesse war. Sollte man keine Speicher finden, dann liegt der Verdacht nahe, dass nachts Speicher mit feinen Teilchen aufgefüllt werden, die als feine Strahlung von bestimmten Rindenfeldern ausgestrahlt werden.

6.14 Wie löse ich Bewegungen aus?

Der Oberwoli ruft ja nicht nur Gedächtnisinhalte ab und verknüpft Vorstellungen zu Gedanken, er löst auch Bewegungen aus. Muss er diese Bewegungen steuern, so geschieht das auch nach dem Rückkopplungsprinzip. Das heißt, er muss viele kleine Bewegungsänderungen in Folge machen. Auch hier gilt, was über den Willen, die Augenblickswahrnehmung und die Aufmerksamkeit gesagt wurde.

Wenn Sie einmal darauf achten, wie viele unbewusste Bewegungen Sie den Tag über vollführen, dann werden Sie sicher erstaunt sein. Der Mensch braucht viel Automatik, um mit seiner Bewusstseinsausstattung im Leben zurechtzukommen. Wenn Sie zum Beispiel in charmanter Gesellschaft essen und sich dabei unterhalten, dann können Sie sich fragen, wie denn der Teller leer geworden ist. Die Bewegungen, die Sie ausgeführt haben, um die Speisen zu zerkleinern und in den Mund zu bringen, haben Sie bestimmt nicht wahrgenommen. Auch wenn Sie bewusst eine Bewegung, sozusagen an ihrem Ursprung beobachten wollen, dann werden Sie feststellen, dass das gar nicht möglich ist.

Sie können zu sich innerlich sagen: „Ich bewege jetzt meinen Arm!" Aber Sie tun es doch nicht. Wenn Sie den Arm dann tatsächlich bewegen, haben Sie die Bewegung erst über den Bewusstseinsprozess bemerkt. Stellungsgeber in den Gelenken, Sensoren in Muskeln und Sehnen haben Ihnen über die Nervenleitung in das Gehirn und von da über die Projektion der feinen Strahlung signalisiert, dass der Arm seine Lage verändert hat. Die Auslösung dieser Bewegung haben Sie aber nicht wahrgenommen. Sie haben sie sozusagen um Bruchteile einer Sekunde verpasst. Aber das ist ganz normal. Die Wahrnehmung ist im Bewusstsein ein Eingangssystem, das die Außenwelt präsentiert. Zur Außenwelt zähle ich hier, in Bezug auf das Bewusstsein, auch den Körper. Die Bedienung der Motorik ist ein Ausgangssystem.

Es macht konstruktiv keinen Sinn, die Bedienung der Motorik direkt auf den „Bildschirm" zu übertragen, wenn das Ergebnis nur Bruchteile einer Sekunde später sowieso auf dem „Bildschirm" erscheint. Es wäre so, als wenn auf dem Bildschirm eines Computers das Tastensystem abgebildet wäre, damit man sieht, welche Taste gedrückt wird. Es reicht aber, wenn das beabsichtigte Ergebnis auf dem Bildschirm erscheint. Also haben die Wolis ihre Konstruktion zweckmäßig gestaltet und Sie als Mensch können die Einleitung einer Bewegung halt erst erkennen, wenn deren Ausführung von Ihnen über die „Außenwelt" wahrgenommen wird. Sie als Oberwoli können sich natürlich schon „auf die Finger schauen". Aber als Oberwoli wollen Sie sicher auch eine Privatsphäre haben.

1979 hat der amerikanische Physiologe Benjamin Libet den nach ihm benannten Versuch gemacht. Er ließ Versuchspersonen zu einem völlig beliebigen Zeitpunkt die rechte Hand bewegen. Dabei registrierte er die Zeitpunkte bei denen a) die Versuchsperson die Willensentscheidung zur Handlung angab, b) ein so genanntes Bereitschaftspotenzial in einem motorischen Rindenfeld auftrat und c) ein Muskelpotenzial auftrat.

Die logische Erwartung war, dass nach der Willensentscheidung die motorischen Rindenfelder aktiviert würden und diese dann die Muskeln aktivieren würden. Umso erstaunter war Herr Libet, als er feststellte, dass zuerst die Aktivität im motorischen Rindenfeld registriert wurde und erst danach die Willensentscheidung der Probanden.

Die Publikation dieses Versuchs führte zu großer Aufregung unter den Wissenschaftlern. Die Forscher kannten ja keine Wolis. Sie waren total verwirrt. „Das Gehirn gaukelt uns Willensfreiheit vor, die wir gar nicht haben" war das eine Extrem der Meinungen. „Der Versuch ist ungeeignet, irgendetwas über die Willensfreiheit auszusagen" war das andere Extrem. Und obwohl mittlerweile mehr als ein viertel Jahrhundert vergangen ist, hält dieser Meinungsstreit unvermindert an, wie man dem Buch „Wer erklärt den Menschen?" (Fischer Taschenbuchverlag 2006) entnehmen kann.

Wo liegt das Problem? Hirnströme und Muskelströme kann man mit geeigneten Verfahren problemlos ableiten und mittels Oszillographen auf einer Zeitachse aufzeichnen. Die Schwierigkeit stellt die Erfassung der Willensentscheidung dar. Nach meiner oben ausgeführten Hypothese haben wir keine Wahrnehmung von der Auslösung von Bewegungen, das heißt, auch keine unmittelbar bewusste Wahrnehmung der Willensentscheidung. Das ist sozusagen Privatsache des Oberwolis. Erst über die Rückmeldung aus der „Außenwelt" im Bewusstsein erfährt die Person, das heißt, alle Wolis, die das Bewusstsein lesen können, dass eine Willensentscheidung vollzogen wurde. Es ist wie in einem Passagierflugzeug: Die Passagiere merken erst an der Bewegung des Flugzeugs, dass der Pilot eine Kurve eingeleitet hat.

Was sollte nun die Versuchsperson tun? Sie wurde in dem Versuch aufgefordert, sich quasi die Zeigerstellung eines Sekundenzeigers zu merken, bei der sie die Entscheidung getroffen hatte. Genau gesagt war es die Position eines Lichtpunktes, der in 2,56 Sekunden auf einem Oszilloskop einen Kreis beschrieb. Also bewegte die Versuchsperson die Hand und schaute gleichzeitig auf die Uhr.

Was nach meiner Ansicht dabei geschah, ist Folgendes: Der Oberwoli löste die Bewegung im Ort des Bewusstseins aus. Eine bewusste Wahrnehmung dieser Aktion ist prinzipiell nicht möglich. Seine Auslösung aktivierte die motorischen Rindenfelder. Von da aus ging der Befehl weiter über das Kleinhirn an die Muskulatur der Hand. Die Bewegung der Hand erzeugte über die Körpersensoren eine Präsentation der Bewegung im Bewusstsein. Diese Präsentation mit der dazu gehörigen Uhrzeit speichert der Oberwoli, um sie dann dem Versuchsleiter mitzuteilen. Und dieser „Zeitpunkt der Willensentscheidung" ist um die „Nervenlaufzeit" vom Gehirn zur Hand und zurück ins Gehirn und vor allem um Aktivierungszeit der Neuronen und die Aufbereitungszeit der Präsentation verzögert. So kommt es, dass die vermeintliche Willensentscheidung erst nach Auftreten des Signals im ausführenden motorischen Rindenfeld registriert wurde.

Aber dann hätte ja der wahrgenommene Zeitpunkt der Willensentscheidung erst nach der Registrierung des Muskelpotenzials mitgeteilt werden müssen!? Er wurde aber als davor liegend mitgeteilt!

Nun, die Wahrnehmung der Uhr hat ja auch eine Laufzeit im Nervensystem. Bis aus den punktförmigen Hell- Dunkelunterschieden Linien, Kanten, Flächen, Bewegungen und dann noch Bedeutungen gemacht werden, das braucht schon seine Zeit. In Vorversuchen hatte Herr Libet elektrische Hautreize gesetzt und die Probanden den Zeitpunkt des Reizes durch Ablesen der besagten Uhr mitteilen lassen. Dabei lag der Zeitpunkt der mitgeteilten Wahrnehmung vor dem Zeitpunkt der Reizsetzung. Das zeigt, dass die Verarbeitung eines visuellen Reizes länger dauert, als die Verarbeitung eines somatosensorischen Reizes. Der Oberwoli sieht die Uhrzeit, die bei Beginn der visuellen Aufbereitung auf dem Oszillographen war, zu dem Zeitpunkt, zu dem er den elektrischen Reiz wahrnimmt. Da die Aufbereitungszeit des somatosensorischen Reizes offenbar kürzer ist als die der visuellen Wahrnehmung, teilt er dem Versuchsleiter eine Zeit mit, die vor der Reizauslösung liegt.

Da also der mitgeteilte Zeitpunkt einer Wahrnehmung systembedingt auf der laufenden Zeitskala zurückdatiert ist, fällt beim Libet-Experiment der mitgeteilte Zeitpunkt vor die Registrierung des Muskelpotenzials, obwohl der Zeitpunkt der Wahrnehmung durch den Oberwoli in der Oszillographenzeit nach der Registrierung des Muskelpotenzials liegt. Die Probanden konnten den Zeitpunkt ihrer inneren Willensentscheidung nicht mitteilen. Sie konnten nur den verzögerten Zeitpunkt der Wahrnehmung ihrer Willensentscheidung mitteilen. Der wahre Zeitpunkt der Willensentscheidung (des Oberwolis) lag vor dem Signal aus dem motorischen Rindenfeld, der mitgeteilte Zeitpunkt der Willensentscheidung lag (auf Grund der dargestellten Sachverhalte) nach dem Signal aus dem motorischen Rindenfeld (Abb. 6.3). So sehe ich das.

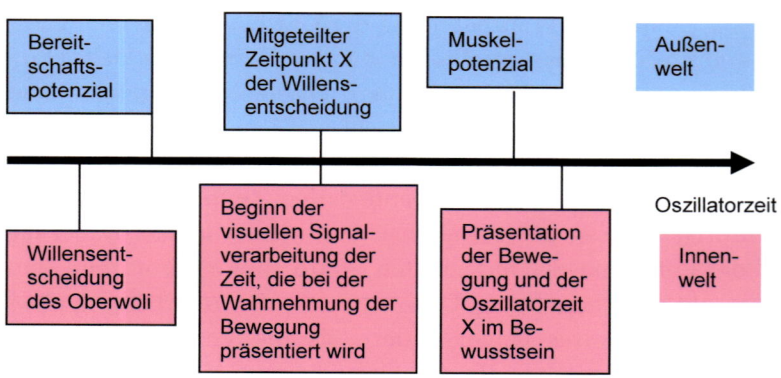

6.3 Darstellung des zeitlichen Ablaufs der Vorgänge beim Libet-Versuch.

Da die Wolis aber nicht bekannt waren, haben der Libet-Versuch und seine Wiederholungen und verbesserten Wiederholungen zur Verwirrung der Gelehrten geführt. Da waren einige dabei, die meinten, man müsse unser Rechtssystem ändern, da die Menschen ja nun nicht mehr verantwortlich gemacht werden könnten für das, was sie tun. Akzeptiert man die Wolis, dann ist unser Rechtssystem jedoch ganz in Ordnung, zwar nicht im Detail, aber im Prinzip.

Der Kern, das Innere des Menschen wirft viele Fragen auf. Mit den Wolis haben sich hier nach meinem Dafürhalten Antworten gefunden, die befriedigender sind als das, was uns die Wissenschaft derzeit anzubieten hat, so sie denn überhaupt Antworten hat.

Naturwissenschaftler neigen, nach dem was ich lesen kann, mehrheitlich dazu, die Welt als überschaubar und vollständig erforschbar darzustellen. Im Gegensatz dazu meine ich, dass unser Weltbild eher mit einem losen Netz, einem weiten Geflecht vergleichbar ist. Die Fäden stellen das Wissen dar, die Hohlräume das Nichtwissen. Jede neue Erkenntnis spannt nur einen neuen Faden. Das ergibt die Möglichkeit für neue Anknüpfungspunkte, verringert den Hohlraum aber nur unwesentlich.

In diesen Hohlräumen des Nichtwissens ist zwar genügend Platz für Spekulationen, jedoch haben sie feste Anknüpfungspunkte. Ausgehend zum Beispiel von der Erfahrung, dass ich durch meinen Willen Bewegungen ausführen kann, habe ich die Bahn der Gewohnheit verlassen. Ich wollte mich nicht damit begnügen, dass es so ist. Ich wollte wissen, wie das funktioniert. Ich habe eine schrittweise Näherung vollzogen und bin zu einem vorläufigen Ergebnis gekommen. Das mag zwar nicht wissenschaftlich sein, aber mich befriedigt es außerordentlich. Ich fühle mich dabei sicherlich besser als der

Nobelpreisträger Sir John C. Eccles, wenn er schreibt: „Ich bin nicht in der Lage, eine wissenschaftliche Erklärung dafür abzugeben, wie Denken zu Handeln führen kann, doch diese Unfähigkeit unterstreicht gerade die Tatsache, dass, wie in zahlreichen Abschnitten der Diskussion erwähnt, unsere gegenwärtige Physik und Neurobiologie zu primitiv für diese höchst herausfordernde Aufgabe sind, die Antinomie zwischen unseren Erfahrungen und unserem Verständnis der Hirnfunktion zu lösen." (Karl R. Popper John C. Eccles Das Ich und sein Gehirn SeriePiper 1989, Seite 345)

7 Krankheit und Therapie

Nachdem ich Ihnen die Konstruktion des Menschen aus meiner Sicht dargestellt habe, möchte ich Ihnen auch meine Ansichten zu Reparatur und Instandhaltung dieser so komplizierten Konstruktion nahebringen. Da gibt es wieder zwei Aspekte, das innere Leben und das äußere Leben oder die Ebene der Wolis und die Ebene der Menschen. Das innere Staatswesen ist im Prinzip gut organisiert und funktioniert, wenn man einmal von Erbkrankheiten absieht, mit den Wolis sozusagen von allein. Wenn es unserem Woli-Volk gut geht, dann geht es uns Oberwolis auch gut. Dann können wir sagen „Ich bin gesund", was heißen soll „in meinem Staatsgebiet ist alles in Ordnung".

Wir Oberwolis bewegen aber unsere Körper samt dem Woli-Volk in dieser Welt herum und das bringt allerhand Gefahren mit sich. Wir wissen ja über die Außenwelt noch lange nicht alles und wir beherrschen auch nicht alles, was wir probieren. Die langfristigen Auswirkungen entgehen uns meist. Zwar haben wir zur Katastrophenvermeidung eine Art sechsten Sinn entwickelt, den „Blick in die Zukunft", aber der funktioniert noch nicht sehr gut. In die Zukunft hinein kann man nicht mit Fakten rechnen, sondern nur mit Wahrscheinlichkeiten. Dass am nächsten Tag die Sonne aufgeht, ist nicht sicher, aber sehr wahrscheinlich. Dass ich im nächsten Jahr zehn Millionen im Lotto gewinne, ist nicht unmöglich, aber sehr unwahrscheinlich. Je besser wir Oberwolis in unserer Regierungsbürokratie sortiert sind, desto genauer können wir die Wahrscheinlichkeit für den Erfolg unserer Handlungen und Pläne vorausberechnen. Vor Fehlschlägen wird uns das zwar nicht immer bewahren, aber besser so als gar nicht.

7.1 Äußere Einflüsse

Die Probleme kommen also zum größten Teil aus der Außenwelt, mit der wir noch nicht so gut zurechtkommen. Was kann uns denn passieren?

- Wir können Probleme bei der Stoffzufuhr (Ernährung, Atmung) bekommen.
- Wir können einen Unfall erleiden.
- Wir können in Auseinandersetzungen mit anderen Lebensformen verwickelt werden.
- Aus den soeben genannten Möglichkeiten können sich Funktionsstörungen, chronische Krankheiten und Krebs entwickeln.

Nahrung

Unsere Vorgänger in der Evolution entschieden nach Geruch und Geschmack, was sie in ihren Verdauungstrakt hineinbefördern wollten. Da war der Kontakt des Oberwoli zum Woli-Volk wohl noch besser, als es bei uns Menschen jetzt der Fall ist. Durch die Größe der Woli-Bürokratie ist uns die Nähe zum Volk wohl ein wenig verloren gegangen. Die menschlichen Oberwolis entscheiden ja mit ihrem Bewusstsein heute viele Sachen selber, bei deren Entscheidung früher das Volk direkt beteiligt war. Und die Eingänge in das Bewusstsein kommen immer häufiger nicht von der Nahrung selber, sondern von Leuten, die mit Nahrung Geld verdienen wollen. Die Eingänge in das Bewusstsein können verwirrend sein. Sie können dazu führen, dass wir uns auf den Geruch bei der Nahrungsauswahl nicht mehr so sehr verlassen. Wenn wir zum Beispiel feststellen, dass das Haarwaschmittel nach grünen Äpfeln riecht und der Allzweckreiniger nach Zitrone, werden wir dem Geruch unbewusst nicht mehr so viel Bedeutung beimessen.

Mit dem Geschmack ist das auch so eine Sache. Früher konnten die Wolis sicher sein, dass mit einem bestimmten Geschmack eine ganz bestimmte Kombination von Nährstoffen verbunden war. Im Zeitalter der „naturidentischen Geschmacksstoffe" gilt das nicht mehr. Wenn also die Wolis bestimmte Vitamine brauchen, dann werden sie der Wahrnehmung zum Beispiel von Himbeerduft eine sehr starke emotionale Tönung geben. Dann werden sie den Geschmack spüren und sich freuen. Sie meinen ja, dass dann die mit Himbeergeschmack verbundenen Vitamine bald bei ihnen eintreffen werden. Stattdessen erhalten sie Milcheiweiß. Geruch und Geschmack stammten aus einem Joghurt, das mit künstlichem Aromastoff versetzt wurde.

Die fehlenden Vitamine haben die Wolis nicht bekommen. Also werden sie bei nächster Gelegenheit wieder starke Gefühle produzieren. Und vielleicht wieder enttäuscht werden. Mit der Zeit sammelt sich so ein Zuviel an Kalorien in Form von Fett an, während das Zuwenig an Vitaminen bleibt. Das stört die Hersteller von „naturidentischen Geschmacks- und Aromastoffen" und anderem essbarem Müll wenig. Der dumme Verbraucher freut sich, „dass es schmeckt", und die Hersteller verdienen ja gut dabei. Und die daraus sich entwickelnden Gesundheitsmängel gehen nicht zu Lasten der Hersteller, sondern zu Lasten der Krankenkassen und des Sozialsystems.

Was machen Menschen, wenn das Haushaltsgeld knapp wird? Sie schränken sich ein. Es gibt weniger zu essen, die körperliche Leistungsfähigkeit lässt nach. Ihre Laune ist dann auch nicht mehr so gut. Die Krankheitsanfälligkeit wird grö-

ßer. Wenn es viele trifft, kommt es vielleicht zu Protestkundgebungen.

Was machen Wolis, wenn sie unter Nährstoffmangel
leiden? Analog muss man folgern: Sie schränken sich ein.
Notgedrungen wird der Stoffwechsel heruntergefahren (Im
Hunger friert man). Die Leistungsfähigkeit des von ihnen
betriebenen Gewebes lässt nach. Ihr Missmut bündelt sich zu
Unlustgefühlen, die ins Bewusstsein der Regierung dringen.
„Müde, schlapp" fühlt der Oberwoli als Volksmeinung. Er
überlegt sich jede Bewegung. Sieht er sich genötigt, die
Volksmeinung zu ignorieren und verlangt er von seinem Volk
trotzdem Leistungen, dann ist der Ärger vorprogrammiert.
Wille steht gegen Gefühl. „Die Arbeit muss gemacht werden."
Das Woli-Volk reagiert mit Protestkundgebungen. Der Oberwoli fühlt Schmerzen. Ist er vernünftig, dann tritt er jetzt
kürzer. Ist er unvernünftig, dann wirft er Schmerztabletten
ein, ist er jung und unbedarft, wirft er Designerdrogen ein und
macht weiter. Dann werden nach einiger Zeit der Unvernunft
weitere Krankheitssymptome auftreten. Dann wird von Stress
die Rede sein. Vielleicht folgt eine Periode der Besinnung, der
Einsicht. Wenn nicht, geht der Krieg „Oberwoli gegen sein
Volk" weiter. Medikamente gegen die eine Krankheit bringen
diese zum Verschwinden, aber es entwickelt sich bald eine
Andere. Dann gibt es wieder Medikamente und so geht es
weiter. Nach einer mehr oder weniger langen Krankheits- und
Medikamentenkarriere ist mancher Herzinfarkt so entstanden.
Dann endlich tritt erzwungenermaßen Ruhe ein. Aber der
Schaden ist bleibend. Man kann nicht ständig gegen sein Volk
regieren.

Und wie hat das alles angefangen? Richtig, mit einem
simplen Nährstoffmangel. Wer ein kluger Oberwoli ist, der
wird daraufkommen, dass er in unserer heutigen Welt vielen

Anglern und Fallenstellern ausgesetzt ist. Das „Geld verdienen", nämlich der Gesellschaft einen Dienst erweisen und dafür Geld zu erhalten, ist vom „Geld machen" abgelöst worden. Der Verstand wird nicht mehr dazu benutzt, für die Gesellschaft produktiv zu sein, sondern dazu, das Geld umzuverteilen, möglichst viel davon in die eigene Tasche. Vom „Verdienen" als Gegenwert für Leistungen, die der Gemeinschaft nützen, ist keine Rede mehr.

Ich beschreibe hier den Trend, wie er öffentlich auszumachen ist. Nicht alle folgen dem Trend, Gott sei Dank.

Der kluge Oberwoli wird aus dem soeben Gesagten den Schluss ziehen, dass man heutzutage die Nahrungszufuhr nicht mehr dem Zufall, auch nicht dem Gefühl überlassen kann. Vor allem nicht den über die Werbung eingeschleusten Glücksgefühlen, die manche Geschmacklosigkeit überdecken. Will ich meine Wolis vollwertig versorgen, so muss ich meine Nahrungszufuhr managen. Ich muss mich mit einem Ernährungsgrundwissen ausstatten und dann mit dem Verstand bewusst feststellen was ich brauche.[1] Mit diesem Wissen ausgerüstet kann ich das Nahrungsmittelangebot durchsehen und zunächst nach Nährstoffgehalt und dann erst nach Appetit auswählen. Denn schmecken tut der essbare Müll auch. In die Geschmacksforschung hat die Industrie viele Forschungsgelder investiert. So weit sind wir gekommen mit unserem Zeitgeist.

Warum ich die Ernährung an die erste Stelle meiner Betrachtungen über Krankheit stelle? Weil die richtige Ernährung die Basis für die Gesundheit ist. Und die Betrachtungen über die Krankheit dienen ja der Wiedererlangung der Gesundheit. Richtig ernährt funktioniert der Woli-Staat optimal.

---

[1] Die „Kleine Nährwerttabelle", herausgegeben von der Deutschen Gesellschaft für Ernährung ist zum Beispiel dazu hilfreich

Sind alle Nährstoffe vorhanden, dann kann auch die Heilung schneller und effektiver erfolgen, sollte einmal etwas kaputt gehen.

Beschädigungen

Da wir nicht immer alles überblicken, was wir tun, geschieht es schon einmal, dass wir unseren Körper, das Staatsgebiet unserer Wolis beschädigen. Ich weiß ja, dass meistens die Anderen Schuld haben und manche Schäden unvermeidlich sind, aber den Wolis ist das egal. Die müssen es auf jeden Fall reparieren. Sie haben dazu ihre Möglichkeiten im Mikrometerbereich. Das heißt, wenn es wieder so werden soll wie es vorher war, dann dürfen die Distanzen nicht so groß sein. Zerschnittene oder zerrissene Weichteile müssen genäht werden, gebrochene Knochen, die auseinanderklaffen, müssen zusammengepresst werden, damit die Wolis normal arbeiten können. Bleiben die Spalten zu groß, dann geht die Schnelligkeit der Reparatur vor. Die Wolis setzen dann Notreparaturtrupps ein, die nicht das beschädigte Gewebe, sondern ein schnell wachsendes Reparaturgewebe herstellen. Es entstehen dann Narben und bei Knochen weiche Verbindungen, so genannte Pseudoarthrosen.

Der tüchtige Chirurg schafft den Wolis also die Bedingungen, unter denen sie die Reparatur auf ihrer Ebene fortsetzten können. Heilen, das tun die Wolis. Das ist auch nicht automatisch möglich. Das ist individuelle Arbeit, wie sie nach unserer Erfahrung nur von Lebewesen erbracht werden kann. Sie wissen schon.

Unglücksfälle sind nicht nur mechanischer Art. Es können auch Stoffe „nicht bestimmungsgemäß" in den Körper

gelangen, die bei den Wolis Probleme hervorrufen. Wir sprechen dann von Vergiftungen. Diese Stoffe zerstören wichtige
Infrastrukturen oder sie setzen Betriebssysteme des Wolistaates zumindest zeitweise und teilweise außer Funktion. Es
können zum Beispiel rote Blutkörperchen, die für den Transport von Sauerstoff vorgesehen sind, statt mit Sauerstoff mit
Nikotin beladen werden. Es können bestimmte Enzyme mit
einem Gift reagieren. Das bedeutet, dass die Wolis den Stoff,
den sie nicht brauchen können, abtransportieren oder zerkleinern wollen. Da dieser Stoff normalerweise nicht zu ihren
Werkstoffen gehört, haben sie auch kein passendes Werkzeug.
Sie benutzen dann das am ehesten passende Enzym. Bei
Giften ist es leider so, dass der nicht passende Stoff sozusagen
klemmt und das Enzym außer Funktion setzt. Sind genügend
Enzyme außer Funktion, dann sammeln sich die Stoffe, die sie
eigentlich verarbeiten sollten, vermehrt in der Zelle an. Ver-
mehrte Inhaltsstoffe in der Zelle ziehen vermehrt Wasser nach.
Das kennen wir ja schon. Der osmotische Druck wächst.
Schaffen die Wolis es nicht, das Wasser aktiv wieder schnell
genug herauszubefördern, dann platzt die Zelle.

Da alles Blut, das von der Darmregion kommt, zunächst
durch die Leber geleitet wird, ist meistens die Leber von
Vergiftungen betroffen. (Andere Möglichkeiten wären der
Darm selber oder die Lunge bei Atemgiften oder die Nieren
als Blutfilter). Wenn dann die Leberzellen zerstört werden,
treten die Inhaltsstoffe dieser Zellen in den Blutstrom über.
Aus dem erhöhten Auftreten von leberspezifischen Enzymen
im Blut kann man auf einen Leberschaden schließen.

In der Akutmedizin kommt es zunächst darauf an, den
Menschen überhaupt am Leben zu erhalten. Hier vollbringt
unser Medizinsystem Spitzenleistungen. Hier können technische Apparaturen eingesetzt werden. Selbst wenn Herz und

Atmung nicht mehr funktionieren, kann man das eine Zeit lang ausgleichen.

Vergiftungen, die wir bemerken, sind meist akut, das heißt, eine ausreichend große Menge des Giftes ist in den Körper gelangt, um Funktionsausfälle bis hin zum Tod zu bewirken. Zum Beispiel genügen zehn Mikrogramm Botulinustoxin, um einen Menschen zu töten. Es dauert allerdings 18 bis 36 Stunden, bis man die Giftwirkung feststellen kann. Dieses Gift stellen die Wolis des Bakteriums Clostridium botulinum her. Es unterbricht die Reizweiterleitung an Synapsen und löst so Lähmungen aus. Nicht geklärt ist anscheinend, wie das Gift in den Körper und an den Wirkungsort gelangt. Es besteht nämlich aus sehr großen Proteinmolekülen. Da es mit der Nahrung aufgenommen wird, muss es zunächst einmal der Verdauung widerstehen. Dann müssen die Proteinmoleküle durch die Zellen der Darmwand hindurch. Man weiß, dass zum Beispiel Salmonellen aktiv in die Darmschleimhaut eindringen. Bei denen können wir das ja verstehen. Die haben ja eine Wolibesatzung. Wären die Gift-Proteine „unbemannt", dann müsste man davon ausgehen, dass zufällig welche durch Verletzungen der Darmschleimhaut in das Innere des menschlichen Körpers gelangen. Bei der Größe der Botulinustoxine ist bei normaler Diffusion eigentlich nur eine Passage durch Verletzungen denkbar.

Aber warum sind sie eigentlich unverdaulich? Unsere Verdauungsenzyme schneiden doch jedes Proteinmolekül in einzelne Animosäuren auseinander. Das Botulinustoxin anscheinend aber nicht. Das erinnert doch an etwas? Die infektiösen Prionen sind doch auch für unsere Enzyme nicht abbaubar. Es sieht also so aus, als ob das Protein tatsächlich bemannt wäre. Seine Wolibesatzung verhindert den Abbau. Und dann ist das Eindringen in den menschlichen Körper auch nicht

vom Zufall abhängig. Das können die Wolis gezielt bewerkstelligen. Auch zu ihrem Wirkungsort müssen die Moleküle
des Botulinusgifts erst einmal kommen. Die Verteilung über
den Blutstrom mag ja einleuchten, aber bei ihrer Größe ist das
Eintreten in den Blutstrom und das Verlassen des Blutstroms
durch die Kapillaröffnungen nicht durch Diffusion möglich.
Da müssten die Wolis schon individuell nachhelfen.

Und warum dauert es mindestens 18 Stunden bis Vergiftungserscheinungen auftreten, wenn ein Umlauf im Blutkreislauf etwa 30 Sekunden dauert? Wahrscheinlich dauert es
sehr lange bis die Botulinus-Wolis die Barriere der Darmschleimhaut überwunden haben. Und sicher brauchen sie Zeit,
um diese großen Moleküle in Blutgefäße hinein und wieder
heraus an ihr Ziel zu bewegen. Wie bei BSE scheint das Ziel
das Gehirn zu sein. Die Reihenfolge der Symptome beim
Menschen deutet darauf hin. Es wird beschrieben, dass zunächst Störungen der Hirnnerven auftreten. Lähmungen der
Skelettmuskulatur kommen später. Wenn das keine Absicht
wäre, dann müsste man zunächst eine Lähmung der Muskulatur des Verdauungstrakts erwarten. Da kommen die Gift-
moleküle zuerst vorbei. Diese Muskulatur funktioniert in dem
Stadium aber noch sehr gut. Mit Darmkrämpfen, Durchfall
und Erbrechen versuchen die Wolis des befallenen Staates den
Schaden zu begrenzen, während die Schlacht im Gehirn tobt.
Und das funktioniert noch, während das Sehen schon nicht
mehr funktioniert. Soviel zu akuten Vergiftungen und der
vermuteten Rolle der Wolis in diesem Zusammenhang.

Krank oder nur unpässlich?

Die umstrittenen Fälle sind nicht die akuten, sondern die langsamen, die schleichenden Vergiftungen, bei denen kein zeitlicher Zusammenhang zu einem äußeren Ereignis offensichtlich ist.

Die Wolis haben von der Besatzungsstärke her, vom Maschinenpark her und von ihrer individuellen Leistungsfähigkeit her eine gewisse „Entgiftungsfähigkeit". Kommt etwas weniger, als sie verkraften können, dann werden sie vielleicht stöhnen, aber sie können den Körper mit großem Einsatz funktionsfähig halten. Kommt gerade soviel wie sie verkraften können, dann besteht ein Fließgleichgewicht. Das, was an Giftstoffen hineingeht in den Körper, geht auch wieder hinaus. Dass die Volksmeinung der Wolis in so einer Dauersituation nicht Begeisterung ist, dürfte verständlich sein. Die Wolis werden alle gleicher Meinung sein. Das bedeutet, dass die Regierung mit unguten Gefühlen konfrontiert wird. Es sind diejenigen Gefühle, die es dem Arzt schwer machen, eine Diagnose zu finden, weil sie „unspezifisch" sind: Kopfschmerzen, leichtes Unwohlsein, Benommenheit, Müdigkeit, Antriebsschwäche, und so weiter. Fast jede Krankheit fängt so an. Nach dem bisher Gesagten ist das auch verständlich. Bei einer akuten Erkrankung wird dieses Stadium schnell durchlaufen, es fällt durch die schnell nachfolgenden schweren Symptome nicht so auf. Aber wenn ständig Giftstoffe zugeführt werden, und die Entgiftungskapazität der Wolis ist gerade erreicht oder nur geringfügig überschritten, dann ist Ungemach nicht nur vorhanden, sondern auch weiterhin vorprogrammiert.

Die Mentalität der Menschen ist ja weit verbreitet so, dass sie sich für ihren Körper nicht so sehr verantwortlich fühlen. Wenn etwas nicht stimmt, dann ist der Arzt zuständig. Ist jemand aus welchem Grund auch immer mit seinem Leben unzufrieden, dann hat er aus diesem Grund schon ungute Gefühle. Er ist dann logischerweise sensibler gegenüber diesen unspezifischen Symptomen. Die Schwelle, bei der sich seine Regierung zum Handeln genötigt sieht, ist schneller erreicht. Er findet sich also eher beim Arzt ein, als einer, der ein „Macher" ist, der ein „erfolgreiches" Leben führt. Aber der Arzt ist jetzt überfordert. Er ist normalerweise ausgebildet als medizinischer Feuerwehrmann, nicht als medizinischer Brandwarngerätemechaniker. Aber wenn er in die gläubigen Augen seines Patienten schaut, dann kann er das doch nicht zugeben. Er versucht ihm zu helfen. Womit? Mit den Mitteln, die er gewohnt ist zu gebrauchen. Mit Akutmedizin, mit Medikamenten. Ein geflügeltes Wort der Pharmakologen ist: Was keine Nebenwirkungen hat, hat auch keine Wirkungen. Wenn der Arzt also kein Homöopath und auch nicht kräuterkundig ist (nicht Inhalt des ärztlichen Studiums), also wenn er nicht sanfte Alternativen zur Akutmedizin kennt, dann hat das Medikament Nebenwirkungen. Also wird die Krankengeschichte verzögert auf anderen Gebieten weitergehen.

Oder der Arzt gehört zu denen, die nur Schablonen anwenden, weil Nachdenken den Berufsrhythmus stört. Dann sagt er vielleicht, „Ihnen fehlt nichts" und lässt vielleicht sogar durchblicken, der Patient bedürfe psychischer Behandlung.

Wie dem auch sei, in so einer Situation hat der Patient schlechte Karten. Der Durchschnittsarzt, der medizinische Feuerwehrmann, macht zum Beispiel eine Blutuntersuchung und sucht nach Leberenzymen im Blut. Er findet keine erhöhten Werte. Also wird er sagen: „Ihre Leber ist in Ordnung". Dass vielleicht die Leber-Wolis wegen blockierter Enzyme verzweifelt gegen das Platzen ihrer Zellen ankämpfen und dadurch beim Patienten ungute Gefühle entstehen, kann der Arzt nicht feststellen. Erst wenn die Zellen kaputt sind, hat er einen Befund. So lange der Zustand in der Schwebe ist, geht es dem Patienten nicht so gut, aber der Arzt hält den Patienten für gesund.

Was soll der geplagte Mensch denn dann tun? Immerhin weiß er von seinem Arzt, dass lebensbedrohliche Krankheiten ausgeschlossen werden können. Er hat also Zeit und er hat zwei Ansatzmöglichkeiten. Er kann zum einen versuchen, seine Wolis zu entlasten und er kann zweitens versuchen sie zu stärken. Entlasten kann er sie, indem er bekannte Gifte reduziert oder eliminiert. Stärken kann er sie, indem er ihnen gute Arbeitsbedingungen schafft und auch, indem er sie zu mehr Leistung motiviert. Die Suche nach „der einen Ursache" die irgendwann der vielleicht 273te Arzt finden wird, entspricht zwar dem menschlichen Denken, aber meistens nicht der medizinischen Wirklichkeit.

Ich habe, als ich noch zahnärztlich tätig war, in solchen Situationen meinen Patienten gesagt, dass wir mit zunehmendem Alter nicht gesünder werden. Wir sammeln im Laufe des Lebens die verschiedensten Belastungen und Zipperlein auf. Es ist, als ob wir einen Rucksack trügen, in den diese Belastungen als größere und kleinere Steine hineinfallen. Wenn er uns zu schwer wird, dann fühlen wir uns krank. Dann gehen wir zum Arzt. Der sagt dann vielleicht: „Das ist es" und nimmt den Stein heraus, den er erkennen kann. Die anderen Steine, die er nicht erkennen kann, bleiben im Rucksack. Der gläubige Patient kann den Rucksack wieder tragen und „weiß" jetzt, dass es „das" war, woran er litt.

Beim Einen war es vielleicht eine subakute Muskelverspannung, beim Anderen zuviel Quecksilber aus seinen Amalgamfüllungen, beim Dritten eine Milchunverträglichkeit.

Es war ja keine akute Erkrankung. Sein Leben war nicht bedroht, aber es war schon sehr lästig. Es geht ihm nach der Eliminierung des Übels wieder relativ gut, Gott sei Dank. Aber wir werden alle älter. Wenn das Woli-Volk die nächste Demonstration gegen die Regierung organisiert, dann „weiß" der Oberwoli ja schon, was das ist. Und siehe da, diesmal hilft die Therapie vom letzten Mal nicht weiter. Dieser Stein ist ja weg, neue Steine sind dazugekommen. Die einzelnen Belastungen sind unterschwellig geblieben. Nur die Summe der Belastungen hat wieder den Schwellenwert überschritten. Jetzt rührt sich das Woli-Volk wieder.

Es ist wohl klüger, wenn der Arzt nichts Eindeutiges findet, zunächst die bekannten Gifte zu reduzieren, notfalls ganz auszuschalten. Sie nehmen kein Gift zu sich? Dann sind Sie ein Glückspilz! Die meisten Menschen in unserer Gesellschaft tun das. Sie trinken zum Beispiel Alkohol. Manchmal so viel, dass deutliche Vergiftungserscheinungen auftreten (Schwitzen, Taubheitsgefühl, Schwindel, Koordinationsstörungen, Erbrechen, Koma). Aber das merkt ja jeder. Was man nicht merkt, das sind die Einbußen, die man erleidet, wenn man täglich seine zwei oder drei Glas Bier oder Wein trinkt. Psychologen haben Testgeräte, mit denen sie schon geringe Leistungseinbußen bei der Konzentrationsfähigkeit oder bei der Koordination als „minimale cerebrale Dysfunktion" feststellen können. Da ist feststellbar, dass Alkohol eben schon einen Einfluss hat. Dieser Einfluss hat für sich allein genommen keinen Krankheitswert. Darum wird Ihnen der Arzt auch sagen, Alkohol in Maßen schade nicht. Aber er ist ein Stein im Rucksack.

Weitere bekannte Gifte sind Nikotin, Tabakteer, Kaffee, Koffein und Autoabgase. Ich erwähne Kaffee getrennt vom Koffein, da weitere Inhaltsstoffe des Kaffees nicht sehr gesundheitsförderlich sind, nur ist nicht genau bekannt, welche das sind. Empfindliche Menschen reagieren auf zu viel Kaffee mit Entzündungen der Magenschleimhaut. Bei Menschen, die Tee, Kola oder Mate trinken, ist dieser Effekt nicht bekannt, obwohl diese Getränke auch Koffein enthalten. Nichts desto Trotz ist Koffein ein Nervengift. Es hat sogar ein geringes Suchtpotenzial.

Wenn Sie aber lieb gewonnene Gewohnheiten nicht missen wollen, oder tatsächlich ein Asket sind, dann können Sie da keine Steine aus ihrem Rucksack entfernen. Es gibt ja Menschen, die sagen: „Lieber gönne ich mir die kleinen Freuden des Lebens und sterbe dafür halt etwas früher. Dann habe ich wenigstens gut gelebt." Wünschen wir ihnen, dass das dann tatsächlich so eintritt. Es könnte ja auch sein, dass sie lange leben, aber über weite Strecken mit einer miserablen Lebensqualität. Unsere Akutmedizin hält sie zwar am Leben, kann aber ihre Lebensqualität nicht wesentlich verbessern. Ich kannte Menschen, die sagten: „Herr Doktor, ich möchte lieber sterben. So macht das Leben keinen Spaß."

Wenn Sie also keine bekannten Steine aus Ihrem Rucksack entfernen wollen oder können, dann bleibt Ihnen noch die zweite Möglichkeit, nämlich Ihre Wolis zu stärken. Das bringt uns schon wieder zur Ernährung. Als Erstes sollten wir dafür sorgen, dass unsere Wolis alles bekommen, was sie brauchen. Hier ist nach meiner Anschauung ein großes Niemandsland des Wissens. Es gibt Ernährungswissenschaftler, Sportmediziner, Diätassistentinnen, die alle ihr Bestes tun, den Menschen eine artgerechte Ernährung nahezubringen. Die Nahrungsmittelindustrie hält dagegen. Es besteht offenbar genügend Bedarf für Essen aus dem Glas, aus der Dose oder aus dem Plastikbeutel. Mit Geschmacksverstärker, versteht sich. Auf dem weiten Felde des Verbraucher-Nichtwissens

gewinnt die Nahrungsmittelindustrie gegen die Gesund-
heitsinstitutionen eine Schlacht nach der anderen. Und während die Gewinne privatisiert werden, bezahlen wir alle die
Kosten mit unseren Krankenkassenbeiträgen und erhöhten
Sozialabgaben.

Es ist aber auch schwierig, das, was man tun müsste,
auch nur annähernd zu verwirklichen. Erstens müssten wir
Oberwolis wissen, was das Volk alles braucht. Bisher haben
wir herausgefunden, dass es essentielle Aminosäuren gibt, die
unsere Woli-Industrie importieren muss. Dann haben wir
herausgefunden, dass es mit Vitaminen, Mineralstoffen und
Spurenelementen genauso ist. Was haben wir noch nicht
herausgefunden? Was werden wir erst in 50 Jahren wissen?
Oder noch später? Es gibt schlaue Mitmenschen, die schlucken
Vitaminpräparate, weil sie meinen, dann wären sie aus dem
Schneider. Sie sollten aber auch das essen, was wahrscheinlich
die lebenswichtigen Bestandteile enthält, die wir noch nicht
kennen.

Wie können wir wissen, wo die lebenswichtigen Bestandteile drin sind, die wir noch nicht kennen? Das können
wir nicht. Aber wir können die Wahrscheinlichkeit erhöhen,
dass wir alles essen, was wir brauchen, wenn wir möglichst
abwechslungsreiche und frische Kost essen. Das sollten wir
tun. Maschinell Vorgekautes aus der Dose könnten wir uns
gesundheitlich nicht einmal leisten, wenn wir 4000 Kalorien
pro Tag verbrennen würden.

Und was das regelmäßige Schlucken von Vitaminen aus
der Schachtel anbetrifft, so habe ich den Eindruck, dass das
auch einen Gegeneffekt haben kann. Die Wolis scheinen sich
darauf zu verlassen, dass diese Nährstoffe jetzt im Überfluss
kommen. Sie verlieren die Fähigkeit, sich zu behelfen, andere
Wege zu finden, wenn einmal Not ist. Bei uns Menschen

würde man das „Verweichlichen" nennen. Völker, denen es
zu gut ging, das lehrt die Geschichte, sind von „hungrigen"
Völkern „geschluckt" worden. Wenn jemand an einer Infekti-
onskrankheit stirbt, könnte das eine Analogie auf der Woli-
Ebene sein. Es scheint also sinnvoll zu sein, wenn der Oberwoli und seine Regierung dafür sorgen, dass das Woli-Volk
leistungsfähig und kampfstark bleibt.

In allen Kulturen gibt es Fastenzeiten. Medizinisch lässt
sich das Fasten als Entschlackungsmethode verstehen. Wenn
weniger Nahrungsmoleküle im Umlauf sind, dann können
mehr Abfallmoleküle transportiert und ausgeschieden werden. Man kann es aber auch als Methode verstehen, die Wolis
zu trainieren, in Notzeiten besser zurechtzukommen. Als
internes Überlebenstraining sozusagen. Natürlich kann Fasten
nur ein Intervalltraining sein. Das wäre eine Möglichkeit, die
Wolis zu stärken. Eine andere Möglichkeit ist, die Wolis des
gesamten Staatsgebietes zu vermehrter Tätigkeit anzuspornen.
Das geschieht am besten durch regelmäßige (tägliche!) körperliche Übungen.

Was macht die Masse der Wolis, wenn sie gut mit
Nährstoffen versorgt wird und sonst von ihr nicht viel verlangt wird? Wahrscheinlich macht sie ihre Arbeit gerade
ausreichend und kümmert sich sonst um ihr Privatleben.
Diese Analogie aus unserer Menschenwelt ist einleuchtend.
Wenn einmal zusätzliche Belastungen auf das Staatswesen
zukommen, dann sind hier wie da keine Leistungsreserven
vorhanden. Wenn die zusätzlichen Belastungen nicht bewältigt werden können, dann kann größerer Schaden eintreten.

Wird ein uninformierter und untrainierter Fast Food Esser mit einer größeren Portion Grippeerregern konfrontiert,
dann wird er wahrscheinlich für einige Zeit krank sein. Seine
Wolis haben keine Reserven, um die zusätzliche Belastung zu

verkraften. Sie fangen erst an, sich in Form zu bringen, wenn
ihr Immunsystem Alarm gibt. Die Erreger haben einen Vor-
sprung, der erst einmal aufgeholt werden muss. Dazu kommt
die Einschränkung durch Mangelernährung.

Ein informierter und leistungsfähiger Mensch trainiert
seine Wolis täglich. Er verheizt sie nicht, sondern er fordert sie
so, dass sie die erhöhte Leistung auch bringen können. Wie
stellt es der Oberwoli an, möglichst alle Wolis seines Staates
zu fordern? Es geht nur durch Bewegung. Durch Bewegung
werden Muskelwolis veranlasst, den Muskelstoffwechsel zu
erhöhen. Mehr Nährstoffe, mehr Sauerstoff, mehr Herztätig-
keit, mehr Lungentätigkeit, mehr Nerventätigkeit, mehr Ge-
hirntätigkeit resultieren daraus. Tätigkeiten, die sehr viele
Muskeln beanspruchen sind Schwimmen, Laufen, Radfahren.
Der kluge Oberwoli wird auch seinen Tag so gestalten, dass er
Verrichtungen, die er sowieso tun muss, mit nützlicher Bewegung verbindet. Damit will ich sagen, dass man auch zum
Briefkasten gehen kann, anstatt mit dem Auto zu fahren.
Kurze Strecken kann man mit dem Rad fahren. Statt den
Aufzug zu nehmen kann man Treppen steigen. Und eine
halbe Stunde sollte man im Tagesablauf einplanen, in der man
sich so sehr anstrengt, dass man ins Schwitzen kommt. Man
sollte aber nicht außer Atem kommen und nicht Schmerzen
haben bei diesem Training der Wolis. Man muss das Gefühl
haben, als könne man diese Belastung stundenlang ertragen.
Wir wollen unsere Wolis animieren, aber nicht vergewaltigen.

Der Oberwoli ist da, wie sonst auch im Leben, in der
Rolle des Politikers. Er muss das tun, was möglich ist. Er muss
sein Volk fordern, aber nicht überfordern. Gibt er dem „Faul-
heitsbedürfnis" eines satten Volkes nach, dann wird er selber
mitsamt seinem Volk die Folgen zu tragen haben.

Wenn Sie für Ihr Gewicht zu klein und auch sonst körperlich nicht so gut drauf sind, und Sie haben sich entschlossen, diesen Zustand zu ändern, dann sollten Sie fachkundigen medizinischen Rat in Anspruch nehmen. Fitnesstraining ist nicht „Rennen bis die Zunge aus dem Halse hängt". Wenn Sie es richtig machen, werden Ihre Wolis Sie nach einiger Zeit mit Glücksgefühlen belohnen.

Wenn Sie es richtig machen, werden alle Woli-Instanzen merken, dass in Zukunft mehr Leistung verlangt wird. In den Zellen werden dann zum Beispiel für den größeren Energieumsatz mehr Mitochondrien gebaut. Sie erinnern sich noch, Mitochondrien sind die Kraftwerke der Zellen, wo der Sauerstoff mit dem Wasserstoff von zerlegten Zuckern zur Reaktion gebracht wird. Wenn in den Zellen auf diese Weise mehr Leistungsreserve vorhanden ist, dann wird die Portion Grippeerreger, die den uninformierten und untrainierten Fast Food Esser für zwei Wochen außer Gefecht setzt, vielleicht nur einen Niesanfall auslösen. Die Abwehrzellen sind schneller, die Interferon- und Antikörperproduktionen laufen schneller an und mit höherem Ausstoß, die interne Kommunikation geht schneller. Bevor die Eindringlinge ihre Gefährte soweit vermehrt haben, dass Krankheitssymptome auftreten, sind sie schon wieder rausgeworfen oder entwaffnet.

Konflikte mit kleinsten Lebensträgern

Diese Gedanken bringen uns zu dem Zusammentreffen mit anderen Lebensformen. Die Welt ist voller Leben. Oder: Die Wolis sind überall. Sie bewegen sich in den unterschiedlichsten Konstruktionen teils aktiv, teils passiv durch diese Welt. Die Konstruktionen, die wir sehen können, sind uns vertraut.

Aber es gibt ja auch Konstruktionen, die sind so klein, dass man sie gerade noch im Mikroskop erkennen kann. Unter diesen Kleinen sind auch Krankheitserreger. Entweder sie schweben in der Luft und werden eingeatmet oder sie werden durch Körperkontakt übertragen. Im menschlichen Körper angekommen, folgen deren Wolis unterschiedlichen Strategien um zur Vermehrung zu kommen. Denn das ist ja das Bestreben allen Lebens. Erst die Vermehrung der Erreger führt zur Krankheit. Dafür brauchen sie Baustoffe und Energie. Unsere Baustoffe und unsere Energie.

Die Oberwolis haben unterschiedliche Kenntnisstände, was die Außenwelt anbetrifft. Das hatten wir uns ja schon klargemacht. Vielleicht gibt es Oberwolis, die mit ihrer Konstruktion auf einem Menschen landen und gar nicht bemerken, dass sie auf einem Lebewesen gelandet sind. Solange sie sich damit begnügen, auf der Oberfläche zu leben, werden sie relativ ungeschoren bleiben. Auf der Haut und im Verdauungstrakt haben wir viele Bewohner. Wenn man sich nicht wäscht, vermehren sich die Hautbewohner so stark, dass man ihre Ausscheidungen riechen kann.

In einem gut organisierten Staatswesen gibt es auch Polizei und Reinigungswesen. Im Woli-Staat unseres Körpers sind diese Institutionen in den Zellen des Immunsystems untergebracht. Vielleicht sind auch die verschiedenen Antikörper „bemannt".

Wenn man liest, was Fachleute über das Immunsystem schreiben, dann kann man wieder einmal feststellen, dass die individuellen Leistungen der Wolis die Autoren zu Vermenschlichungen geradezu drängen. Es wird von der Polizei des menschlichen Körpers gesprochen. Die verschiedenen Zellen des Immunsystems werden als Polizisten bezeichnet. Da gibt es zum Beispiel die T-Lymphozyten. Sie müssen im

Thymus zur Schule gehen, um die verschiedenen Antigene zu lernen. So die Erklärungen der Autoren.

In der Tat ist die Kommunikation der Wolis im Immunsystem sehr ausgeprägt. Das ist aber auch nötig, da sich die Welt ja ständig ändert und die Erreger natürlich auch. Da müssen ständig Neuigkeiten weitergegeben werden, wenn das System nicht überrollt werden soll. Nicht nur die Erreger ändern sich. Wir Menschen verändern die Welt ja auch auf der Woli-Ebene. Unsere chemische Industrie synthetisiert systematisch und reihenweise Stoffe, die in der Natur bisher nicht vorkamen. Partikel dieser neuen Stoffe gelangen in die Umwelt. Sei es, weil 100% Abschirmung nicht möglich ist, sei es, weil sie nicht für gefährlich gehalten werden, sei es, weil Unglücksfälle geschehen (Beispiel Seveso). Früher oder später werden unsere Wolis mit diesen Stoffen über die Nahrung oder die Atemluft konfrontiert. Die Wolis des Immunsystems mit ihren verschiedenen Zellen kennen die körpereigenen Moleküle und Stoffe. Was nicht in den Körper hineingehört, das bereiten sie für die Ausscheidung aus dem Körper vor.

Das Auftreten neuer Fremdstoffe und neuer Erreger muss den Wolis der Abwehrzellen schnell bekannt werden, damit sie mit möglichst geringer Verzögerung reagieren können. Um diesen Prozess effektiver zu gestalten, haben die Wolis ein System entwickelt.

Weiße Blutkörperchen patrouillieren ständig durch unseren Körper. Treffen sie auf Fremdkörper, dann werden diese eingesammelt. Das besorgen letzten Endes so genannte Fresszellen, auch Makrophagen genannt. Deren Wolibesatzungen verfügen über ein ganzes Arsenal von Kampf- und Verdauungsstoffen. Außerdem kommunizieren sie mit anderen Zellen, vor allem mit den Infektionsspezialisten, den Lymphozyten. Die Lymphozyten bauen so genannte Antikörper. Im

Gegensatz zu den Makrophagen, die als universaler Reinigungs- und Informationsdienst sehr individuelle Leistungen erbringen, sind die Lymphozyten teilautomatisiert und „verbeamtet". Das heißt, die Entscheidungsfähigkeit ihrer Wolis ist eingeschränkt. Sie sind „Verordnungsausführer".

Makrophagen schwimmen im Blutstrom. Ihre Wolis sind in der Lage, eingedrungene Fremdkörper und Erreger wahrzunehmen und individuell darauf zu reagieren. Die Makrophagen verlassen dann den Blutstrom und bewegen sich auf ihre Beute zu, um sie zu vereinnahmen. Die Wissenschaft nennt das Chemotaxis. Wie sie die Beute orten? Das ist der Wissenschaft noch unbekannt. Aber es ist eine individuelle Leistung, wie sie letzten Endes nur von Lebewesen erbracht werden kann. Wir können das getrost als einen Beweis für die Existenz der Wolis ansehen und das Ortungssystem im Bereich der Strahlung sehr feiner Teilchen vermuten.

Wahrscheinlich untersuchen die Besatzungen der Makrophagen die eingefangenen Fremdkörper und Erreger auf verwundbare Strukturen. Das kann man daraus schließen, dass sie an ihrer Oberfläche Teile ihrer Beute als so genannte Antigene präsentieren. Die Anti-Infektionstruppen, die Lymphozyten, können diese individuelle Leistung nicht erbringen. Sie sind sozusagen die Befehlsempfänger der Makrophagen. Ein Teil der Lymphozytenflotte, die B-Lymphozyten, docken zwar an Fremdkörpern und Erregern selbständig an. Dann müssen deren Wolis aber auf die Befehlsübermittlung durch andere Spezialisten warten.

Diese Spezialisten, die Wolis der T-Lymphozyten lesen die von der Makrophagenbesatzung erarbeitete Information und geben sie an die Wolis der B-Lymphozyten weiter. Mit dieser Information bauen die Wolis der B-Lymphozyten zu dem ausgewählten Antigen passende Antikörper. Die Antikörper werden in die Körperflüssigkeiten ausgeschüttet. Sie blockieren die Aktivitäten der Antigenträger, so dass diese dann keinen Schaden mehr anrichten können und später von den Besatzungen der Fresszellen entsorgt werden können.

Kompliziert, was die (personifizierte) Evolution da aus einer Reihe von Zufällen zusammengebastelt hat, nicht wahr? (Ich hoffe, dass diese Behauptung bei Ihnen Widerspruch erzeugt!) Das Tolle bei der Sache ist, dass es Lymphozyten gibt, die sich die Antikörperkonstruktionen merken. Tritt der gleiche Erreger wieder auf, dann fangen diese B-Lymphozyten sofort mit der Antikörperproduktion an. Der Erreger hat keinen zeitlichen Vorlauf mehr. Wir sind dann gegen diese Krankheit immun!

Das sind einige Aspekte des Immunsystems, soweit sie als Indiz für die Existenz der Wolis dienen können. Übrigens: Jeder B-Lymphozyt kann nur eine einzige Antikörperart herstellen. Aber im Laufe des Lebens kommt da einiges zusammen. Wissenschaftler schätzen, dass die Anzahl der Antikörper, die ein Erwachsener vorrätig hat, einige Milliarden beträgt (bei circa 2 Billionen B-Lymphozyten). Es gibt übrigens noch Lymphozyten, durch deren Vermittlung der Antikörperproduktionsprozess gestoppt wird, wenn der Feind vernichtet ist. (Auch das muss man den Wolis der B-Lymphozyten sagen). Und es gibt Lymphozyten, deren Besatzungen irgendwoher die Information bekommen, welche Substanzen gegen die Eindringlinge wirken. Genau diese Substanzen stellen sie dann her und wenden sie auch an.

Kommen also die Wolis der Mikroorganismen auf die Idee, mit ihren Konstruktionen in den Woli-Staat eines Menschen einzudringen, dann werden sie nicht lange Freude an ihren Konstruktionen haben. An den Grenzen des Wolistaates, vor allem an den besonders gefährdeten Schleimhäuten, erwarten sie die Polizeitruppen. Die verhaften sie und zerlegen ihre Konstruktionen. Dann haben die Eindringlinge Pech gehabt. Ohne ihre DNS können sie das, was sie gelernt haben, nicht mehr machen. Wahrscheinlich müssen sie sich im menschlichen Woli-Staat ganz hinten anstellen und schauen, ob sie sich eingliedern können. Aber das sind Gedankenspiele. Dafür haben wir keine Indizien.

Ganz handfeste Indizien haben wir aber für die Vermutung, dass es Wolis gibt, die es ganz gezielt darauf abgesehen haben, mit ihren Konstruktionen in den menschlichen Körper einzudringen. Es gibt Viren und andere Erreger, die brauchen unsere Zellen für ihre Vermehrung. Nicht irgendwelche Zellen, sondern menschliche Zellen. Warum? Weil sie sich da auskennen und die richtigen Werkzeuge haben. Das Mumps-Virus sucht die Ohrspeicheldrüse auf, das Hepatitis-Virus wandert zur Leber. Die Tatsache, dass verschiedene Erreger verschiedene Zielorgane im menschlichen Körper haben, zeigt, dass deren Oberwolis planvoll vorgehen und sich in unserem Woli-Staat zumindest grob auskennen. Die Tatsache, dass bestimmte Erreger immer die gleichen Farbmuster auf der Haut hervorrufen (Masern, Scharlach, Windpocken) zeigt, dass auch hier Programme existieren, welche eine gewisse Kenntnis unseres Körpers voraussetzen.

Es gibt auch Erreger, deren Besatzungen auf die Konfrontation mit unseren Polizeitruppen vorbereitet sind. Sie haben Gegenstrategien ausgearbeitet. Am erfolgreichsten sind die Wolis, die in den HIV-Viren reisen. Noch haben unsere Wolis auf ihrer Ebene keine Mittel gefunden, sie erfolgreich zu bekämpfen. Und die Oberwolis unserer Wissenschaftler sind auf der Menschenebene auch noch nicht sehr weit gekommen

Aber was sollen die Wissenschaftler machen? Sie sind mit Lebewesen konfrontiert. Lebewesen passen sich veränderten Bedingungen an. Es wird ein ewiger Krieg bleiben. Trilliarden von Bakterien sind vernichtet worden, als die menschlichen Oberwolis Penicillin einsetzten. Das hat nicht gereicht. Die Bakterienwolis entwickelten auf ihrer Ebene die Penicillinase und hatten die Nase wieder vorn. Mit diesem Enzym zerstörten sie das Penicillin bevor es ihnen schaden konnte. Es starben also wieder Menschen an der Besiedelung durch diese Bakterien. Die Wissenschaftler bei den Menschen waren wieder am Zuge und entwickelten die nächste Generation der Antibiotika. Und so weiter.

Antibiotika sind gegen das Leben gerichtet, wie der Name sagt. Gegen das Leben der Erreger. Lebewesen sind ja individuell. Es lassen sich daher spezifische Angriffspunkte in den einzelnen Woli-Konstruktionen finden, über die nur diese Konstruktionen verfügen. Antibiotika, die nur an diesen spezifischen Punkten angreifen, schaden anderen Konstruktionen aber nicht. Wenigstens nicht direkt. Wenn wir Menschen Antibiotika schlucken, dann können die spezifisch gegen bestimmte Erreger wirken. Sie können aber auch als Breitbandantibiotikum möglichst viele verschiedene Erreger erfassen.

Im Darm haben wir viele Bakterien, die uns bei der Verdauung helfen. Ein Breitbandantibiotikum tötet auch diese Bakterien. Dann wird wohl die Verdauung beeinträchtigt sein. Also lieber kein Antibiotikum? Der medizinische Feuerwehrmann hat meist nicht die Wahl. Haben die Wolis des Immunsystems den Angriff fremder Lebensformen nicht abwehren können, dann ist Feuer auf dem Dach. Dann muss gelöscht werden, und zwar massiv. Sonst geht Substanz verloren. Um die Wasserschäden muss man sich danach kümmern. Die Akutmedizin ist aber für „Wasserschäden" nur dann zuständig, wenn sie selber akut sind. Verdauungsstörungen? Haare schneiden kann man auch nicht bei der Krankenkasse abrechnen lassen!

7.2 Methoden zur Ergründung von unklaren Beschwerden

Befindlichkeitsstörungen verdienen aber Beachtung. Auch wenn sie noch keinen Krankheitswert haben, zeigen sie doch, dass im Woli-Volk etwas nicht richtig läuft. Auch kommen unklare Beschwerden vor, die zwar auf Krankheiten hindeuten, aber diagnostisch nicht richtig zu erfassen sind. Was tun? Wer auf seine Wolis nicht achtet, der handelt sich langfristig Ärger ein. Nur, das haben wir weiter oben gesehen, der medizinische Feuerwehrmann ist für solche Probleme halt nicht die richtige Adresse. Da kann man sich nicht selber „beim Arzt zwecks Heilung abgeben", da muss man schon eigenständig etwas tun: Ernährung, Bewegung, Gifte meiden.

Wenn das nicht hilft, dann gibt es noch Ärzte und auch Heilpraktiker, die sich einer ganzheitlichen Heilkunde verschrieben haben. Auch bei manchen Zahnärzten hat es sich herumgesprochen, dass an einem Zahn meistens ein Mensch hängt. Wenn die alle bis jetzt auch noch nichts von den Wolis gewusst haben, so ist bei manchen zumindest schon eine Ahnung vorhanden. Bei diesen Heilkundigen ist die Bereitschaft, sich mit Befindlichkeitsstörungen auseinanderzusetzen, größer als bei den Akutmedizinern. Es ergibt sich aber ein ärztliches Problem dabei.

Bei allem medizinischen Vorgehen ist die Abfolge „Befunde, Diagnose, Therapie" unabdingbar. Das ist auch im allgemeinen Leben eine gute Grundlage für Entscheidungen. Je mehr Befunde ich zusammentragen kann, desto genauer kann ich das Problem beschreiben (die Diagnose stellen), desto „richtiger" wird die Maßnahme (Therapie) sein, die das Problem lösen soll. Bei Befindlichkeitsstörungen sind aber die Befunde so undeutlich und vieldeutig, dass eine Diagnose schwierig wird. Wir haben das weiter oben schon betrachtet. Was soll man da tun? Symptome Behandeln ohne ausreichende Diagnose? Nach neuen diagnostischen Verfahren suchen um auf diese Weise mehr Befunde zu erhalten?

Das Problem hat findige Mediziner, Elektroniker und Techniker dazu animiert, Geräte zu bauen, die eine subtilere Diagnostik ermöglichen sollen. Ich nenne hier einmal als Beispiele die Thermographie und die Elektroakupunktur. Mit solchen Methoden versuchen die Erfahrungsmediziner herauszubekommen, wo im Körper Störungen vorliegen, wie die Reaktionslage ist, und welche Therapie dann bei der diagnostizierten Störung wirksam sein soll.

Die Absicht ist lobenswert, aber Sie sehen schon, diese Methoden sollen allerhand leisten. Sie sollen Befunde, Diagnose und Therapievorschlag liefern. Ob das nicht ein bisschen viel ist? In der Thermographie, vielleicht besser Kontaktthermographie genannt, wird die Temperatur empirisch festgelegter Hautpunkte gemessen. Diese Punkte repräsentieren Organe oder Systeme. Aus der Temperatur selber und vor allem aus deren Änderung nach einem Reiz zieht der Diagnostizierende Rückschlüsse auf den Zustand des zugehörigen Organs. Er fragt sozusagen die Wolis nach ihrem Befinden. Aber ich glaube nicht, dass er eine eindeutige Antwort erhält. Zwar haben die Wolis bei dem Aufbau ihrer Konstruktion den Körper segmentförmig unterteilt. Sie erinnern sich: Die würfelförmigen Segmente, deren Woli-Spezialisten ihre Ebenen von der Wirbelsäule bis zur Unterhaut organisieren und ausformen. Da schließen sich andere Woli-Spezialisten jeweils auch mit dem Bau von Nerven und Blutgefäßen an. Insofern bestehen schon Verbindungen von der Haut zu Innenorganen. Aber die Haut unterliegt allen möglichen Einflüssen. Ob die Wolis der Haut und die installierten Automatiksysteme nun auf das Organ reagieren, das der Thermographiediagnostiker gerade messen möchte, oder auf andere Einflüsse oder auf beides, das ist wohl ungewiss. Da wird der Diagnostiker mit viel persönlicher Erfahrung das Messergebnis interpretieren müssen. Und damit wird die Methode subjektiv. Was man schon beurteilen kann mit der thermographischen Messmethode und auch mit anderen Methoden, die Messungen vor und nach einem Reiz vorsehen, das ist die Funktion von Regelkreisen.

Auf einen Reiz sollte eine Reaktion erfolgen. Auf eine Abkühlung von außen sollte eine Erwärmung von innen erfolgen. Passiert das nicht, dann sind die in diesem Regelkreis tätigen Wolis längere Zeit nicht gefordert worden. Sie haben abgewirtschaftete Mitochondrien nicht mehr ersetzt. Teile der Einwohnerschaft sind vermutlich abgewandert, weil da nichts mehr zu tun war.

Erheben die Vertreter der Thermographie noch den Anspruch der Objektivität, da sie einigermaßen reproduzierbare Werte messen, so ist die Lage bei den Elektroakupunkteuren nicht so einfach. Die Grundlagen der Elektroakupunktur und der ihr verwandten Verfahren sind sehr erstaunlich. Da wird durch den Patienten ein sehr geringen Strom hindurchgeleitet. An Punkten, die aus der chinesischen Akupunktur als besondere Hautpunkte bekannt sind, wird dieser Strom in den Körper hineingeleitet und über eine Flächenelektrode, zum Beispiel an der Hand, wieder abgenommen. Nach der Lehre der chinesischen Akupunktur hängen diese Hautpunkte mit Organen und Systemen des Körpers zusammen. Nur, bei den

Chinesen war und ist die Akupunktur ein Therapieverfahren. Die Diagnose erheben die Chinesen auf andere Weise. Die Idee, die Wolis mittels Strom über Akupunkturpunkte nach ihrem Befinden zu fragen, ist doch sehr verblüffend.

In der chinesischen Tradition ist seit etwa viertausend Jahren (wahrscheinlich intuitiv-empirisch) die Akupunktur entwickelt worden. In der westlichen Welt ist sie seit dem 18. Jahrhundert bekannt. Wissenschaftlich aufgearbeitet wird sie allerdings erst seit etwa 1970. Aber die Wissenschaft hat ja auch 150 Jahre gebraucht, um sich des damals schon vorhandenen Mikroskops zu bedienen und endlich festzustellen, dass es Mikrolebewesen gibt. Diejenigen, die vorher durch das Mikroskop geschaut hatten, wussten das schon lange. Nur wussten sie das halt unwissenschaftlich. Vielleicht könnte man da eine Konstante definieren. Etwa derart: Es dauert sechs Professoren-Generationen, bis die geistige Vererbung verblasst und Denkschablonen abgelegt werden. Dann sprechen die neueren Gelehrten vom Paradigmawechsel. Also, man könnte meinen, in 150 Jahren wird die Wissenschaft sich mit den Wolis befassen. Aber ich glaube nicht daran.

Jedenfalls entspringt aller Anfang in der Medizin, auch das, was davon heute Gegenstand wissenschaftlicher Forschung ist, zunächst der Intuition und Empirie. Hiervon ausgenommen sind Medikamente der chemischen Industrie. Da muss man die Intuition streichen und (stumpfsinnige) Systematik dafür setzen. Da sitzen anscheinend studierte Chemiker in den Laboren der Pharmaindustrie und synthetisieren, sozusagen nach Strichliste, alle möglichen chemischen Verbindungen. Dann wird ausprobiert, ob sich diese Verbindungen als Wirkstoffe für Medikamente eignen. Das ist wissenschaftliche Medizin heute.

Was aber, wie die Akupunktur, seit viertausend Jahren
Bestand hat, das muss auch ohne Wissenschaft funktionieren,
sonst wäre es von den Mechanismen der Evolution ausgelesen
worden. Da macht es nichts, wenn die Wissenschaft keine
Erklärung für deren Funktionsweise findet. Das liegt wahrscheinlich nicht an der Akupunktur, sondern an den Denkschablonen der Wissenschaft.

In dem Gedankengebäude, das die Chinesen zur Erklärung der Akupunktur errichtet haben, gibt es Bahnen im
Körper, auf denen etwas fließt, das sie Qi (Tschi) nennen. Das
wird bei uns mit Energie übersetzt, im Chinesischen ist es aber
vieldeutig. Der ungestörte Fluss dieses Tschi sorgt für Gesundheit. Ist der Fluss gestört, so entstehen Symptome. Durch
das Einstechen von Gold- oder Silbernadeln in genau festgelegte Punkte soll der gestörte Fluss des Tschi beeinflusst
werden und so Gesundheit wieder hergestellt werden. Da das
Tschi auf dem Weg durch den Körper durch alle Organe fließt,
sind bestimmte Akupunkturpunkte der Haut dicht mit verschiedenen Organen verbunden. In der Akupunktur versucht
man daher auch, durch das Stechen bestimmter Hautpunkte
den Zustand von Organen zu beeinflussen.

Die Diagnostikmethode der Elektroakupunktur greift
nun dieses Gedankengebäude auf. Wenn es da Bahnen für das
Tschi gibt, dann werden die auch elektrischen Strom leiten, so
meinte ein deutscher Arzt namens Dr. Reinhold Voll. Er ließ
ein Gerät bauen, mit dem der elektrische Leitwert gemessen
werden konnte. Aus den erzielten Messwerten an den bekannten Akupunkturpunkten und deren Änderung schloss er
auf den Zustand der zugehörigen Organe.

Wo das Tschi nicht mehr richtig fließt, da muss auch ein
geringerer elektrischer Leitwert vorhanden sein? Wenn man
Tschi und elektrische Ladungsträger gleichsetzen könnte,

würde das stimmen. Ich meine, dass es bestenfalls einen Bereich gibt, wo sich die Wirkungsbereiche der beiden Phänomene überschneiden. Aber lassen wir das einmal offen. Es gibt viel offensichtlichere Probleme bei dieser Diagnostikmethode. Und die gelten auch bei allen von ihr abgeleiteten Methoden.

Die Diagnostiker messen, indem sie den Messgriffel auf den Messpunkt drücken. Der Druck beeinflusst aber den Messwert. Außerdem beeinflusst der Hauttyp den Messwert und das Änderungsverhalten des Messwerts. Wir brauchen also den standardisierten Diagnostiker, der zunächst mit dem hautadäquaten Druck und dann immer wieder mit dem gleichen Druck misst. Das würde aber auch nicht helfen, da sich der Hautzustand eines Messpunktes durch öfteres Messen verändert und dadurch verschiedene Messwerte für den gleichen „Organzustand" liefert. Die Eingeweihten der Elektroakupunktur leugnen nicht, dass das eine subjektive Methode ist. Sie sagen, dass man Erfahrung braucht, um die Methode erfolgreich anzuwenden.

Es ist klar, dass eine Methode nicht objektiv sein kann, bei welcher der Messende Bestandteil des Messkreises ist. Aber es scheint doch Praktiker zu geben, die verwertbare Ergebnisse mit subjektiven Methoden zustande bringen. Wie geht so etwas? Gegenfrage: Was halten Sie von Wünschelruten und Rutengängern? Alles Humbug? An der Technischen Universität München ist das Phänomen untersucht worden (H.L. König und H.-D. Betz: Erdstrahlen? Der Wünschelruten-Report Eigenverlag H.L. König und H.-D. Betz, München, 1989). Ergebnis: Es ist etwas dran an der Rutengängerei. Zwar sind die meisten Teilnehmer an dieser Studie bei ihren Versuchen über die Zufallswahrscheinlichkeit nicht hinausgekommen, einzelne aber doch. Die Quintessenz ist, dass da ein

Phänomen existiert, dessen Ergründung sich den naturwissenschaftlichen Möglichkeiten bisher entzieht.

Rutengänger sagen, dass der Ausschlag der Rute reflex-
artig geschieht. Reflexe werden von untergeordneten Wolis
am Bewusstsein vorbei ausgelöst. Regierung und Oberwoli
nehmen den Reflex erst sekundär wahr. Im letzten Kapitel
habe ich erörtert, wie ich die Zusammenhänge sehe. Der
Oberwoli muss auf die Gefühle achten, wenn er seinem Woli-
Staat gerecht werden will, hatte ich gesagt. Beim Rutengänger
reicht das Beachten der Gefühle nicht mehr aus. Will er Erfolg
haben, dann muss er seinen Wolis sagen, worauf sie reagieren
sollen. Das ist gar nicht einfach. Er muss Fragestellungen aus
der Außenwelt an seine Innenwelt weitergeben. Dann muss er
sich heraushalten aus dem Prozess. Willentliche, bewusste
Bewegungen würden die Wahrnehmung auf Woli-Ebene
überdecken. Der Rutengänger muss einen gewissen Entspan-
nungszustand erreichen. Er darf seine Wolis nicht beeinflussen, aber er muss ihre Mitteilungen registrieren. Nicht jeden
Tag ist man gleich gut drauf. Außerdem kann die Erfolgser-
wartung bei einem Test schon ausreichen, dass der Entspan-
nungszustand gar nicht erreicht und das Woli-Volk vom
Oberwoli beeinflusst wird. Es ist schon erstaunlich, dass
trotzdem bei der Münchener Studie die Existenz des „Ruten-
gängerphänomens" festgestellt werden konnte.

Zurück zu den subjektiven Diagnostikmethoden. Was
einige Praktiker mit langer Erfahrung bemerkt haben, scheint
der Schlüssel zu der oben gestellten Frage zu sein: „Eigentlich", sagen sie, „brauche ich das Gerät gar nicht. Es geht auch
so. Aber es ist eine praktische Krücke." Das bedeutet im Klartext, dass sie wie der Rutengänger mit ihren Wolis kommunizieren. Sie achten nicht darauf, wie sie den Messgriffel auf den
Akupunkturpunkt setzen. Sie delegieren das an die örtlichen

Wolis. Diese wiederum kommunizieren mit den Patientenwolis und geben dann das verabredete Zeichen in Form von adäquatem Druck auf dem Messgriffel. Der Oberwoli des Praktikers findet seine Antwort auf der Anzeige des Messgeräts. Er könnte es auch „spüren" ohne auf die Anzeige zu schauen. Die Bedingungen für das Funktionieren dieser Woli-Befragung sind wieder die entspannte Durchführung und das Ausschalten von Wollen und Wünschen.

Natürlich kann man Menschen mit Geräten beeindrucken. Technik fasziniert. Das gilt sowohl für Patienten als auch für Behandler. Es hat sich daher ein Markt entwickelt. Behandlern werden Fortbildungen angeboten und natürlich Geräte verkauft. Patienten wird die Diagnostikmethode angeboten, gegen entsprechendes Privathonorar, versteht sich. Die Geräte waren teuer und müssen sich amortisieren. Aber wie oben ausgeführt: Es kommt nicht auf das Gerät an, sondern auf den Behandler, egal ob er sich dessen bewusst ist oder nicht. Das ist das Eine. Das Andere ist, dass sich in diesem Bereich der subjektiven Messmethoden das Gerät auch missbrauchen lässt, um Patienten zu schädigen. Sei es, dass ein gerätegläubiger Fanatiker unkritisch auch widersinnigste, weil voreingenommen erhobene Befunde in falsche Diagnosen umsetzt, sei es, dass ein dem Zeitgeist Verfallener das Gerät einfach nur zum Profit machen benutzt, obwohl er die Befunde selber nicht ernst nimmt. Leider gibt es auch Scharlatane. Das muss man bei dieser Gelegenheit auch sagen dürfen. Und die können sich auf dem Gebiet der Befindlichkeitsstörungen besonders ungeniert betätigen, da die Gefahr gerichtlicher Konsequenzen gering ist.

Habe ich Sie verunsichert? Benutzt Ihr Arzt für Naturheilkunde oder Ganzheitsmedizin oder Ihr Heilpraktiker auch so ein Diagnosegerät? Wenn Sie nicht wegen des Gerätes zu ihm gehen, sondern weil Sie von seinen Fähigkeiten überzeugt sind, dann ist doch alles in Ordnung. Auf den Behandler kommt es an, nicht auf das Gerät. Übrigens kann man subjektive Diagnoseverfahren auch ohne Geräte anwenden. In der Kinesiologie prüft man mit einer bestimmten Fragestellung die Kraft eines Muskels. Bei der Armlängen-Reflex-Methode prüft man mit einer bestimmten Fragestellung die unterschiedliche Anspannung der Wirbelsäulenmuskulatur. Sie zeigt sich in einer leichten Verschiebung der ausgestreckten Arme.

„Der Körper lügt nicht", heißt ein bekanntes Buch zum Thema Kinesiologie. Wir können das präzisieren: Die Wolis lügen nicht. Aber der Oberwoli muss seinem Volk die Antwort auch überlassen und darf sein Volk nicht beeinflussen. Das heißt generell, bei subjektiven Methoden befragt der Diagnostiker seine Wolis. Auf welchem Kanal die Wahrnehmung, das heißt die Kommunikation zwischen den Wolis des Behandlers und den Wolis des Patienten und überhaupt die Kommunikation der Wolis stattfindet, darüber habe ich im letzten Kapitel Vermutungen angestellt. Dass diese Kommunikation existiert, das sehe ich ziemlich klar. Natürlich fehlt mir die Basis für eine genauere Beschreibung. Aber die Menschheit muss ja in der Zukunft auch noch etwas zu erforschen haben.

7.3 Die Definition der Gesundheit

Die Tatsache, dass der Eine Befindlichkeitsstörungen als Krankheit empfindet, der Andere jedoch nicht, wirft die Frage auf, was denn eigentlich eine Krankheit ist. Bei Verletzungen und akuten Erkrankungen ist der Fall klar. Die Erkrankung ist für die Umwelt deutlich erkennbar. Die Befunde sind objektiv feststellbar. Der medizinische Feuerwehrmann kann die Diagnose stellen und die Therapie einleiten. Wie ist es aber, wenn die Befunde nicht ohne weiteres objektivierbar sind?

Betrachten wir das Problem einmal von der anderen Seite: Krankheit ist die Abwesenheit von Gesundheit. Was also ist Gesundheit? Ist es richtig zu sagen: Gesundheit ist der Zustand vollkommenen physischen, psychischen und sozialen Wohlbefindens (Definition der Weltgesundheitsorganisation)? Bezogen auf unseren neuen Kenntnisstand heißt das: Die Konstruktion der Wolis, der menschliche Körper ist vollkommen heil, die Wolis leben in Frieden und Harmonie miteinander und senden ihrer Regierung glückliche Gefühle. Und die Wolis haben zufrieden stellende Kontakte mit den Woli-Völkern ihrer Umgebung.

Ich weiß nicht so recht. Wenn ich Hunger habe, bin ich dann krank? Vielleicht sagt die Weltgesundheitsorganisation ja, dass es dann auf die Dauer der Abwesenheit von Nahrung ankommt. Schon das erste Gefühl des Hungers bedeutet jedoch, dass die Wolis nicht zufrieden sind. Also? So einfach ist es mit der Definition der Gesundheit wohl doch nicht. Die Konstruktion der Wolis befindet sich in einem Fließgleichgewicht. Abbau und Aufbau sollten sich etwa die Waage halten. Für Energieverbrauch und Energiezufuhr gilt das Gleiche. Wie wir aber wissen, essen wir nicht ständig, also kommt von daher schon eine Fluktuation in das Fließgleichgewicht hinein. Die Sauerstoffzufuhr ist auch nicht kontinuierlich. Und was ist, wenn wir schlafen? Wohlbefinden setzt ein funktionierendes Bewusstsein voraus. Das ist aber im Schlaf abgeschaltet. Ist Schlaf dann ungesund?

Von der Konstruktion her ist der Mensch gar nicht dafür ausgelegt, ein statisches Gesundheitsideal zu erreichen.

Die Energieaufnahme aus der Außenwelt und die verschiedenen Interaktionen mit der Umwelt erfordern, dass im Körper
eine Menge Regelkreise installiert sind, die zum großen Teil
automatisch laufen, die aber auch von der Zentrale überwacht
werden. Diese Regelkreise sorgen dafür, dass die Fluktuation
aus der Außenwelt sich in der Innenwelt, auf der Woli-Ebene
nicht so stark auswirken. Die Wolis möchten offenbar in einem
möglichst konstanten Milieu leben, denn dafür haben sie
entsprechende konstruktive Vorkehrungen getroffen.

Regelkreise kennen wir zum Beispiel als Bestandteil der
Heizung. Da gibt es einen Thermostat. Auf dem kann man
einstellen, wie warm es sein soll. Zu diesem Thermostat ge-
hört ein Fühler, der misst die Raumtemperatur. Ist sie zum
Beispiel kälter als der eingestellte Wert, dann sendet der
Thermostat ein Signal an den Stellmotor des Mischventils der
Heizung. Der verstellt das Mischventil so, dass mehr heißes
Wasser aus dem Heizkessel in den Heizungskreislauf des
Hauses geleitet wird. Je nach Typ des Reglers werden Signale
an den Stellmotor gesandt, wenn die eingestellte Raumtemperatur fast erreicht ist oder ganz erreicht ist oder knapp überschritten ist. Das Ideal wäre, die Raumtemperatur ständig auf
dem eingestellten Wert zu halten. Praktisch ist das aber unmöglich, da immer wieder Störungen auftreten. Die Haustür
wird aufgemacht, einige hundert Watt Beleuchtung werden
ein- und ausgeschaltet, Menschen geben ihre Wärme ab und
so weiter. Das System reagiert darauf. Aber es hat einen
Schwellenwert, der erst erreicht werden muss, und es hat eine
gewisse Verzögerung in der Reaktion. Der Regelkreis ist daher
ständig bei der Arbeit, um die Ist-Temperatur möglichst nahe
an die Soll-Temperatur zu bringen.

Der Konstrukteur der Heizung hat den Regelkreis so
ausgelegt, dass er mit den erwarteten Störgrößen fertig wird.

Sollten aber einmal in Mitteleuropa Temperaturen von minus 50 Grad Celsius auftreten, dann wird der Regelkreis wahrscheinlich an seine Grenze stoßen. Das Mischventil ist voll auf, weiter geht es nicht, das Ende der Regelstrecke ist erreicht. Sie als „Zentrale" können dann eingreifen und den Kesseltemperatursollwert höher stellen. Das ist ein anderer Regelkreis, aber er ist über die maximale Wassertemperatur mit dem Raumtemperatur-Regelkreis verknüpft. Wenn das nicht ausreicht, dann schlägt die Störgröße Außentemperatur auf die Raumtemperatur durch, und Sie müssen frieren oder sich wärmer anziehen.

Die Wolis haben zum Beispiel Regelkreise für den Blutdruck, für die Körpertemperatur, für den Kohlendioxidgehalt des Blutes, für den Blutzucker und für viele andere Parameter eingerichtet. Vielleicht auch einen oder mehrere für den Fluss des Tschi? Mit Sicherheit sind der Wissenschaft noch nicht alle Regelkreise im menschlichen Körper bekannt, schon gar nicht deren Verknüpfungen miteinander.

Das Ideal der Gesundheit ist erreicht, wenn bei körperlicher Unversehrtheit alle Regler der Konstruktion Mensch in der Mitte der Regelstrecke stehen. Dann wären alle Wolis zufrieden. Aber kennen Sie ein Volk, in dem alle Menschen zufrieden sind? Das gibt es wohl nicht, weder bei den Menschen noch bei den Wolis. Ideale können als Ziel dienen, die Richtung bestimmen, in die man fortschreiten will, erreicht werden sie aber nie. So hat die Medizin für die Praxis Grenzwerte für die bekannten Regelkreise festgelegt. Teils ist das willkürlich geschehen, teils hat man sich orientiert am Auftreten von objektiven Krankheitssymptomen. Krankheitssymptome bedeuten in dem Falle, dass der Regler am Anschlag ist, das Stellglied ist am Ende der Regelstrecke. Die Einflüsse von außen schlagen dann durch.

Man könnte also formulieren: Gesundheit ist der Zustand körperlicher Unversehrtheit, bei dem die auftretenden
Störgrößen noch ausgeregelt werden können. Das würde den
Grenzwerten entsprechen, die sich an „Freiheit von Krankheitssymptomen" orientieren. Das würde aber auch bedeuten,
dass jemand, der nach dieser Definition gesund ist, von seiner
Regelkapazität her dicht an der Krankheit sein kann, wenn
einer seiner Regelkreise kurz vor dem Anschlag ist, und er die
nächste kleinere Störung schon nicht mehr ausregeln kann.
Der Mensch ist also umso gesünder, je mehr Regelkapazität er
zur Verfügung hat.

Hier gibt es für das Gesundheitswesen der Zukunft eine
lohnende Aufgabe. Wenn es gelingt, die verfügbaren Regelka-
pazitäten in Vorsorgeuntersuchungen festzustellen, dann
könnte im Vorfeld der Krankheit schon Prophylaxe betrieben
werden. Wenn man aber in die Forschungspläne der Universitäten schaut, dann muss man feststellen, dass Gesundheit
kaum ein Thema ist. Krankheiten werden da erforscht. Die
Forscher sitzen in den Blättern des Lebensbaumes. Über den
Stamm machen sie sich kaum Gedanken. Über die Wurzeln
schon gar nicht.

7.4 Therapie

Von den Ärzten möchte man Hilfe haben, wenn man krank
wird. Aber die können auch nur das anwenden, was die
Wissenschaft herausgefunden hat. Oder nicht? Der griechische
Arzt Hippokrates muss auch schon Heilerfolge erzielt haben.
Sonst würden wir ihn nicht kennen. Und der lebte von 460 bis
370 vor Christus. Da gab es noch keine Wissenschaft im heutigen Sinne. Man kann durch Beobachten allerhand lernen.

Auch heute noch. Da, wo die Wissenschaft noch nicht tätig war, aber auf Grund des Wartezimmerdrucks Handlungsbedarf bestand, haben sich schon immer Ärzte gefunden, die beobachten konnten und daraus Schlüsse zogen. Einer von ihnen war der deutsche Arzt Samuel Hahnemann (1755–1843). Er begründete die Homöopathie. Die gibt es heute noch, obwohl sie wissenschaftlichen Erklärungen nicht zugänglich ist. Da ist es ähnlich wie mit der Akupunktur.

Das heißt, unser heutiges Medizinsystem verfügt für die Therapie von Krankheiten, bei denen man Zeit hat, sowohl über die Medikamente der pharmazeutischen Industrie als auch über die Methoden der Erfahrungsmedizin. Was ist besser? Beides ist besser! Oder anders ausgedrückt: Beide haben ihren besonderen Anwendungsbereich, in dem sie besser sind. Welche Hilfe wollen Sie von einem Arzt, wenn Sie sich krank fühlen? Möglichst schnell symptomfrei? Oder darf es auch etwas länger dauern? Meistens ist es so, dass Krankheiten sich über einen langen Zeitraum entwickelt haben. Nur gesund sein möchte der Patient möglichst sofort.

Wenn Sie eine lästige Fliege erschlagen wollten, und Sie haben sie nicht voll getroffen, schauen sie einmal zu, was dann passiert. Körperlich verformt, mit verbogenen Flügeln liegt sie da. Aber bald regt sie sich wieder. Der erste Flugversuch geht vielleicht daneben. Sie landet auf dem Rücken und dreht sich wie ein Brummkreisel. Aber innerhalb kurzer Zeit ist sie dann doch wieder fit und fliegt davon. Dann haben sie zwar Ihr Ärgernis nicht beseitigt, aber Sie können sich fragen: „Wie macht das die Fliege? Sie hatte doch keinen Arzt."

Nach dem, was Sie bis jetzt gelesen haben, werde Sie natürlich sagen, dass die Fliegenwolis das selber repariert haben. Wenn das doch unsere Menschen-Wolis auch könnten! Die Fliege ist klein im Verhältnis zum Menschen. Deren Wolibesatzung besteht wahrscheinlich zum großen Teil aus Individualisten, die mit den verschiedensten Situationen zurechtkommen, und die gesamte Fliegen-DNS bedienen können. Dagegen verfügt der Menschenstaat über ein riesiges Staatsgebiet. Da ist so viel automatisiert, da sind so viele verschiedene Spezialisten tätig, dass keiner mehr die gesamte DNS bedienen kann. Die Spezialisten beherrschen ihr Fachgebiet. Aber wenn fachübergreifende Reparaturen erforderlich sind, bei denen weiträumig koordinierende Programme eingesetzt werden müssen, dann ist keiner da, der das noch kann. Aber wir Menschen haben ja unsere Oberwolis, die mit Hilfe des Bewusstseins über die Außenwelt eingreifen können.

Das heißt aber auch, dass bei unseren Wolis eine beschränkte Fähigkeit zur Selbstreparatur noch vorhanden ist. Muss ja auch sein, da bei uns im Gegensatz zur Fliege das Weiche außen ist und das Harte innen. Da müssen Verletzungen der Weichteile schnell verschlossen werden, bevor sie dann wieder repariert werden. Deswegen haben wir ein sehr kompliziertes System zur Verstopfung von Löchern in der Haut. Das Blut muss und darf nur gerinnen, wenn es den Körper verlassen will. Wehe, das passiert in den Adern! Wie wir alle wissen, funktioniert dieses System sehr gut. Ob ein menschlicher Konstrukteur so etwas auch gekonnt hätte? Oder jemals können wird? (Wer jetzt meint, es gibt doch selbstreparierende Fahrrad- oder Autoreifen, der kennt nicht die Komplexität des Blutgerinnungssystems). Solche „Konstruktionen" sind durch die Zusammenarbeit vieler Lebewesen möglich. In unserer Menschenwelt werden Deichbrüche so repariert. In der Woliwelt sorgen wahrscheinlich die Wolis der Thrombozyten dafür, dass Blutungen gestillt werden und Wunden verschorfen. Allerdings ist in der Blutgerinnung viel Automatik eingebaut.

Wenn also auch unsere Menschen-Wolis noch Möglichkeiten zur Reparatur ihres Staatsgebietes haben, dann sollten wir ihnen auch die Möglichkeit dazu geben. Leider bilden sich unsere Oberwolis zuviel auf ihr Bewusstsein ein und meinen häufig, ihr Volk bevormunden zu müssen. Aus medizinischer Sicht könnte man das Übermedikation nennen. Der Volksmund sagt dann zum Beispiel: Ein Schnupfen dauert mit Medikamenten zwei Wochen, ohne Medikamente 14 Tage.

Wenn ich ein gesundheitliches Problem habe, das mich beunruhigt, dann gehe ich sofort zum Arzt. Ich möchte seine Diagnose wissen. Es könnte ja etwas Schlimmes sein, und Zeitverlust könnte dann fatal sein. Meistens ist das aber nicht der Fall. Bei der Therapie wird es dann schwierig. Ich möchte abschätzen können, ob ich das Problem den Wolis zur Selbstheilung überlassen kann oder nicht. Ich bin auch bereit, die Unmutsäußerungen der Wolis, die als ungute Gefühle bis hin zu Schmerzen in mein Bewusstsein dringen, zu ertragen. Schmerzen möchte ich schon deshalb durch Schmerztabletten nicht „abschalten", weil ich wissen möchte, wann die Notlage vorüber ist. Nur so kann ich mit meinen Wolis kommunizieren und von außen mithelfen, dass die Innenwelt möglichst schnell in Ordnung kommt.

Es ist aber schwierig und bei den medizinischen Feuerwehrleuten auch nicht üblich, die Entscheidung zu treffen: „Da machen wir gar nichts, das warten wir erst einmal ab." Dagegen steht die Erwartungshaltung des Patienten. In den meisten Fällen will er nur symptomfrei sein und so weitermachen wie bisher. Dagegen steht auch die Haltung des Arztes, der mittlerweile diese Haltung des Patienten voraussetzt. („Ich kann den Patienten doch nicht untherapiert gehen lassen, was denkt er dann von mir!?") Und die Therapiefreudigkeit steigt mit zunehmender Ärztedichte.

Ich kann mir's nicht verkneifen: Lebewesen streben nach Vermehrung. Ärzte sind auch Lebewesen. Sie wollen auch Frau und Kinder haben bei einem mitteleuropäischen Lebensstandard. Also wird bei zunehmender Ärztezahl mehr am Patienten gemacht. Unser Volk wächst ja nicht. Also bleibt die Patientenzahl gleich. Das Regulativ wäre die Steuerung der Ärztezahl. Das ist eine Aufgabe der Politik. Die Politik kann das aber nicht leisten. Die Politiker denken lieber in Wahlperioden, Auswirkungen von Ärztezahlregulierungen müssen aber im Zeitraum der Ausbildungsdauer und im Zusammenhang mit Bevölkerungsstruktur, Morbidität, Erfindungsreichtum der pharmazeutischen und medizintechnischen Industrie und anderen Faktoren betrachtet werden. Das mag zwar einzelne Politiker interessieren, aber bestimmt kein politisches Gremium. Die murksen lieber an ärztlichen Budgets herum. Seit Jahrzehnten ohne Erfolg, aber mit der Ausdauer und konstanten Richtung der Lemminge.

Zurück zur Therapienotwendigkeit. Es kann natürlich sein, dass der Eingriff in den Woli-Staat von außen nicht vermeidbar ist. Sei es, dass die Diagnose von vornherein erkennen lässt: Die Wolis schaffen es nicht. Sei es, dass nach Abwarten die Lage nicht besser geworden ist. Dann sind die von der Gemeinschaft der Oberwolis herausgebildeten Spezialisten dran, die mit Eingriffen von außen versuchen, den Wolis zu helfen. Oder sie helfen den Wolis nicht, sondern greifen selber in die Maschinerie des menschlichen Körpers ein. Ich sortiere einmal die Ganzheitsmediziner auf die eine Seite und die medizinischen Feuerwehrleute auf die andere Seite, obwohl das eine Vereinfachung ist. Aber von der Philosophie her ist es so, dass die ganzheitlichen Mediziner versuchen, die Wolis zu stärken, damit die Gesundung von innen heraus möglich wird. (Wir wissen ja: Heilen, das heißt Wiederherstellen des ursprünglichen Zustands, das können nur die Wolis).

Die medizinischen Feuerwehrleute haben ein mehr mechanistisches Weltbild. Wenn zum Beispiel der Blutdruck zu hoch ist, dann geben sie Medikamente, von denen sie wissen, dass sie einen Teil der Regelung blockieren. Das Herz kann dann nicht mehr so kräftig schlagen. Also geht der Blutdruck runter. Damit ist das Einzelproblem des zu hohen Blutdrucks vordergründig gelöst. Aber das System funktioniert nur noch in einem eingeschränkten Bereich. Mich befriedigt diese Art von Medizin nicht. Sie schafft keine Heilung. Sie schränkt ein. Sie gibt den Wolis keine Chance, die Heilung zu bewerkstelligen.

7.5 Krebs, Rheuma und die Wolis

Wenn die Wolis es nicht schaffen, die Heilung zu erreichen, ist es natürlich besser einschränkende Therapien anzuwenden, als gar nichts zu tun. So kann vielleicht der körperliche Zustand stabilisiert werden und das Leben, wenn auch in eingeschränktem Zustand, verlängert werden. Und das wollen Ja die meisten Menschen.

Zum Beispiel bei Krebs oder Rheuma. Da kann und muss man sicher versuchen, die Wolis zu stärken, aber das allein hilft dann nicht mehr. Der Verfall des Wolistaates ist schon zu weit fortgeschritten. Wie kann man Krebs auf der Woli-Ebene erklären? Die Analogie bei den Menschen wäre eine terroristische Vereinigung. Die lebt im Staat, ernährt sich vom Staat. Sie schadet dem Staat bewusst, wenn sie politisch motiviert ist, sie schadet unbewusst, wenn sie kriminell motiviert ist. Sie versucht „Metastasen" zu bilden. Wenn sie groß genug wird, bringt sie den Staat um. Dann war es eine Revolution.

Die Wolis der Krebszellen erbringen keine gemeinschaftsspezifischen Leistungen mehr. Dafür haben sie in der DNS andere Funktionen angeschaltet. Sie vermehren ihre Zellen und lassen sich die nötige Blutversorgung dazu bauen. Wenn sie so viel Staat einnehmen, dass die gemeinschaftsspezifischen Leistungen der anderen Wolis nicht mehr ausreichen, um den Staat zu unterhalten, bricht der Woli-Staat zusammen. Was dann mit den Wolis passiert, darüber könnten wir spekulieren. Bei den Menschen wissen wir es ja aus der Geschichte: Auch wenn der Staat zu Grunde geht, überleben seine Menschen. Die meisten jedenfalls. Die Anführer häufig nicht: Die Revolution frisst ihre Kinder. Zerstören ist leicht. Etwas Besseres dafür zu setzten eben nicht. Da sind Revolutionäre wie Eunuchen. Sie wissen angeblich wie es geht, aber sie können es dann nicht.

Mit der Therapie ist es auch auf beiden Ebenen gleich. Je kleiner der Krebs ist, desto leichter ist er zu besiegen. Aber: Das Milieu lässt den Krebs erst zu! Sowohl bei den Menschen wie auch bei den Wolis ist Unzufriedenheit mit den bestehenden Verhältnissen die Triebfeder. Natürlich gehört ein akuter Auslöser dazu. Aber den allein als Ursache zu betrachten, ist zu einfach gedacht. Wer mit dem Staat zufrieden ist, wird nicht zum Terroristen, der hält einzelne Schicksalsschläge aus. Wenn der Woli-Staat in Ordnung ist, entsteht kein Krebs. Wer aber eine lange Karriere von Krankheiten und die Wolis einschränkenden Medikamenten hinter sich hat, der ist gefährdet. Und wenn das Milieu erst einmal so verändert ist, dass Krebs möglich wird, dann hilft es nur vordergründig, wenn man den Tumor herausschneidet. Wenn das Milieu so bleibt, wird neuer Krebs entstehen. Das ist meine Meinung.

Ich kann mir auch nicht vorstellen, dass die Wolis ihren eigenen Staat ohne Grund zerstören. Unsere Wissenschaft ist aber der Meinung, dass chronische Krankheiten wie Rheuma dadurch verursacht werden können, dass die Zellen des Immunsystems irrtümlicherweise eigene Gewebe angreifen und zerstören. Ich habe eher den Verdacht, dass da eine Art Häuserkampf gegen Partisanen oder Abtrünnige stattfindet. Dabei werden Strukturen zerstört. Der Beweis lässt sich aber nur schwer erbringen. Man müsste dazu das Immunsystem unter sterilen Bedingungen total ausschalten können. Wenn dann trotzdem eine Verschlechterung eintritt, kann man davon ausgehen, dass da noch andere Wolis am Werke sind. Sie hätten sich in den Gelenken für sie günstige Plätze gesucht. Abseits vom Verkehrsstrom der Blutgefäße, sind sie für die Makrophagen nicht leicht zu finden. Die Wolis in den Knorpelzellen der Gelenke werden erst Alarm geben, wenn ernsthafte Störungen vorliegen. Dann kommt die Abwehr des Immunsystems ziemlich spät. So hätten wir mit den Wolis eine Erklärungsmöglichkeit. Ohne die Wolis haben wir eben keine Erklärung.

Vielleicht können wir sogar noch differenzieren. Zellen als Krankheitserreger sind der Wissenschaft bekannt. Proteine als Krankheitserreger sind seit BSE in der Diskussion. Wir haben den Verdacht, dass auch Proteine eine Wolibesatzung haben können. Bei der Wirkungsweise der Enzyme, bei der Vermehrung der Prionen, bei der Giftwirkung von Botulinustoxin, kam der Verdacht auf. Wenn es auch Wolis gäbe, die nicht einmal mehr Proteine hätten? Was machen die Besatzungen der abgefangenen Krankheitserreger? Sind sie wirklich bereit sich zu sozialisieren? Oder gibt es da Untergrundkämpfer, die sich so gut wie möglich im Woli-Staat des menschlichen Körpers verstecken? Wenn wir einmal Wahr-

nehmungsprothesen entwickeln könnten, mit denen wir die
Eigenbewegung der Wassermoleküle betrachten können, dann
würden wir vielleicht auch die Wolis „sehen". Dann würde
wahrscheinlich auch die Ursache der primär chronischen
Polyarthritis, des Rheumas, bekannt werden. Aber das wird
noch lange dauern und ich vermute, dass die Menschen schon
vorher, wegen mangelnden Sozialverständnisses, falscher
Bündelung ihrer Kräfte und der sich daraus ergebenden
evolutionären Mechanismen, ausgestorben sein werden.

7.6 Allergien und die Wolis

Ein weiteres Phänomen in der Medizin ist die Allergie. Da
überreagiert (nach wissenschaftlicher Sichtweise) das Immunsystem. Zehn Menschen atmen Blütenpollen ein. Nichts passiert. Bei der Nummer Elf spielen die Wolis verrückt. Sie
stürzen sich auf die eingeatmeten Pollen wie auf Krankheitserreger, anstatt sie einfach ganz normal zu entsorgen.

Wie kann so etwas erklärt werden? Die Wissenschaft
hat dafür keine Erklärung. Mit den Wolis haben wir zumindest verschiedene Optionen. Man kann Wolis auf der einen
und auf der anderen Seite annehmen. Die Pollen sind ja ähnlich wie Viren oder Sporen Kapseln. Aber in ihnen befinden
sich außer der Wolibesatzung und der DNS noch Vorräte und
Vorrichtungen, um mit der Zielpflanze eine geschlechtliche
Vereinigung zu vollziehen. Wenn es im Normalfall keine
allergischen Probleme gibt, dann bedeutet das, dass die
menschlichen Wolis klar die Oberhand haben. Die Wolis in
den Pollen, die bei Anwesenheit von Wasser ihre Pollenkapsel
öffnen, sehen vielleicht, dass sie „auf der falschen Baustelle"
sind, und sie daher ihre Konstruktion, die Pflanze, nicht bauen

können. Sie werden daher ihre DNS aufgeben und sich in den menschlichen Woli-Staat eingliedern.

Wenn es zu allergischen Reaktionen kommt, sind die menschlichen Wolis wahrscheinlich geschwächt, und die Pollen-Wolis sehen eine Chance, ihre DNS zu retten. Das Ziel wäre: So schnell wie möglich raus aus dem Staatsgebiet der Menschen-Wolis. Die Strategie wäre: Die Mechanismen des menschlichen Wolistaates nutzen, um ihn wieder zu verlassen. Schleimbildung, Sekretbildung, Husten, Niesen, Tränen. Selbst den Juckreiz der Haut mit nachfolgendem Aufkratzen könnte man in diese Richtung deuten. Vielleicht sind die Pollen-Wolis schlau genug, um die Menschen-Wolis zu manipulieren. (Es gibt Pflanzen, die haben viel mehr DNS als wir Menschen!) Oder sie kooperieren und die allergische Reaktion zumindest auf Pollen ist ein Kompromiss mit den geschwächten Menschen-Wolis, der den beiderseitigen Interessen Rechnung trägt. Wie bei der sexuellen Vermehrung kann das Verhalten artdienlich sein und dem Einzelwesen wenig Vorteil bringen. Wenn nämlich die Bildung von Antikörpern erst stattfinden muss, damit beim nächsten Kontakt das Niesen erfolgt, können diese Pollen-Wolis ihre DNS nicht retten. Sie können höchstens selber in die nächsten Pollen umsteigen, bevor diese aus dem menschlichen Körper herausgeniest werden.

Allergische Reaktionen werden aber auch beschrieben beim Eindringen von tierischen, pflanzlichen und synthetischen Stoffen in den menschlichen Körper. Bei tierischen und pflanzlichen Stoffen kann man immer noch Wolis vermuten, wenn Proteine dabei sind. Bei synthetischen Stoffen scheidet diese Annahme wohl aus. Dass Wolis Produkte unserer Chemiker besiedeln, das ist zu unwahrscheinlich. Aber ist der Mechanismus der allergischen Reaktion bei synthetischen

Stoffen und bei Stoffen, bei denen man Wolis vermuten kann, tatsächlich gleich? Allergie ist ursprünglich definiert worden als ein Komplex von Krankheitszeichen, die als Folge von überschießenden Antigen-Antikörper-Reaktionen auftreten. Der Begriff der Allergie ist meines Wissens aber auch erweitert worden auf ähnliche Komplexe von Krankheitszeichen, ohne auf deren Auslösemechanismus zu achten. Da müsste man vielleicht in der Benennung genauer unterscheiden.

Grundsätzlich reicht es auch, wenn geschwächte Wolis im Immunsystem Fehler machen. Stellen Sie sich vor, Sie wären Kapitän eines Makrophagen. Sie patrouillieren im Blutstrom eines menschlichen Wolistaates. Tagelang haben Sie nicht die benötigten Ersatzteile bekommen, um ihre Werkzeuge zu reparieren. Die in der Zentrale haben wohl Probleme mit der richtigen Versorgung ihres Volkes. Da entdecken Sie Fremdstoffe, die sie an Bord nehmen müssten. Das geht aber nicht mit den defekten Vorrichtungen. Sie überlegen, was Sie tun sollen. Ihre Aufgabe ist es, die Fremdstoffe unschädlich zu machen. Dazu haben Sie ja in ihrem Makrophagen diese Granula, diese Behälter mit hochaktiven Stoffen. Wenn es nicht innerhalb des Makrophagen geht, so entscheiden Sie, dann muss es halt außerhalb des Makrophagen geschehen. Sie geben Anweisung, die Granula nach außen zu entleeren. Die hochaktiven Stoffe gelangen so in den Blutstrom. Dort, und das haben Sie nicht bedacht, wirken sie nicht nur auf die Schadstoffe ein, wie Sie es beabsichtigt hatten, sondern auch noch auf andere körpereigene Systeme. Blutgefäße werden weit gestellt, andere Aufräumtrupps werden alarmiert, und was am schlimmsten ist, Nervenenden werden gereizt und die Situation wird in die Zentrale gemeldet. Hätten Sie das alles bedacht, dann hätten Sie sich vielleicht überlegt, ob die Bedrohung durch die Fremdstoffe tatsächlich so groß ist, bevor Sie diesen ganzen Wirbel ausgelöst hätten. Aber Sie sind ja schließlich da, um ihre Aufgabe zu erfüllen. Wenn die da oben die ausreichende Versorgung nicht sicherstellen können, dann brauchen die sich nicht zu wundern, wenn auch unten mal etwas schiefgeht. Recht haben Sie!!

Unsere Wissenschaftler kennen die Wolis zwar nicht. Aber sie haben festgestellt, dass Granula der Makrophagen „irgendwie" in den Blutstrom ausgeschüttet wurden, wenn allergische Reaktionen auftreten. Für das „irgendwie" finden sie dann einen Namen. Das schafft unter den Gebildeten die Illusion, man wüsste es: „Ach Sie wissen nicht, wie das geht? Das ist doch ganz klar, das geschieht durch Exozytose!" Und wenn man dann sagt: „Ja, ja, und der Unterschied liegt in der Differenz!", dann sind sie beleidigt.

Allergische Reaktionen sind also nicht auf die regionale Verwaltungsebene der Wolis beschränkt. Die Regierung ist informiert und kann sich zum Handeln genötigt sehen. Hormone werden dann zum Beispiel ausgeschüttet, um die Situation zu beruhigen. So heißt es in der Sprache der Wissenschaft: Hormonausschüttung. Wenn man die Wolis im Sinn hat, dann kann man sich fragen, warum es Hormone gibt, die als größere Proteine konstruiert sind, wenn ihr Zweck nach Meinung der Wissenschaft darin bestehen soll, dass sie durch Andocken an einem Rezeptor der Zelle ein Signal übermitteln. Dann würde doch das Gegenstück zum Rezeptor allein genügen. Der Rest wäre hinderlicher Ballast, dessen Träger in der Evolution Gefahr liefe, ausgelesen zu werden.

Aber vielleicht ist ja das Protein ein Gefährt für eine Abordnung von Wolis, die eine Spezialausbildung absolviert haben. Diese Spezialisten sollen jetzt vor Ort ihre Kenntnisse einbringen. Vielleicht sind sie es ja, die Hormonwirkungen zustande bringen. Und die Rezeptoren zeigen ihnen nur, wo sie gebraucht werden. So könnte man auch verstehen, warum die Regierung nicht einfach über die Nervenleitungen telefoniert, sondern Gefährte über den Blutstrom losschickt.

7.7 Psychische Erkrankungen und die Wolis

„Das Gehirn steuert den Körper". Dem stimmen viele Menschen zu. Die Wissenschaft war aber sehr überrascht, als vor einigen Jahren nachgewiesen wurde, dass die Psyche Einfluss auf das Immunsystem hat. Da die Wissenschaft keine Wolis kennt, ist die Psyche für sie etwas völlig Unverständliches. Die Theorien, die es da gibt, sind in meinen Augen ziemlich absurd. Aber sie sind akzeptiert und zu Schablonen geworden. Die Schablonenbesitzer werden ihren Besitz verteidigen.

Mit den Wolis haben wir keine Schwierigkeiten, psychosomatische Phänomene so zu erklären, dass sie eigentlich jeder verstehen müsste. Ich gebrauche den Begriff Seele synonym zum Begriff Psyche. Die Seele ist das, was dem Körper innewohnt, also das gesamte Woli-Volk. Wenn in der Ganzheitsmedizin davon die Rede ist, dass jede Krankheit in der Seele anfängt, so ist das durchaus plausibel. Wenn das Woli-Volk nicht mehr kann oder will, verfällt das Gebäude der Wolis, der menschliche Körper. Das bedeutet auch, dass selbst, wenn die Ernährung stimmt, keine schleichenden Vergiftungen vorliegen und keine Krankheitserreger in den Körper eingedrungen sind, doch körperliche Schäden auftreten können.

Es kommt vor, dass eine Woli-Regierung durch die Konfrontation mit der Außenwelt überfordert ist. Das wird besonders dann der Fall sein, wenn deren Oberwoli in seinen Möglichkeiten, die Außenwelt gründlich zu erkunden, erheblich eingeschränkt war und ist. Dann wird die Woli-Regierung in der Innenwelt andere Prioritäten setzen. Sie wird ihrem Volk sehr häufig Bedrohungen signalisieren. Die Adrenalinspiegel haben dann ein Dauerhoch. Die sonstige Versorgung gerät ins Hintertreffen. Selbst wenn alle benötigten Nährstoffe aus der Außenwelt importiert werden, klappt es doch mit der Verwertung und Verteilung nicht richtig. Der „nervöse Magen", der „Reizdarm", Kreislauferkrankungen sind dann die Folge. Dann kommt der medizinische Feuerwehrmann mit seinen Medikamenten und schränkt die Wolis noch mehr ein. Heilung kann man so nicht erwarten.

In der Menschenwelt kennen wir das ja auch. Ein Volk fühlt sich von seinen Nachbarn bedroht. Die Regierung forciert die Verteidigungsbereitschaft. Die Rüstung wird hochgefahren. Durch die Umschichtung der verfügbaren Mittel entstehen Engpässe. Der Lebensstandard der Bevölkerung sinkt, Lebensmittel werden rationiert. Und so weiter.

So kann man mit den Wolis die Entstehung psychisch bedingter Krankheiten verstehen. Auch Sucht und Drogenproblematik lässt sich mit den Wolis besser verstehen. Aber da sind die Verhältnisse doch sehr kompliziert. Darüber und über Therapie und Heilung psychischer Krankheiten möchte ich hier keine Aussagen machen.

Aber die Übertragung des Prinzips der Gesundheit auf die nächsthöhere Ebene, die möchte ich gern behandeln.

Die Wahrscheinlichkeit, dass wir den Kampf verlieren werden, darf uns nicht davon abhalten, eine Sache zu unterstützen, die wir für gerecht halten.
Abraham Lincoln

8 Über die Zukunft der Menschen

Wie ich ganz am Anfang dieses Buches erwähnt habe, ist es mir ein persönliches Bedürfnis, meine Gedanken über die Zukunft der Menschen zu äußern. Ich will niemanden überzeugen. Ich will nur zum Nachdenken anregen.

Der Grund ist: Meine Wolis senden mir ziemlich oft ungute Gefühle, wenn sie mit den Inhalten von Zeitungen, Zeitschriften, Fernsehen und Ähnlichem konfrontiert werden. Das, was da über das Verhalten von Menschen und das Verhalten menschlicher Kollektive berichtet wird, das gefällt ihnen offenbar häufig nicht.

8.1 Kollektive im Krankenstand

Auch ich als Oberwoli mache mir Sorgen. Nicht meinetwegen oder meiner Kinder und Enkel wegen, sondern ganz allgemein der Menschen wegen. Ich fürchte sozusagen um das Fortbestehen von menschlicher DNS und Poppers „Welt 3".[1] Wir als Spezies haben doch so viel erreicht. Setzt man eine Zielrichtung der Evolution voraus, dann sind wir auf dem Planeten Erde eindeutig die meistversprechende Art. Es wäre doch schade, wenn wir die Evolution in der Weise fortführen würden, dass wir uns selbst auslesen und vielleicht den Ratten oder den Ameisen die Spitzenposition auf diesem Planeten überlassen würden. Die Auslese geht nicht nur per Atombombe, sie geht auch per Klimawandel und dessen Weiterungen. Und das sind bei Weitem noch nicht alle denkbaren Möglichkeiten. Auch der Nobelpreisträger Manfred Eigen zum Beispiel sah die Gefahr. In seinem Buch „Das Spiel" (Manfred Eigen, Ruthild Winkler: Das Spiel, Naturgesetze steuern den Zufall. Piper Verlag Taschenbuch 1996, Seite 226) schreibt er: „Wäre es nicht viel wichtiger, die menschliche Gesellschaft – als dem einzelnen Menschen übergeordnete Evolutionsstufe – zu einem vernünftig reagierenden „Lebewesen" zu gestalten, das aufhört, sich selbst zu zerstören?"

Was ist der Grund für diese Gefahr? Ich sehe da das einfache Prinzip der Gesundheit. Dem Oberwoli geht es gut, wenn es seinem Volk gut geht. Dann ist die Person gesund. Auf die nächsthöhere Ebene übertragen heißt das: Geht es den

---

[1] Der österreichisch-britische Philosoph Sir Karl R. Popper hat alles Existierende und alles Erfahrbare in drei Welten eingeteilt: Welt 1 = Physikalische Objekte und Zustände, Welt 2 = Zustände des Bewusstseins, Welt 3 = Wissen, Kultur im objektiven Sinn.

Menschen gut, wird die Regierung wieder gewählt. Man kann aus diesem Prinzip den Schluss ziehen: Wenn man will, dass es einem langfristig gut geht, dann muss man sich so verhalten, dass es dem Kollektiv, in dem man lebt, gut geht. Man muss nicht den Eigennutz voranstellen, sondern den Gemeinnutz. Der Eigennutz ist auch wichtig, aber der Gemeinnutz muss Vorrang haben. In der westlichen zivilisierten Welt sind wir nun mal nicht mehr allein lebensfähig. Es kann nicht mehr jeder seine Kleidung selbst herstellen. Es kann nicht mehr jeder eine Kuh selber melken und ein Schwein selber schlachten. Wir sind auf die Anderen angewiesen in sehr vielfältiger Weise.

Wir in der so genannten „zivilisierten westlichen Welt", wir verfügen über so viel Bildung, dass wir uns demokratische Staatsformen leisten können.[1] Aber wir haben nicht genügend Bildung, um den Mechanismus Eigennutz zu Gemeinnutz zu durchschauen, die Evolution der Kollektive zu begreifen, und entsprechend zu handeln. Der Alltag zeigt, dass der Eigennutz überwiegt, sei es im Privatbereich, in der Wirtschaft oder in der Politik. Deshalb meine ich, dass unsere Staaten krank sind, und Kranke laufen eher Gefahr zu sterben als Gesunde.

8.2 Wie könnten wir die Zukunft gewinnen?

Der Mensch als Zusammenschluss von Billionen von Einzelzellen ist der Beweis dafür, wie weit man es mit Zusammenschluss und Kooperation bringen kann. Das Miteinander vermindert für den Einzelnen die Auslesemechanismen in der

---

[1] Leider gibt es Staatsführer, die unsere Staatsform dahin verpflanzen wollen, wo die Menschen gar nicht reif für diese Staatsform sind. Da fehlt wohl doch das richtige Verständnis

Evolution. Ein Kollektiv, sei es Staat oder Mensch, ist aber nur dann gesund, wenn es allen seinen Individuen gut geht, wenn die erzielten Leistungen des Kollektivs ausgewogen allen Individuen zugutekommen. Sonst macht das Kollektiv keinen Sinn.

Natürlich ist es leicht, die Prinzipien zu sehen. Der Teufel steckt wie immer im Detail. Wie konstruiere ich einen Staat, der gewährleistet, dass die Gemeinschaftsleistung ausgewogen allen zugutekommt? Es geht meines Erachtens nur über die Köpfe der Menschen, über die Bildung. Und das dauert lange.

Die Menschen müssen lernen, dass sie Teil eines Staates sind, der durch eine Gemeinschaftsleistung ein Bruttoinlandsprodukt erwirtschaftet. Das Bruttoinlandsprodukt kann ausgegeben werden oder auch in Vermögen umgewandelt werden. Sind sie berufstätig, dann sind sie an der Erwirtschaftung dieses Bruttoinlandsprodukts durch ihre Arbeit direkt mitbeteiligt. Sind sie in der Ausbildung oder im Ruhestand oder durch Krankheit oder andere Umstände gehindert, zum Bruttoinlandsprodukt beizutragen, dann profitieren sie besonders davon, dass sie Mitglied des Staates sind, und dass der Staat Vermögen gebildet hat oder kreditwürdiger ist als eine Einzelperson.

Ein Individuum, ein Einzelwesen ohne Staat oder ohne schützende Gruppe, hätte keine kollektivgeschützte Lernphase. Es müsste sich sofort um seinen Lebensunterhalt kümmern. Ein Einzelwesen ohne Staat hätte keinen Ruhestand. Es würde so lange sich selbst versorgen, wie es dazu fähig wäre und dann zu Grunde gehen. Ein Einzelwesen ohne Staat, das krank würde oder einen Unfall erlitte, würde wahrscheinlich ebenfalls zu Grunde gehen.

Das sind eigentlich Trivialitäten. Aber aus den weiter unten beschriebenen Beobachtungen zum menschlichen Verhalten muss man folgern, dass das eben nicht in den Köpfen der Menschen verankert ist. Also müssten diese Sachverhalte in die Gehirne der Menschen eingepflanzt werden. Das geschieht am sichersten über die Schulen. Aus den so entstandenen Denkschablonen würden sich dann Verhaltensschablonen entwickeln, die zur Gesundung der Kollektive führen könnten.

Warum ich das so vorsichtig formuliere? Weil ich die vorhandenen Denkschablonen und Verhaltensschablonen sehe und die Mechanismen der Evolution kenne. Die Evolution ist in erster Annäherung eine Automatik. So wie Schablonen auch. Wenn wir als Menschheit uns weiterhin bis in die höchsten und erfolgreichsten Kollektive hinein von schädlichen Schablonen so stark beeinflussen lassen und nützliche Schablonen so wenig aktiv nutzen, wenn wir bis in die höchsten und erfolgreichsten Kollektive hinein dem individuellen Denken nur im taktischen und nicht auch im strategischen Bereich Raum geben, dann werden wir aussterben.

Welches sind die schädlichen Schablonen? Nun gut, ich sage einmal generell: Eigennutz, der vor den Gemeinnutz gestellt wird. Egal, ob das im persönlichen Leben, in der Wirtschaft, in der Politik oder sonst wo geschieht. Wenn ich gewonnen habe und mein übergeordnetes Kollektiv nimmt dadurch Schaden, dann habe ich nicht gewonnen, sondern verloren! Aber das ist wieder ein Prinzip. Damit kann man im Detail nichts anfangen. Also muss ich Beispiele nennen, die sich alle aus diesem Prinzip ableiten. Ich kann das Gebiet auch aufmerksamkeitswirksam unterteilen in die Themen Geld, Sex und Kriminalität. Allerdings ist Geld das schwierigste Thema. Daher kehre ich die Reihenfolge um.

8.3 Was Krebs beim Menschen, ist Kriminalität im Staate

Bei der Kriminalität ist leicht zu sehen, dass da Eigennutz vor Gemeinnutz gestellt wird. Regierung und Verwaltung des Staates (das sind alles Menschen!) haben Regeln aufgestellt (Gesetze und Verordnungen erlassen), damit das Entstehen des Bruttoinlandsprodukts gefördert wird, die Bürger ihren Anteil für die Gemeinschaftsaufgaben ausgewogen entrichten, das Volksvermögen geschützt wird, und damit das Zusammenleben der Individuen des Kollektivs Staat möglichst reibungslos vonstattengeht. Dass das nicht optimal funktionieren kann, haben wir beim Thema Unterbewusstsein bereits gesehen. Aber dass kriminelles Verhalten ganz erheblich zu Lasten der Allgemeinheit geht, das ist wohl ebenso klar.

Kriminelle Handlungen werden zur Befriedigung persönlicher Bedürfnisse von Individuen begangen, sei es aus Habgier, Rache, Geltungssucht oder zur Triebbefriedigung. Der angerichtete Schaden geht zu Lasten des Kollektivs Staat und damit geht es allen Staatsbürgern ein ganz kleines bisschen schlechter. Steigt die Kriminalität, dann steigen entweder die Staatsschulden oder die Steuern oder es muss etwas eingespart werden. Irgendwie muss ja kompensiert werden, dass da ein bisschen Bruttoinlandsprodukt oder Volksvermögen verloren geht. Nimmt die Kriminalität überhand, bilden sich mafiöse Strukturen, dann ist es wie beim Krebs im menschlichen Körper. Da sind Zellen, deren Wolis auf Kosten der anderen Wolis des Körpers leben, aber nicht zur gemeinsamen Leistung beitragen, im Gegenteil, sie zerstören auch noch Strukturen, die zum Gemeinwohl beitragen. Wie so etwas ausgehen kann, wissen wir alle.

Wie kann der Staat sich schützen? Verstärkung der Polizei? Das wäre so, als wolle man vermehrtem Krankheitsbefall mit Erhöhung der Ärztezahl begegnen. Die Krankheit vergeht, die Ärzte bleiben und belasten das Kollektiv. Man sollte besser nach den Ursachen forschen und es nicht beim Forschen belassen, sondern dann entsprechend vorbeugen. Die Ursachen liegen tiefer. Wenn zum Beispiel ein Heranwachsender der vierten Fernsehgeneration und dazu noch der zweiten Arbeitslosengeneration seine Welt mit der im Fernsehen dargestellten Welt vergleicht, dann kann er auf die Idee kommen, dass er benachteiligt wird. Er kann weiter auf die Idee kommen, sich von den Anderen das zu holen, was ihm angeblich fehlt. Das ist zunächst positiv zu bewerten. Er will etwas tun. Nur haben sich in seinem Kopf möglicherweise nicht die richtigen Lösungsmöglichkeiten eingefunden, weil er möglicherweise das differenzierte Denken nicht hat lernen können. Vielleicht sieht er keine anderen Möglichkeiten als Diebstahl und Einbruch.

Will der Staat dem vorbeugen, dann muss er seine Heranwachsenden besser bilden. Dann werden sie begreifen, wie das Zusammenspiel Individuum – Kollektiv funktionieren sollte, und dass man seinen Willen auch auf eine qualifizierendere Ausbildung lenken kann. Dann können sie das, was ihnen angeblich fehlt, mit legalen Mitteln erreichen. Zwar nicht so schnell, aber dafür dauerhafter.

Die Erfahrung lehrt, dass Heranwachsende nicht so gern das Wissen „verordnet" verabreicht bekommen möchten. Also sollte man verstärkt in staatsdienliche Kollektivbildung Heranwachsender investieren. Über Vereine und Jugendgruppen zum Beispiel lassen sich junge Individuen besser lenken und positiv beeinflussen. Die Schule alles machen zu lassen, ist zwar auch eine Möglichkeit, aber meines Erachtens nicht die beste. Schule ist mit Zwang verbunden. Anreiz zu freiwilliger Aktivität wäre besser.

Das höchste Gut des Kollektivs Staat ist meiner Ansicht nach die Bildungsfähigkeit seiner Menschen, insbesondere seiner Jugend. Basis dieser Bildungsfähigkeit sind intakte Gehirne, deren Zellen funktionieren und deren Wolis mit den richtigen Baustoffmolekülen neue Synapsen bauen und betreiben können. Es kann nicht im Interesse des Staates sein, dass die zellulären und molekularen Grundlagen der Bildungsfähigkeit durch Alkohol, Nikotin und sonstige Drogen geschädigt werden. Langfristig ergibt sich hier ein Auslesekriterium in der Evolution der Staaten.

8.4 Biologisch gesehen ist die sexuelle Fortpflanzung sehr erfolgreich

Am Ende des 2. Kapitels haben wir gesehen, wie sich die geschlechtliche Fortpflanzung entwickelt hat. Die Evolution ist weitergegangen. Bei uns Menschen hat sich die Sexualität von der Fortpflanzung abgekoppelt. Sie hat mit Biologie nicht mehr viel zu tun, eher mit Kultur. Kultur ist aber wohl das, was der Mensch tut, wenn er nach der Sicherung seines Überlebens noch Zeit hat. Nicht jede kulturelle Aktivität ist dem Kollektiv Staat förderlich. Extrapoliert man die Entwicklung der Sexualität, dann kann man zu der Annahme kommen, dass es in der Zukunft vermehrt Retortenbabys geben wird. Irgendwann wird das Retortenbaby das Normale sein. Menschen, die in fünf bis zehn Generationen ihre Kinder noch so wie heute zeugen, werden als Exoten betrachtet werden. Aber vielleicht werden wir ja schon vorher ausgestorben sein.

Balzrituale, vertrauensbildende Maßnahmen sind dazu da, natürliche Hemmschwellen abzubauen. Sie haben aber auch den Effekt, dass sich eine gewisse Spannung aufbauen kann, die sich dann im positiven Sinne entladen und zur Vermehrung der Individuen führen kann. Da Individuen offensichtlich sterben, kann ein Kollektiv nur überleben, wenn sich seine Individuen durch Fortpflanzung vermehren. Sie müssen sich zumindest in dem Maße vermehren, dass die Gesamtzahl der Individuen erhalten bleibt. Es soll aber Staaten geben, deren Kinderzahl abnimmt. Dass kompensatorisch die Zahl der alten Menschen zunimmt, trägt nicht zur Stabilisierung des Kollektivs Staat bei, im Gegenteil.

Fragt man nach den Gründen für die Abnahme der Kinderzahl, dann wird man viele Gründe, viele Details finden. Ich möchte mich aber nicht im Gewirr der vielen Details verlieren. Mich interessieren mehr die Prinzipien, die einfachen, übergreifenden Zusammenhänge, mit deren Hilfe man eine Richtung bestimmen kann. Ich sehe, wie systematisch die Spannung aus dem sexuellen Ritual herausgenommen wird. Sex ist omnipräsent in unserer Welt. Das sexuelle Ritual dient nicht mehr so sehr der Pärchenbildung und der Fortpflanzung, es dient viel häufiger kommerzieller Werbung und Vermarktung. Wenn sich darüber hinaus heute der Kommerz so auswirkt, dass jeder Heranwachsende aus dem Internet jede Art von sexueller Darstellung herunterladen kann, wenn diese Darstellungen immer weniger mit dem normalen Geschlechtsakt zu tun haben, wie soll dann in einigen Generationen (in 100 bis 200 Jahren) der Samen in die Scheide gelangen? Die Menschen werden sexuell abstumpfen, den normalen Geschlechtsakt als langweilig, als zu anstrengend empfinden. So wie nach vier Fernsehgenerationen die Dicken auf dem Vormarsch sind, werden nach einigen Generationen, die so massiv wie heute sexuellen Reizen zum Zwecke der Umverteilung ausgesetzt sind, die sexuell Desinteressierten und die Impotenten auf dem Vormarsch sein. Das Zeitalter der Retortenbabys wird kommen. Und wenn dann die Reizschwelle der Politiker erreicht sein wird, dann werden Gesetze und Verbote nicht helfen. Strukturen die sich über Generationen entwickelt haben, kann man nicht einfach verbieten. Das alles geht zu Lasten des Kollektivs Staat. Man kann es als Erkrankung des Staates betrachten. Oder als Angriffspunkt für die Auslese der Evolution auf Staatsebene.

Wenn jemand meint, dass er den falschen Körper erhalten hat und sich deswegen zum gleichen Geschlecht hingezogen fühlt, dann sollte das in der Gesellschaft toleriert werden. Wenn jemand meint, die falschen Körperöffnungen zum Verkehr zu benutzen mache mehr Spaß, dann ist das seine persönliche Sache. Das individuelle Verhalten spielt im Kollektiv, wenn dieses groß genug ist, keine wesentliche Rolle. Problematisch wird es dann, wenn sich Kollektive im Gesamtkollektiv Staat bilden, deren Interessen denen des Gesamtkollektivs zuwiderlaufen. Dann steht wieder Eigennutz vor Gemeinnutz, dann droht Krebs.

Wenn in jedem Fernsehstück der Quotenschwule auftaucht, wenn regelmäßig Christopher Street Days veranstaltet werden, wenn also Werbung für Homosexualität gemacht wird, dann muss man sich nicht wundern, wenn das auch heterosexuell Veranlagte ausprobieren und vielleicht die Kinderzahl wieder ein bisschen sinkt. Man sollte meinen, dass es im Interesse eines Staates sei, die Reproduktionsfähigkeit seiner Bevölkerung zu erhalten. Dafür sollten Politiker sorgen. Aber da sitzen ja auch schon einige Böcke, die man zu Gärtnern gemacht hat. Wie wollen die glaubhaft machen, dass die

Menschen mehr Kinder bekommen müssen, damit das Rentenproblem gelöst wird?

Wenn der Staat gesunden will, dann müssen meiner Ansicht nach seine Verantwortlichen dafür sorgen, dass nicht durch die Manipulation sexueller Verhaltensweisen Eigennutz vor Gemeinnutz gestellt wird. Das bedeutet, dass zwar jeder machen kann, was er will, aber nur im privaten Rahmen. Jegliche öffentliche Werbung mit oder für Sex, jegliche Kollektivbildung in dieser Richtung sollte unterbunden werden. Das mag zwar im Detail schwierig sein, aber wenn die Richtung erkannt ist, beginnt der Weg mit dem ersten Schritt.

Es gibt immer wieder Menschen, auch in gebildeten Schichten, deren Analysevermögen nicht ausreicht, um die Semantik der Sprache richtig auszuloten, die etwas anderes verstehen, als eigentlich gesagt war. Denen möchte ich ausdrücklich erklären, dass ich kein Feind der Homosexuellen bin. Ich halte Homosexualität für eine Spielart der Natur, die wir akzeptieren sollten.

8.5 Geld: Diener oder Herrscher?

Eigentlich ist Geld ja eine Erfindung der Menschen. Aber, wie das so ist, es hat sich abgekoppelt von den Menschen. Es führt ein eigenständiges Leben. Seit die Menschen ihm Zinsen zugestanden haben, vermehrt es sich auch selbständig. Es wird von den Menschen als selbständiges Wesen anerkannt, sogar hofiert. Soziologen, Nationalökonomen und Andere bemühen sich, seine Eigenheiten, sozusagen seine Wesenszüge zu beschreiben und zu verstehen, über seine Schaffung und auch Vernichtung wird philosophiert. Von Deflation, Inflation, Spekulationsblasen und anderen Gebilden, die nicht oder nicht genau vorhersehbar, nicht genau steuerbar seien, ist die Rede. Es gibt viele Meinungen, ja Ideologien, aber anscheinend wenig Wissen über grundlegende Sachverhalte. Es scheint, als habe Goethes Zauberlehrling das Kommando. Der Meister fehlt bisher.

Wenn das Geld eine Erfindung des Menschen ist, dann war es mit Sicherheit nicht dazu gedacht, ihm Unglück zu bringen, sondern im Gegenteil, es sollte ihm dienen. Es sollte den Tauschhandel erleichtern, verbessern und letztlich ersetzen. Es sollte das Zusammenleben in und von Kollektiven verbessern. Es sollte dem Individuum besser ermöglichen, seine persönlichen Bedürfnisse zu erfüllen. Und es sollte dazu dienen, den gemeinsam erzielten Wohlstand möglichst gerecht zu verteilen. Aber was ist daraus geworden?

Zunächst einmal wird Geld als Repräsentant von materiellem Wert angesehen. Das heißt, der Wert von materiellen Gütern lässt sich in Geld ausdrücken. Somit ist Geld ein „Wunscherfüllungsmittel" in Bezug auf materielle Güter. Wenn ich materielle Dinge unbedingt haben will, wenn ich mich zum Sklaven meiner Wünsche mache, dann mache ich mich zum Sklaven des Geldes. Dann ist Geld nicht mehr mein Diener, sondern mein Herrscher. Die Veränderung findet im Kopfe statt. Der gängige Terminus heißt Gewinnstreben. Es ist in Maßen in Ordnung, wenn der Mensch ein finanzielles Polster anspart, weil der Staat in Notlagen des Einzelnen doch nicht immer so gut funktioniert. Das hilft ja auch dem Kollektiv Staat, wenn seine Individuen mehr leisten, als zum Lebensunterhalt erforderlich ist. Dann wäre auch mehr für die Gemeinschaft übrig und allen Kollektivteilnehmern ginge es wieder ein wenig besser.

Der Idealfall eines gut funktionierenden Kollektivs wäre dann gegeben, wenn die Individuen des Kollektivs in dem

Maße bezahlt würden, in dem ihre Arbeitsleistung dem Kollektiv nützt. Die Welt, in der wir leben, sieht aber anders aus. Da gibt es die Staatskollektive, deren Regierungen im Idealfalle versuchen, ihren Individuen, den Staatsbürgern, die Vorteile des Kollektivs zugutekommen zu lassen. Zum anderen gibt es Kollektive, die wir heute als Konzerne bezeichnen. Das waren einmal Firmen, die im Schutz eines Staates groß geworden sind.

Ab einer gewissen Größe konkurrieren diese Konzerne aber staatenübergreifend mit einander. Das hat dazu geführt, dass diese Konzerne sich vom Staate abgekoppelt haben. Aus dem Kollektiv Staat rekrutieren sie zwar ihre Arbeitskräfte für ihr Kollektiv Konzern, aber sie fühlen sich dem Kollektiv Staat nicht mehr so sehr verpflichtet. Sie fühlen sich dem Gewinnstreben verpflichtet. Die relativ kleine Schar von Anteilsinhabern ist ihnen wichtiger als der Staat, der ihnen die Arbeitskräfte zur Verfügung stellt. Das führt zu den bekannten Interessenkollisionen zwischen dem Kollektiv Staat und dem Kollektiv Konzern. Begriffe wie Steuerflucht, Werksschließung oder Massenentlassung sind uns allen geläufig.

Auch hat die Wandlung der Menschen von Herren des Geldes zu Sklaven des Geldes dazu geführt, dass die Bezahlung nicht nach dem Kriterium des Nutzens für den Staat erfolgt. So kann es sein, dass Konzernchefs etliche Millionen Euro im Jahr erhalten, während der Fensterputzer, der ihnen die gute Sicht verschafft, vielleicht nicht einmal sich selbst von seinem Lohn ernähren kann, geschweige denn eine Familie.

Der Manager des Unternehmens Bundesrepublik Deutschland, genannt Bundeskanzler, ist verantwortlich für etwa 80 Millionen Menschen. Er muss ein Nationaleinkommen von etwa 2.500 Milliarden € verwalten. Die größten deutschen Konzerne beschäftigen zwischen 300.000 und 400.000 Mitarbeiter und erzielen Umsätze zwischen 70 und 100 Milliarden €. Deren Manager tragen also gegenüber dem Manager der Bundesrepublik Deutschland die Verantwortung für etwa ein Zweihundertstel der Menschen und ein Fünfundzwanzigstel der Finanzsumme. Dafür erhalten sie aber mehr als die zehnfache Bezahlung.

Für das Kollektiv Staat sind das destabilisierende Faktoren, die im evolutionären Sinn eine Auslesefunktion haben. Selbst wenn Politiker sich nach Kräften bemühen, das ihnen Mögliche zu tun, die Probleme, welche durch die Globalisierung der Wirtschaft entstehen, werden sie nach meiner Anschauung erst in den Griff bekommen, wenn die Globalisierung der Politik stattgefunden haben wird. Ob die Menschheit überlebt, wird wesentlich davon abhängen, ob die politische Globalisierung die wirtschaftliche Globalisierung einholt, bevor unsere Lebensgrundlagen aus kommerziellen Interessen heraus zerstört worden sind. Und es wäre natürlich hilfreich, wenn die Politiker sich den Woli-Staat im Menschen zum Vorbild für ihre Staatsführung nehmen würden.

Geld und Evolution

Vom Standpunkt einer für den Menschen günstig verlaufenden Evolution aus gesehen, ist unser Geldsystem eine Fehlkonstruktion. Es selektiert einen Typ Mensch, der nicht mehr gemeinschaftsfähig ist. Der dumme Spruch, dass Geld arbeitet, zeigt es doch: Geld tut nichts, wenn es nicht die Menschen tun. Nur gibt es halt welche, die das Geld haben und andere, die dafür arbeiten müssen. (Unter denen, die das Geld haben, sind Gott sei Dank eine Menge, die ihre Verantwortung gegenüber der Gemeinschaft sehen, und ihr Geld dazu nutzen,

anderen Menschen Arbeit zu geben). Aber grundsätzlich
haben wir uns als Spezies mit diesem Geldsystem keinen
Gefallen getan.

Aber, wie gesagt, das Geld hat sich mittlerweile ja ver-
selbständigt und führt ein Eigenleben. Sollten wir einmal
wirklich begreifen, dass unser Heimatplanet unsere Wachs-
tumsphantasien nicht mitmacht, dann wäre die Möglichkeit
gegeben, an der Konstruktion des Geldes etwas zu ändern.
Diesen Reifegrad hat die Menschheit aber noch nicht erreicht.
Hoffentlich wird sie ihn einmal erreichen.

Von Anglern und Fallenstellern

Das Nichtwissen um die Zusammenhänge zwischen Individuum und Kollektiv führt zu Erscheinungen des täglichen
Lebens, die wir als ganz normal empfinden, die von Staats
wegen erlaubt sind, die aber doch nicht dem Staate dienen.
Wenn man von „Geld verdienen" spricht, dann bedeutet das
ja eigentlich, den Anderen einen Dienst erweisen und dafür
Geld erhalten. Wenn ein Schreiner Möbel baut, dann trägt er
zum Bruttoinlandsprodukt bei. Dann leistet er etwas für das
Kollektiv Staat, das seinen Individuen zugutekommt.

Wenn eine Firma meint, Klingeltöne oder Videospiele
verkaufen zu müssen, die normalerweise niemand braucht
und die eigentlich niemandem nützen, dann kann man sich
fragen, ob das dem Kollektiv Staat gut tut. Der Nutzen für den
Staat mag vordergründig in der exzessiven Beschäftigung der
Werbebranche durch solche Firmen liegen. Es muss den Kindern ja erst einmal vermittelt werden, dass Klingeltöne oder
Videospiele cool sind. Kinder, die den Köder Werbung schlucken, haben normalerweise den Haken übersehen. Sie sind

Anglern aufgesessen. Aber so etwas ist in Ordnung in unserer Gesellschaft. Meiner Ansicht nach muss die Bilanz bei diesem „Geschäft" für die Gesellschaft negativ ausfallen. Geld nur umzuverteilen schadet dem Kollektiv. Es nutzt wenigen Individuen und schwächt viele Individuen. Bei Klingeltönen mag das noch nicht so dramatisch sein. Bei Anteilen von angeblich so lukrativen Immobilienfonds kann das schon ganz anders aussehen. So gesehen ist die Art der heute üblichen Werbung im Hinblick auf das Staatswohl grundsätzlich zu hinterfragen. Alles, was über die Präsentation von Angeboten und Imagewerbung hinausgeht, sollte dem Staat suspekt sein. Insbesondere Werbung mit Botschaften an das Unterbewusstsein sollte meines Erachtens verboten werden.

Aber es gibt nicht nur Angler, es gibt auch Fallensteller in unserer Gesellschaft. „Gratuliere, Sie haben gewonnen! Gegen eine geringe Bearbeitungsgebühr übersenden wir Ihnen den Gewinn sofort! Wir haben schon einmal unseren tollen Katalog beigefügt". Der „Gewinner" erhält natürlich nichts. Von der „Bearbeitungsgebühr" lebt der Fallensteller. Wenn der „Gewinner" in Erwartung des gewonnenen Geldes etwas aus dem Katalog bestellt, ist er doppelt reingefallen. Solche Fallen werden schleppnetzartig ausgelegt und manch altes Mütterchen oder manch minderbemittelter Zeitgenosse tappt da hinein. Aber es geht auch in größerem Stil. „Kapitalbildung durch den Kauf von Eigentumswohnungen! Finanzierung über garantierte Mieteinnahmen!" werden da angeboten. Die Firma XY tritt als Garantie-Mieter auf. Nur leider meldet sie bald Konkurs an und mangels Masse ist da nichts mehr zu holen. Der Käufer hat dann eine leere, kaum vermietbare Wohnung und den Kredit am Hals. So etwas ist in dem Staate, in dem ich lebe, leider ungestraft möglich. Wer in solch eine Falle tappt, der kommt schlimmsten Falles sein Leben lang nicht heraus. Auch hier findet meiner Meinung nach eine Umverteilung des Geldes statt, mit negativer volkswirtschaftlicher Bilanz. Also sollte der Staat sich und seine Bürger schützen.

Wohin der Zeitgeist führt

Aber, wie gesagt, die Menschen haben sich zu Sklaven des Geldes gemacht und die Menschen, die Anspruch darauf erheben, den Staat zu regieren, müssen das zumindest in Betracht ziehen, sollten sie nicht selber auch Sklaven des Geldes sein. Es ist normal, es gehört zum Zeitgeist, dass Geld umverteilt wird, von der einen Tasche in die andere Tasche ohne Leistung, ohne volkswirtschaftlichen Nutzen, und der Staat hilft mit.

Die Börse ist entstanden auf Grund eines sinnvollen Bedarfs. Da konnte zum Beispiel der Bauer seine Ernte verkaufen, bevor die Saat ausgebracht war. Preis und Lieferzeitpunkt wurden im Voraus vereinbart. Das gab zum Beispiel den Getreideverarbeitern Planungssicherheit, denn sie kannten den Preis schon im Voraus. Das half auch den Getreidebauern, denn sie konnten entsprechend der Nachfrage anbauen. Aber war die Ernte schlecht, dann konnte mancher Bauer nicht so viel liefern, wie er versprochen hatte. Bestand sein Kontraktpartner auf Lieferung, dann musste die Differenzmenge auf dem freien Markt beschafft werden. Der freie Marktpreis lag natürlich bei Warenknappheit höher als der früher vereinbarte Preis.

Und, wie das so ist, gab es bald Menschen, die Geld abzweigen wollten ohne zu arbeiten, umverteilen eben aus anderen Taschen in die eigene Tasche. Diese Menschen hatten bemerkt, dass sich der Marktpreis durch vorausschauende Informationen abschätzen ließ. Also schlossen sie zum Beispiel eine Kaufoption für Weizen ab, obwohl sie ihn gar nicht brauchten, wenn sie Informationen hatten, dass Weizen knapp werden würde. Oder sie streuten Gerüchte in diese Richtung. Wurden diese Informationen öffentlich, dann stieg der Marktpreis. Bevor der Weizen zur Lieferung anstand, verkauften diese Spekulanten dann ihre Kaufoption an jemanden, der den Weizen brauchte, aber nicht den derzeitigen Marktpreis zahlen wollte. So hatten sie Weizen zu einem niedrigen Preis gekauft, zu einem höheren Preis verkauft, das Geld in der Tasche und doch nie den Weizen gesehen. Man kann so etwas auch zum Beispiel mit Kaffee, Schweinebäuchen, Gold oder Konzernanteilen machen. Da gibt es Banken, die solche „Geschäfte" vermitteln, und der Staat sieht zu. Statt das Geld der Sparer zu verwalten, statt aus dem Geld der Sparer Kredite an solide Betriebe und Unternehmen zu geben, „entwickeln" Banken immer neue „Finanzprodukte" und sind auch noch stolz auf ihre Luftnummern. Wie gesagt, die Zauberlehrlinge. Die Evolution der Banken hat reine Investmentbanken hervorgebracht, die sich überhaupt nicht mehr um Sparer kümmern.[1] Meiner Ansicht nach schadet diese Umverteilung dem Kollektiv, aber sie entspricht dem Zeitgeist.

Daher meine These: Der heutige Zeitgeist schadet dem Kollektiv Staat, zumindest in unserer westlich zivilisierten Welt. Dem Zeitgeist entspringen so viele evolutionäre Auslesemechanismen, dass es auf lange Sicht wohl nicht gut aussieht für das Fortbestehen von menschlicher DNS und Poppers Welt 3.

---

[1] Nachdem das geschrieben wurde ist mal wieder eine Spekulationsblase geplatzt. Als Folge gibt es keine reinen Investmentbanken mehr. Die Evolution hat sie ausgelesen.

Kooperation wäre da eine gute Überlebensstrategie. Aber selbst, wenn die Staaten dieser Welt sich alle verbünden und eine Weltregierung errichten sollten, dann wird es nicht helfen. Das übersteigerte Gewinnstreben, das Umverteilen des Geldes von den geistig Schwächeren zu den geistig Stärkeren ohne Rücksicht auf die Gesundheit des Staates, den auch die Stärkeren brauchen, all das wird zum „Krebs" führen, an dem die Menschheit sterben wird, wenn nicht das Umdenken in den Köpfen aller Menschen einsetzt.

Ich möchte nicht falsch verstanden werden: Wettbewerb ist gut und nötig, wenn wir Fortschritte machen und uns weiterentwickeln wollen, aber kontrolliert und nicht wuchernd. Der Krebs bringt den Menschen um, ist aber ohne den Menschen auch nicht lebensfähig. Daran sollten vor allem die Menschen denken, die für Kollektive welcher Art auch immer verantwortlich sind. Kollektive zwar mit dem Kopf zu lenken, aber nach Motiven, die aus dem Bauch kommen, das ist für die Menschen insgesamt nicht hilfreich. In der Summierung ist es für die Menschheit gefährlich.

Epilog

Unsere Vorfahren in der Evolution, die Wolis, haben die Auslesemechanismen vermindert, indem sie sich zusammengeschlossen und kooperiert haben. Die Wolis waren wohl klüger als die Führer der heutigen Großmächte, die heute noch gegeneinander taktieren. Und die Wolis haben dieses kooperative Wissen noch heute. Manfred Spitzer, Professor für Psychiatrie in Ulm und Leiter des Transferzentrums für Neurowissenschaften und Lernen (ZNL), zeigt in seinem Buch „Lernen, Gehirnforschung und die Schule des Lebens" (Spektrum Akademischer Verlag 2007) im 16. Kapitel anhand von wissenschaftlichen Experimenten, dass Gefühle die Motive für gemeinschaftsdienliches Verhalten sind.

„Gefühle sind Botschaften des Woli-Volkes an seine Regierung" und „Gruppenbildung geht über die Gefühle" hatte ich, ausgehend von der Existenz der Wolis, gefolgert. Wenn Gefühle die Menschen zu gemeinschaftsdienlichem Verhalten motivieren, dann sind es die Wolis, die diese Gefühle senden. Es freut mich, dass Wissenschaftler auch zu dem Ergebnis gekommen sind, dass Gruppenbildung, und das ist ja der Startpunkt für gemeinschaftsdienliches Verhalten, über die Gefühle erreicht wird. Nur den Ursprung der Gefühle, den kennen Sie noch nicht.

Literatur

Zu den Wolis gibt es keine Literatur. Nachstehend Literatur, trotz oder gerade wegen deren Kenntnis ich dieses Buch geschrieben habe.

Albert, H. (2003): Erkenntnislehre und Sozialwissenschaft. Karl Poppers Analyse sozialer Zusammenhänge. Picus, Wien

Albrecht-Buehler, G. (2008): Cell Intelligence. www.basic.northwestern.edu/g-buehler/cellint0.htm

Alberts, B., Bray, D., Lewis, J., Raff, M., Roberts, K., Watson, J.D. (1995): Molekularbiologie der Zelle, 3. Auflage. VCH, Weinheim

Crick, F. (1994): Was die Seele wirklich ist. Die naturwissenschaftliche Erforschung des Bewusstseins. Rowohlt Taschenbuch 1997, Reinbek

Damasio, A.R. (1994): Descartes' Irrtum. Fühlen, Denken und das menschliche Gehirn. Neuausgabe List Taschenbuch 2006. Ullstein, Berlin

Damasio, A.R. (1999): Ich fühle, also bin ich. Die Entschlüsselung des Bewusstseins. 6. Auflage List 2006, Ullstein, Berlin

Dennett, D.C. (1991): Philosophie des menschlichen Bewusstseins. Hoffmann und Campe 1994, Berlin

Drews, U. (1993): Taschenatlas der Embryologie. Georg Thieme, Stuttgart

Eccles, J.C. (1994): Wie das Selbst sein Gehirn steuert. Unveränderte Taschenbuchausgabe, 2. Auflage 1997. Piper, München

Eigen, M., Winkler, R. (1975): Das Spiel. Naturgesetze steuern den Zufall. Unveränderte Taschenbuchausgabe, 4. Auflage 1996, Piper, München

Fiore, E. (1987): Besessenheit und Heilung. Die Befreiung der Seele. 2. Auflage 1999, „Die Silberschnur", Güllesheim

Haken, H., Wunderlin, A. (1991): Die Selbststrukturierung der Materie. Synergetik in der unbelebten Welt. Vieweg, Braunschweig

Hütwohl, G. (1996): Wann eigentlich bin ich krank? Gedanken und Überlegungen zum Kranksein. Insel, Frankfurt am Main und Leipzig

Karp, G. (2005): Molekulare Zellbiologie, Springer, Berlin, Heidelberg

Könneker, C. (Hrsg.) (2006): Wer erklärt den Menschen? Hirnforscher, Psychologen und Philosophen im Dialog. Fischer Taschenbuch, Frankfurt am Main

Kunsch, K. (1997): Der Mensch in Zahlen. Eine Datensammlung in Tabellen mit über 17.000 Einzelwerten. Gustav Fischer, Stuttgart, Jena, Lübeck, Ulm

Küppers, B. (Hrsg.) (1987): Leben = Physik + Chemie? Das Lebendige aus der Sicht bedeutender Physiker. 2. Auflage 1990. Piper, München

Lorenz, K. (1973): Die Rückseite des Spiegels. Versuch einer Naturgeschichte menschlichen Erkennens. Piper, München

Maturana, H.R., Varela, F.J. (1984): Der Baum der Erkenntnis. Die biologischen Wurzeln menschlichen Erkennens. Goldmann, l.n.

Moore, K.L., Persaud, T.V.N. (1996): Embryologie. Lehrbuch und Atlas der Entwicklungsgeschichte des Menschen. 4. Auflage. F.K.Schattauer, Stuttgart

Murphy, M.P., O'Neill, L.A.J.(Hrsg.) (1995): Was ist Leben? Die Zukunft der Biologie. Eine alte Frage in neuem Licht – 50 Jahre nach Erwin Schrödinger. Spektrum Akademischer Verlag 1997, Heidelberg, Berlin, Oxford

Nesse, R.M., Williams, G.C. (1995): Warum wir krank werden. Die Antworten der Evolutionsmedizin. C.H.Beck, München

Popper, K.R., Eccles, J.C. (1977): Das Ich und sein Gehirn. 9. Auflage 1990, Piper, München

Roth, G. (1996): Das Gehirn und seine Wirklichkeit. Kognitive Neurobiologie und ihre philosophischen Konsequenzen. Taschenbuch 1997, Suhrkamp, Frankfurt am Main

Roth, G. (2003): Fühlen, Denken, Handeln. Wie das Gehirn unser Verhalten steuert. Suhrkamp, Frankfurt am Main

Schrödinger, E. (1944): Was ist Leben? Die lebende Zelle mit den Augen des Physikers betrachtet. Ungekürzte Taschenbuchausgabe 5. Auflage 2001, Piper, München

Solms, M., Turnbull, O. (2002): Das Gehirn und die innere Welt. Neurowissenschaft und Psychoanalyse. ppb-Ausgabe 2007. Patmos, Düsseldorf

Spitzer, M. (2007): Lernen. Gehirnforschung und Schule des Lebens. Spektrum Akademischer Verlag, Springer, Berlin, Heidelberg

Tompkins, P., Bird, C. (1973): Das geheime Leben der Pflanzen. Pflanzen als Lebewesen mit Charakter und Seele und ihre Reaktionen in den physischen und emotionalen Beziehungen zum Menschen. 22. Auflage 1999, Fischer Taschenbuch, Frankfurt am Main

Wieser, W. (1988): Die Erfindung der Individualität oder Die zwei Gesichter der Evolution. Spektrum Akademischer Verlag, Heidelberg, Berlin

Glossar und Register

Aktin: Proteinmolekül, das in biologischen Zellen vorkommt. *S. 87, 88, 91, 110, 174*

Aktinfilamente: Zusammenkoppelung von Aktinmolekülen. Bestandteil des Zytoskeletts und der kontraktilen Elemente der Muskeln. Siehe auch: Myosin, Sarkomer, Zytoskelett. *S. 62, 87, 88, 144, 145.*

Aktionspotenzial: sich fortpflanzende elektrische Welle an Nervenzellen. Siehe auch: Axon, Azetylcholin, Dendriten, Depolarisation, Erregung, Neurotransmitter, Rhodopsin. *S. 94, 97, 106, 239, 266*

Aktiver Transport: Transport von Molekülen oder Ionen durch eine Membran entgegen einem Konzentrationsgefälle. Vergleichbar mit dem Aufpumpen eines Fahrradreifens. Man braucht dazu eine Pumpe und jemand, der unter Energieverbrauch pumpt. Laut Wissenschaft sind analog der Pumpe Enzyme tätig, die Energie verbrauchen. Aber es ist niemand da, der pumpt. *S. 37, 95, 121, 134*

Alternative Medizin: Erweiterung der „Schulmedizin", also dessen, was an Universitäten gelehrt wird. Auch Ganzheitsmedizin oder Erfahrungsheilkunde genannt. Fälschlicherweise auch Naturheilkunde genannt, obwohl diese nur einen Ausschnitt der alternativen Medizin darstellt. *S. 9*

Aminosäuren, essentielle: Aminosäuren, auch Aminocarbonsäuren, sind kleine, organische Moleküle, die an charakteristischer Stelle ein Stickstoffmolekül gebunden haben. Zwanzig dieser Aminosäuren sind Bausteine der Proteine. Acht von diesen zwanzig sind essentiell, das heißt, sie müssen mit der Nahrung zugeführt werden, da der Körper sie nicht herstellen kann. Siehe auch: Codon, Genetischer

Code, Nukleinbasen, Peptidbindung, Protein, Ribonukleinsäure. *S. 28, 51ff, 67, 87, 91, 92, 108, 110ff, 120ff, 125, 126, 296*

Anaerobe Bakterien: Bakterien, die keinen Sauerstoff in ihrem Stoffwechsel nutzen und nur in sauerstofffreiem Milieu leben können. *S. 72*

Ångström-Einheit: 10 hoch minus 10 Meter oder ein zehntel Nanometer oder ein zehnmillionstel Millimeter. Siehe auch: Maße. *S. 139*

Antigene: körperfremde Stoffe, die eine Reaktion des Immunsystems auslösen. Genauer gesagt sind es bestimmte Moleküle dieser Fremdstoffe, die als Antigen wirken. *S. 301ff*

Antikörper: auch Immunglobuline genannt, sind Proteine, die von bestimmten weißen Blutkörperchen, den B-Lymphozyten, hergestellt und zur Abwehr von Infektionen sezerniert werden. Siehe auch: B-Lymphozyten, Immunsystem. *S. 300, 301, 303, 327*

Aufmerksamkeit: nach meiner Definition die Intensität der feinen Strahlung, mit der die Augenblickswahrnehmung mit Hilfe von hypothetischen kleinsten Teilchen erstellt wird. Anders ausgedrückt: Die Intensität der feinen Strahlung, mit der die holographieähnlichen Bilder erzeugt werden. Je intensiver die Strahlung, desto detailreichere Bilder sind möglich. „Bild" ist hier stellvertretend für Wahrnehmung gemeint; zum Beispiel Schmerz kann in diesem Sinne auch ein „Bild" sein. *S. 222, 227, 235, 253, 264, 269ff, 274*

Augenblickswahrnehmung: das, was ich subjektiv gerade wahrnehme, was mir gerade bewusst ist. Der Ausschnitt aus der gesamt möglichen Wahrnehmung, den ich gerade betrachte. Siehe auch: Aufmerksamkeit, Bewusstsein. *S. 222, 267, 269ff, 274*

Außenbau: meine Bezeichnung für das von den Embryologen im Anfangsstadium Epiblast, später Ektoderm genannte Gewebe. Siehe auch: Ektoderm. *S. 149, 150, 153, 155, 159, 161,162, 166, 243*

Außenschicht: meine Bezeichnung für das von den Embryologen Trophoblast oder Zytotrophoblast genannte Gewebe. Siehe auch: Versorgungsmannschaft. *S. 150*

Axon: Nervenleitung. Der Ausläufer einer Nervenzelle, der das Aktionspotenzial von dieser Zelle weg leitet. Das Axon endet mit einer Synapse. Siehe auch: Aktionspotenzial, Synapse. *S. 94ff, 106, 170, 185, 186, 196*

Azetylcholin: auch Acetylcholin genannt, ein so genannter Neurotransmitter. So nennt man Stoffe, die in den synaptischen Spalt ausgeschüttet werden, um die Weiterleitung des Aktionspotenzials über die Synapse hinaus auf die nächste Nervenzelle zu erreichen. Azetylcholin kommt hauptsächlich in den Muskeln und im Gehirn zur Anwendung. *S. 97*

Bewusstsein: nach meiner Definition der Ort, von dem aus die Projektionen des Wahrnehmungsprozesses und des Bewusstseinsprozesses gesteuert und betrachtet werden. Außerdem der Ort von dem aus Bewegungen ausgelöst und gesteuert werden. Die Steuerung des Wahrnehmungsprozesses bestimmt die Augenblickswahrnehmung. Nach meiner Überlegung sollte sich der Ort des Bewusstseins im Bereich des Thalamus befinden, möglicherweise im 3. Hirnventrikel. Bewusstsein als Zustand (im Gegensatz zur Bewusstlosigkeit) bezeichne ich als Wachheit. *S. 24, 194, 196, 199, 206, 213, 214, 221ff, 231, 235, 236, 240ff, 247, 251ff, 258ff, 264, 266, 270ff, 283, 285, 312, 316, 320, 321*

Bewusstseinsprozess: nach meiner Theorie der Rückkopplungsprozess, bei dem Sinnesinformationen, Gedächtnisinhalte und Vorstellungen neuronal bearbeitet, in ein feineres System umsetzt, und die so transformierten Informationen als holographieähnliche Bilder intern projiziert werden. Die auf Grund der betrachteten Bilder erforderlichen Änderungen werden durch Einflussnahme auf die neuronale Depolarisation mittels feiner und individueller Kräfte in die Wege geleitet. Siehe auch: Bewusstsein, Holographie. *S. 222, 272, 274*

Blastozyste: Bezeichnung der Embryologen für den Zustand des Keimes nach Entstehung der Blastozystenhöhle oder, wie in diesem Buch genannt, des ersten Sees.

B-Lymphozyten: weiße Blutkörperchen, die zur spezifischen Abwehr gehören. Sie produzieren auf Anweisung Antikörper und geben diese in den Blutstrom ab. Sie können sich auch zu Gedächtniszellen weiterentwickeln und produzieren die Antikörper erst bei zukünftigen Konfrontationen mit dem gleichen Erreger. Dadurch wird Immunität ermöglicht. Siehe auch: Antikörper, Immunsystem, Lymphozyten, T-Lymphozyten. *S. 302, 303*

Bruttoinlandsprodukt: die Summe der Einkommen, welche die Mitglieder einer Volkswirtschaft in ihrem Land für Erzeugnisse und Dienstleistungen in einem Zeitraum (normalerweise ein Jahr) erzielen. *S. 337, 339, 348*

Chaos: Zustand ohne erkennbare Ordnung.

Chaotisch: ein System reagiert chaotisch, wenn sich die Veränderung seiner Teile (Bewegung, Geschwindigkeit, Richtung) und damit seine Entwicklung zu keiner Zeit vorhersagen lässt. *S. 30, 31*

Chemische Doppelbindung: Zustand, bei dem zwei Atome nicht nur ein Elektronenpaar gemeinsam haben, sondern zwei Elektronenpaare. Derartige Bindungen sind elastischer als Einfachbindungen, aber weniger stabil. *S. 100*

Chemotaxis: die Bewegung von Zellen auf ein bestimmtes Ziel hin. Es wird angenommen, dass diese Bewegung durch die Ab- oder Zunahme einer bestimmten Stoffkonzentration erfolgt. Zellen des Immunsystems sollen auf Zytokine (Signalstoffe, kleinere zuckerhaltige Proteine) reagieren. Es sind auch andere Kommunikationswege denkbar. *S. 302*

Chlorophyll: das Blattgrün. Sehr kompliziertes Molekül mit einem zentralen Magnesiumion. Mit ihren Chlorophyllmolekülen bewerkstelligen die Chlorophyll tragenden Organismen die Photosynthese. Das heißt, sie bauen unter Ausnutzung des Lichts organische Moleküle. *S. 68, 100, 101, 112*

Codon: Sequenz von drei Nukleinbasen, die im genetischen Code eine Aminosäure codiert. Siehe auch: Nukleinbasen. *S. 54ff*

Chordafortsatz, später Chorda: Struktur des Keimblatts, der noch scheibenförmigen Vorstufe des Embryos. Der Chordafortsatz entsteht aus Mesodermzellen und wächst vom Primitivknoten bis zur Prächordalplatte. Er entwickelt sich zur Chorda weiter. Diese dient dann als Leitstruktur für Neuralrohr und Wirbelsäule. Danach wird sie resorbiert. In diesem Buch Zentralstab genannt.

Dendriten: Ausläufer von Nervenzellen, die über die Synapsen anderer Nervenzellen Informationen aufnehmen. Diese verändern das Membranpotenzial entweder in Richtung Depolarisation oder in Richtung Hemmung. *S. 170, 185, 196*

Depolarisation: der örtliche Zusammenbruch des Membranpotenzials, das heißt, der Spannung von etwa 70 Millivolt, der zwischen Innenseite und Außenseite einer Zelle besteht. Depolarisation führt bei Nervenzellen zu einem Aktionspotenzial. Siehe auch: Bewusstseinsprozess, Dendriten. *S. 266, 268, 272*

Desoxyribonukleinsäure: abgekürzt DNS; das Molekül, aus dem unsere Chromosomen bestehen. Das Molekül, auf dem die Eiweißproduktion und die Ribonukleinsäureproduktion der Zellen kodiert sind. Das Molekül, in das die gesamte Erbinformation hineininterpretiert wird. Die DNS besteht aus zwei langen spiraligen Außenketten, zwischen denen je zwei komplementäre Nukleinbasen wie Leitersprossen nacheinander aufgereiht sind. *S. 29, 57, 58*

Diffusion: die Ausbreitung von Atomen oder Molekülen durch die Wärmebewegung. *S. 123, 153, 164, 289, 290*

DNS: in neuerer Zeit häufiger DNA genannt. Abkürzung für die Desoxyribonukleinsäure. Siehe auch: Desoxyribonukleinsäure. *S. 29ff, 42, 49, 57ff, 62, 71, 73ff, 81, 139, 141ff, 148, 168, 169, 175, 304, 320, 324, 327, 328, 335, 351*

Ductus Botalli: im Fetus existierendes Blutgefäß, welches das Blut aus der Lungenarterie (Truncus pulmonalis) direkt in die Aorta und damit in den Körper leitet. Der Ductus Botalli wird nach der Geburt verschlossen (da nun das Blut in die Lungen gepumpt werden muss) und zu einem Gewebebändchen umgebaut. *S. 178, 179*

Ektoderm: embryonales Gewebe, in diesem Buch Außenbau genannt. Bildet sich aus dem Embryoblast. Siehe auch: Außenbau, Embryoblast, Mesoderm, Prächordalplatte, Primitivstreifen, Schulungszentrum. *S. 177*

Elektron: Elementarteilchen, Baustein von Atomen, Träger der kleinstmöglichen negativen elektrischen Ladung (Elementarladung). *S. 19, 45, 46, 70*

Embryo: Nach der Befruchtung sich entwickelnde Frühform eines Lebewesens, Dauer beim Menschen 2 Monate. Siehe auch: Embryoblast, Fetus, Mesoderm, Plazenta, Somiten, Uterus. *S. 137, 154, 178*

Embryoblast: der Teil der Blastozyste, aus dem sich der Embryo entwickelt. Unterteilt sich zunächst in Epiblast und Hypoblast, später Ektoderm und Entoderm genannt.

Emotionen: äußerlich sichtbare Begleiterscheinungen von Gefühlen. *S. 239, 244, 245, 247ff*

Emotionale Bewertung oder emotionale Tönung: die Ergänzung von Wahrnehmungen (Empfindungen) und Vorstellungen durch innere Zustimmung oder Ablehnung, durch Lust oder Unlust. Siehe auch: Empfindungen, Limbisches System. *S. 194ff, 220, 239, 244, 284*

Empfindungen, komplexe: die Wahrnehmung der Meldungen von Rezeptoren. Zum Beispiel: Über die Stäbchen in den Augen haben wir die Empfindung von Licht. Über Sensoren in der Haut haben wir die Empfindung von Wärme. Als komplex bezeichne ich die Empfindung, wenn ich die Verbindung mit emotionaler Bewertung herausstellen will. Siehe auch: Emotionale Bewertung, Erregung, Gefühle. *S. 117,194ff, 233, 239, 242ff, 270*

Endoplasmatisches Retikulum: Zellorganelle, weit verzweigtes Netz aus flachen, membranumschlossenen Hohlräumen, das direkt an den Zellkern anschließt. Unterteilt in raues ER, wo Proteine hergestellt, verpackt und verschickt werden und glattes ER, wo Membranbausteine hergestellt werden. Siehe auch: Golgi-Apparat, Zellorganellen. *S. 64ff*

Entoderm: embryonales Gewebe, in diesem Buch Innenbau genannt. Entwickelt sich aus dem Embryoblast. Siehe auch: Embryoblast, Innenbau, Prächordalplatte, See, der erste. *S. 177*

Enzym: Protein, das chemische Reaktionen katalysieren kann. Fast der gesamte Stoffwechsel aller Lebewesen wird durch Enzyme bewerkstelligt. Siehe auch: Katalysieren. *S. 29, 31, 36, 41ff, 48ff, 52ff, 59, 67, 69, 70, 74, 112, 114, 115, 117, 119, 120, 122, 135, 149, 150, 288, 289, 292, 305, 326*

Epithel: Deckgewebe, die Außenschicht der Haut und der Schleimhaut. *S. 120, 125*

Erregung: Mit Erregung wird das Entstehen von Aktionspotenzialen bezeichnet, also die elektrische Weiterleitung von Informationen. Von aufsteigender Erregung oder Nervenleitung (Afferenz) spricht man, wenn der Informationsfluss zum Gehirn hin geht. Also bei Wahrnehmung, Empfindung, Gefühl. Von absteigender Erregung oder Nervenleitung (Efferenz) spricht man, wenn der Informationsfluss vom Gehirn weg geht. Also zu Muskeln und Drüsen. Siehe auch: Motorische Endplatte, Neurotransmitter. *S. 217, 221, 267*

Eukaryonten: auch Eukaryoten, Weiterentwicklung einfacherer Zellen, gekennzeichnet insbesondere durch Zellkern mit Chromosomen und weitere Zellorganellen. Siehe auch: Mitochondrium, Tubulin, Zellkern. *S. 44, 61, 67, 70, 71, 75*

Evolution, Evolutionstheorie: Evolution bedeutet wörtlich Entwicklung. Meistens wird unter dem Begriff die Entwicklung der Lebewesen verstanden. Charles Darwin war mit seinem Buch „The Origin of Species" (1859) der Wegbereiter des Evolutionsgedankens. Die Evolutionstheorie besagt in ihren Grundgedanken, dass die Veränderung der Arten durch einen Selektionsmechanismus zu Stande kommt. Die Selektion bewirkt, dass Lebewesen, die ihrer Umwelt am besten angepasst sind, sich behaupten und die Beibehaltung der bestangepassten Variante durch erhöhte Reproduktion erreicht wird. Solche bestangepassten Populationen können andere Populationen verdrängen. Dieses Verdrängen stellt eine Auslese dar, ein Begriff, der bei Darwin eine große Rolle spielte. Die Selektion setzt Varianten voraus, die selektiert werden können. Die Entstehung dieser Varianten wird im genetischen Bereich gesehen. (Da, wo die Wolis tätig sind). Erklärungsschwierigkeiten hat die Evolutionstheorie bei der Entstehung der Arten (Makroevolution) und bei der Erklärung von Parallelentwicklungen, zum Beispiel bei der Entstehung einer Symbiose (Koevolution). Siehe auch: Kernporen. *S. 26, 28, 30ff, 38, 39, 49, 58, 68, 75, 83, 96, 101, 107, 110, 117, 124, 125, 127174, 178ff, 218, 255, 283, 303, 310, 324, 330, 335ff, 341, 343, 347, 351, 353*

Externe Zwischenzellen: meine Bezeichnung für das von den Embryologen extraembryonales Mesoderm genannte Gewebe. *S. 155, 156, 158, 159, 161, 164*

Feine Strahlung: Strahlung , die aus hypothetischen feinsten Teilchen besteht. Diese feine Strahlung wird nach meiner Annahme in bestimmten Feldern der Großhirnrinde erzeugt und zur Projektion holographieähnlicher Bilder benutzt, durch die wir unsere Innen- und Außenwelt wahrnehmen. Siehe auch: Aufmerksamkeit. *S. 230, 231, 235, 241, 267, 270, 272ff*

Fetalperiode: die nach der 2 Monate dauernden Embryonalperiode folgende Zeit bis zur Geburt. *S. 178*

Fetus: der menschliche Embryo wird nach Ausbildung der inneren Organe, das heißt nach der 10. Schwangerschaftswoche Fetus oder Fötus genannt. Siehe auch: Ductus Botalli, Plazenta. *S. 172, 178, 179, 186, 187*

Fibrillen: im Tierreich hauptsächlich Strukturelemente der Bindgewebs- und Muskelfasern (Kollagenfibrillen und Myofibrillen). Feine lang gestreckte Proteinschnüre, im Elektronenmikroskop sichtbar. *S.88, 91, 92, 143*

Fokus: in der Optik der Brennpunkt. Im übertragenen Sinne Fixpunkt, Scharfeinstellung. *S.234, 272*

Fokussieren: fest ins Auge fassen, scharf einstellen. *S.231, 234, 235, 270, 271*

Formatio retikularis: netzartige Struktur von Nervenkernen im Gebiet des Hirnstamms. *S.227*

Gefühle, eigentliche: Gefühle sind Meldungen aus dem Inneren, die nur subjektiv wahrgenommen werden können. Eigentliche Gefühle nenne ich die Gefühle, deren Ursprung diffus, nicht genau lokalisierbar ist. (Im Gegensatz zu Empfindungen, die im allgemeinen Sprachgebrauch auch als Gefühle bezeichnet werden). Siehe auch: Emotionen, Empfindungen, Erregung, Limbisches System. *S. 20, 23, 184, 191,*

193ff, 219, 221, 224, 227, 231, 238ff, 257, 261, 264, 265, 267, 272, 284ff, 291ff, 298, 312, 315, 321, 333, 353

Genetischer Code: seit mehr als einer Milliarde Jahren im Prinzip unverändert bestehende Regel, nach der Aminosäuren zu Proteinen zusammengefügt werden. Sie gilt für alle Lebewesen, für Einzeller genau so wie für den Menschen oder die Pflanzen. Siehe auch: Codon. *S. 31, 54, 56*

Glukose: Traubenzucker, ein wichtiger Bestandteil des Bau- und Energiestoffwechsels. *S.51, 68, 69, 134*

Gluonen: hypothetische subatomare Teilchen, welche die Anziehung zwischen den Bausteinen des Atomkerns vermitteln sollen. Siehe auch: Protonen. *S. 19*

Golgi-Apparat: eine aus flachen membranbegrenzten Hohlräumen bestehende Zellorganelle. Vesikel aus dem endoplasmatischen Retikulum werden im Golgi-Apparat aufgenommen, deren Inhalt sortiert, eventuell verändert und weiter verschickt. Auch Synthesen finden im Golgi-Apparat statt. Siehe auch: Zellorganellen. *S. 16, 66*

Gonaden: die Keimdrüsen, Herstellungsort der Keimzellen und Geschlechtshormone, also Eierstock und Hoden. S. *176, 185*

Großhirnrinde: die 2–5mm dicke, an Nervenzellen reiche, graue äußere Schicht des Großhirns. Das Großhirn ist der entwicklungsgeschichtlich neueste Teil des Gehirns. Die Großhirnrinde ist der nach außen abschließende Teil des Großhirns. Sie hüllt sozusagen das Gehirn ein. Siehe auch: Feine Strahlung, Neocortex, Sehrinde. *S. 52, 73, 196, 216ff, 223, 224, 235, 272, 273*

Hirnventrikel, Hirnkammern: flüssigkeitsgefüllte Hohlräume, die das Gehirn durchziehen. Siehe auch: Bewusstsein, Liquor cerebralis. *S. 219*

Histonspulen: Histone sind Proteine, die im Zellkern vorkommen und sich zu Eiweißkörpern zusammenlagern. Um diese Eiweißkörper ist die DNS gewickelt. *S. 143*

Hologramm: Speicher, auf dem ein holographisches Bild gespeichert ist. Es gibt Transmissionshologramme, die Diapositiven entsprechen und Reflexionshologramme, die normalen Fotografien entsprechen. Siehe auch: Holographie. *S. 230*

Holographie, holographieähnliche Bilder: Holographie ist ein optisches Verfahren, bei dem mit kohärentem Laserlicht dreidimensionale Bilder erzeugt werden. Es gibt einen Objektstrahl, der vom Hologramm entweder durchgelassen oder reflektiert wird, und es gibt einen Referenzstrahl. Am Treffpunkt beider Strahlen entsteht das holographische Bild. Holographieähnliche Bilder werden nach meiner Theorie im Bewusstseinsprozess und im Wahrnehmungsprozess erzeugt. Siehe auch: Aufmerksamkeit, Bewusstseinsprozess, Feine Strahlung. *S. 230, 233ff, 270*

Hormone: biochemische Botenstoffe; innerhalb von Lebewesen sind sie eine Möglichkeit der Informationsübermittlung. Hormone werden in die Blutbahn ausgeschüttet und binden an bestimmte Rezeptoren an Zellmembranen oder auch in den Zellen, wodurch automatische Reaktionen ausgelöst werden. Siehe auch: Gonaden, Rezeptor. *S. 128, 179, 219, 246, 329, 330*

Hydra: der Süßwasserpolyp. Etwa einen Zentimeter großes, einfaches Lebewesen, das sesshaft ist und mit Tentakeln Beute fängt. *S. 34, 39, 76, 77, 96, 115ff*

Immunsystem: biologisches Abwehrsystem in höheren Lebewesen. Die unspezifische Abwehr besteht aus Makrophagen und Granulozyten (weiße Blutkörperchen, die in unterschiedlichen Ausprägungen vorkommen und zum Beispiel speziell gegen Bakterien oder Pilze wirken). Die spezifische Abwehr wird von den Makrophagen organisiert, die mit den Lymphozyten zusammenarbeiten. Die Lymphozyten kommen auch in unterschiedlichen Ausprägungen vor. Eine Art, die B-Lymphozyten, produziert erregerspezifische Antikörper und gibt sie in den Blutstrom ab. Siehe auch: Antigene, Antikörper, B-Lymphozyten, Chemotaxis, Lymphozyten, T-Lymphozyten. *S. 298, 300, 301, 303, 305, 325, 326, 328, 330*

Implikationen: die in einer Aussage auch beinhalteten oder gemeinten Sachverhalte, auch wenn sie nicht ausdrücklich genannt werden. Implizit gemeint, wenn auch nicht explizit gesagt. *S. 269*

Innenbau: meine Bezeichnung für das von den Embryologen im Anfangsstadium Hypoblast, später Entoderm genannte Gewebe. Siehe auch: Entoderm. *S. 149, 150, 153, 155, 156, 159, 160*

Interferon: spezielles Protein, das die Immunreaktion ankurbelt und besonders gegen Viren wirkt. *S. 299*

Interne Zwischenzellen: meine Bezeichnung für das von den Embryologen intraembryonales Mesoderm genannte Gewebe. *S. 160ff, 165, 166*

Intuition: im Volksmund Eingebung genannt. Aus dem Unterbewussten kommende Erkenntnis. *S. 214, 226, 237, 266, 309*

Ionen, …ionen: elektrisch geladene Atome oder Moleküle. Bei Elektronenmangel sind sie positiv geladen und heißen Kationen, bei Elektronenüberschuss sind sie negativ geladen und heißen Anionen. Siehe auch: Aktiver Transport, Chlorophyll, Ionenkanäle. *S. 37, 51, 70, 88, 94, 95, 100, 116, 133, 134, 148*

Ionenkanäle: Proteine in der Zellmembran, die diese durchdringen und eine Passagemöglichkeit für bestimmte Ionen schaffen. Die Passage ist steuerbar (Ionenkanal offen oder geschlossen). *S. 51, 52, 94, 95, 267*

Karotinoide: Karotinähnliche chemische Verbindungen. Umfangreiche Stoffklasse natürlicher Farbstoffe (gelb bis rötlich), die von Pflanzen, Bakterien und Pilzen synthetisiert werden. Der Mensch muss die Karotinoide mit der Nahrung zuführen. Er braucht zum Beispiel das ß-Carotin, dessen Umwandlung in Retinol für den Sehvorgang wichtig ist. *S. 100, 101, 105*

Kaskadenschaltung: Stufenschaltung, bei der die Ereignisse der einen Stufe als Multiplikator für die nächste Stufe wirken. (Prinzip des Schneeballsystems). *S. 105*

Katalysieren: eine chemische Reaktion mittels Katalysator beeinflussen. Der Katalysator ist ein Stoff, der die Reaktionsgeschwindigkeit verändert, ohne dabei selbst erkennbar verändert zu werden. In der organischen Chemie des menschlichen Stoffwechsels sind Enzyme die Katalysatoren. Siehe auch: Enzym. *S. 41, 42, 53*

Kernporen: teilverschließbare Öffnungen der Doppelmembran des Zellkerns, die das Innere des Zellkerns mit dem Zellinnenraum verbinden. Die Konstruktion des teilweisen Kernporenverschlusses ist durch symmetrische Anordnung von Strukturproteinen gekennzeichnet. Es ist für mich eigentlich nicht vorstellbar, dass diese wiederholte Anordnung nur durch die bekannten Mechanismen der Evolution zu Stande kommen konnte. *S. 63, 66*

Kohlenwasserstoffe: Stoffe, mit denen sich die organische Chemie befasst. Sie bestehen nur aus Kohlenstoff- und Wasserstoffatomen, zum Beispiel Benzin oder Parafin. *S. 100*

Kollagen: Bindegewebsprotein, das über enorme Festigkeit verfügt. Wesentlicher Bestandteil von Knochen, Zähnen, Knorpel und Haut. Siehe auch: Fibrillen. *S. 91ff, 111*

Kollagenfibrillen: siehe Fibrillen. *S. 91, 92*

Konjugation: Bau von Plasmabrücken zwischen zwei Bakterien und Übertragung von Erbmaterial. *S. 74, 75*

Kopf-Organisationszentrum: meine Bezeichnung für die von den Embryologen Prächordalplatte genannte Struktur. Siehe auch: Prächordalplatte. *S. 160, 161, 163, 165*

Kovalente Bindung: chemische Bindung, bei der sich zwei Atome ein Elektronenpaar teilen. Die äußeren Elektronenschalen sind dann im kompletten Zustand. Dieser Bindungstyp ist besonders stabil. Siehe auch: Peptidbindung. *S. 46, 48*

Lemminge: Das sind wühlmausähnliche Nagetiere, welche die Besonderheit haben, dass sie bei ihren Wanderungen sehr stur den Vorderleuten folgen. Das geht so weit, dass sie reihenweise über die Steilküste zum Meer stürzen und so zu Tode kommen. *S. 322*

Limbisches System: Ensemble von Hirnstrukturen, die um das Hirnzentrum herum angeordnet sind und mit dem Gefühlsleben zu tun haben. Insbesondere die emotionale Bewertung soll im limbischen System stattfinden. *S. 219, 220, 244, 268*

Liquor cerebralis: das Hirnwasser, das sich innerhalb der Hirnhäute befindet, das die Hirnventrikel ausfüllt und in dem Gehirn und Rückenmark schwimmen. *S. 219*

Lymphozyten: weiße Blutkörperchen, die zum spezifischen Immunsystem gehören. Es gibt T-Lymphozyten und B-Lymphozyten mit jeweils mehreren Unterklassen. Siehe auch: B-Lymphozyten, Immunsystem, T-Lymphozyten. *S. 301ff*

Makrophagen: weiße Blutkörperchen, große Zellen, die durch den Körper patrouillieren, die spezifische Abwehr organisieren und Fremdstoffe, Bakterien und Viren aufnehmen und zerlegen. Siehe auch: Immunsystem, Myosin, T-Lymphozyten. *S. 301, 302, 325, 328, 329*

Maße: 1 Meter = 1000 Millimeter; 1 Millimeter = 1000 Mikrometer; 1 Mikrometer = 1000 Nanometer; 1 Nanometer = 10 Ångström.

Massenzeller: Lebewesen, die innere Organe entwickeln mussten, um die Ordnung ihres Zellenstaates aufrechterhalten zu können. Siehe auch: Zellmembran. *S. 34, 72, 75, 83, 84, 91, 92, 96, 108, 110, 112, 117, 121, 135*

Membranpotenzial: der in lebenden Zellen aktiv geschaffene, elektrische Spannungsunterschied zwischen Innenseite und Außenseite der Zellmembran. Siehe auch: Dendriten, Depolarisation.

Mesoderm: die dritte Keimschicht des anfänglichen Embryos. Sie geht aus dem Ektoderm hervor und ist Ausgangsgewebe zum Beispiel für Knochen, Blutgefäße, Skelettmuskeln oder auch innere Organe wie Nieren oder Milz. In diesem Buch Zwischenzellen genannt. Siehe auch: Externe Zwischenzellen, Interne Zwischenzellen, Primitivstreifen, Schulungszentrum, Versorgungsmannschaft, Zwischenzellen. *S. 177*

Mikrotubuli: aus dem Eiweiß Tubulin hergestellte Röhren, die das Zytoskelett bilden. Darüber hinaus sind Mikrotubuli vielseitige Konstruktionselemente. Zum Beispiel bestehen die Geißeln, mit denen sich viele Einzeller fortbewegen aus Mikrotubuli. Siehe auch: Tubulin, Zytoskelett. *S. 16, 63, 87, 144ff, 173*

Mitochondrium: Zellorganelle, in der die Energiegewinnung der Eukaryontenzelle stattfindet. Siehe auch: Zellorganellen. *S. 16, 27, 71, 72, 155, 299, 308*

Molekül: Teilchen, das aus mehreren Atomen besteht, die meistens kovalent verbunden sind. Kleinstes Teilchen eines chemischen Stoffes. Das Molekül definiert die Stoffeigenschaften. Siehe auch:

Aktiver Transport, Aminosäuren, Antigene, Chlorophyll, Desoxyribonukleinsäure, Diffusion, Ionen. *S.16, 19ff, 28, 29, 33, 41, 42, 47, 49ff, 57, 66ff, 85, 92, 93, 105, 108, 115, 128, 129ff, 139, 186, 267, 290, 301*

Morula: Entwicklungsstadium der Eizelle, bei dem das 8-Zellen-Stadium überschritten, das Blastozysten-Stadium noch nicht erreicht ist. *S. 138, 140*

Motorische Einheit: Ensemble einer motorischen Nervenzelle und der von ihr aktivierbaren Muskelfasern. *S. 90, 92*

Motorische Endplatte: Synapse, welche die Erregung der Nervenzelle auf eine Muskelfaser überträgt. *S. 94, 97, 186*

Motorproteine: Proteine, die durch ihre Konstruktion Bewegungen in biologischen Zellen realisieren. Siehe auch: Myosin. *S. 16, 18, 63, 87, 173*

Muskelfaser: die Muskelzelle, die lang gestreckt ist und mehrere Zellkerne hat. Sie besteht hauptsächlich aus Myofibrillen, die aus den Funktionselementen, den Sarkomeren, bestehen. Siehe auch: Fibrillen, Motorische Einheit, Motorische Endplatte, Muskelfaserbündel. *S. 88, 90ff, 94, 95, 186*

Muskelfaserbündel: Einheit aus mehreren Muskelfasern. *S. 91, 186*

Mutant: Lebewesen, bei dem eine Mutation stattgefunden hat. *S. 30*

Mutation: Veränderung im Erbmaterial, die anders als die Rekombination bei der sexuellen Vermehrung auf unbekannte Weise zu Stande kommt. Siehe auch: Mutant. *S. 29ff*

Mycoplasmen: Einfache Einzeller, wahrscheinlich gehören sie zu den Urtypen der Einzeller. *S. 59*

Myosin: ein Motorprotein, das wesentlicher Bestandteil der Muskeln ist. Da es sich an Aktinfilamenten fortbewegt, bewirkt es auch die Formveränderungen von Einzellern oder Körperzellen, zum Beispiel bei Makrophagen. Das „Einsacken und Abschnüren" geschieht auch unter Beteiligung von Myosin. Siehe auch: Aktinfilamente, Sarkomer. *S. 87, 88*

Myofibrille: siehe Fibrillen. *S. 88*

Nanometer: siehe bei Maße. *S. 21, 99, 121, 125, 127, 142, 143, 146*

Neocortex: der neuere Teil der Großhirnrinde, der nur bei Säugetieren vorkommt. Beim Menschen macht er 90% der Großhirnrinde aus. Siehe auch: Rindenfeld. *S. 217*

Nephron: Funktionseinheit der Niere bestehend aus dem Nierenkörperchen und dem Nierenkanälchen. Im Nierenkörperchen wird der Primärharn abgeschieden. Im Nierenkanälchen werden körperdienliche Stoffe zurückresorbiert und Schadstoffe ausgeschieden. *S. 134, 135*

Nervenbahnen: über die Synapsen hinweg betrachtete Strecken von den Wahrnehmungsorganen zum Gehirn (aufsteigend) und vom Gehirn zu den Ausführungsorganen, also Muskel und Drüsen (absteigend). *S. 239*

Nervensystem: die Gesamtheit der Nervenzellen in einem Lebewesen und deren Verbindungen untereinander. Siehe auch: Neuroblasten, Vegetative Funktionen, Vegetative Zentren. *S. 97, 106, 116, 133, 151, 152, 161, 170, 186, 219, 239, 242, 243, 277*

Nervenzelle: auf die Weiterleitung von Reizen spezialisierte Zelle. Durch ihre Zugehörigkeit zu einer bestimmten Leitungsbahn und auch durch ihre Fähigkeit zur Änderung der Entladungsfrequenz transportiert sie auch Informationen. Siehe auch: Aktionspotenzial, Axon, Azetylcholin, Dendriten, Depolarisation, Großhirnrinde,

Motorische Einheit, Motorische Endplatte, Nervensystem, Netzhaut, Neuroblasten, Neuronen, Synapse, Vegetative Zentren. *S. 96, 98, 116, 170, 171, 185, 186, 240, 257, 266, 268*

Netzhaut: auch Retina, ist eine Schicht aus spezialisierten Nervenzellen an der inneren Rückwand des Auges. Zur Netzhaut gehören die Rezeptoren (Zapfen und Stäbchen), aber auch Ganglien (das sind Anhäufungen von Nervenzellkörpern), in denen die eingehenden Informationen bereits einer ersten Aufbereitung unterzogen werden. *S. 105, 106, 230, 235*

Neuroblasten: „unreife" Nervenzellen, die noch keine Ausläufer haben, also noch nicht im Netzwerk integriert sind. Im Gegensatz zu „reifen" Nervenzellen (Neuronen) sind sie noch teilbar und gewährleisten eine gewisse Regenerationsfähigkeit im Nervensystem. *S. 185*

Neuronaler Schaltkreis: Funktionseinheit von Neuronen, die sich gegenseitig beeinflussen. Es wird angenommen, dass Gedächtnisinhalte und Vorstellungen in neuronalen Schaltkreisen abgebildet werden. *S. 209, 227ff*

Neuronen: Einzahl das Neuron, wissenschaftlicher Name für die Nervenzelle. Siehe auch: Neuroblasten, Neurotransmitter, Neuronaler Schaltkreis. *S. 230, 277*

Neurotransmitter: chemische Stoffe, die, ausgelöst durch Aktionspotenziale, in den synaptischen Spalt ausgeschüttet werden und so die Erregung an das nächste Neuron weitergeben. Siehe auch: Azetylcholin, Synapse. *S. 267*

Neutrino: elektrisch neutrales kleinstes Elementarteilchen, das zum Beispiel beim Beta-Zerfall von Atomen auftritt . *S. 19*

Neutron: elektrisch neutrales Teilchen, das zusammen mit Protonen Baustein von Atomkernen ist. Siehe auch: Protonen, Quarks. *S. 19*

Nukleinsäuren: Stoffklasse biologischer Makromoleküle. Bekanntester Vertreter ist die DNS. Siehe auch: Nukleinbasen. *S.22, 26, 42, 43, 58, 59, 63*

Nukleinbasen: Bestandteile von Nukleinsäuren, die Buchstaben der Chromosomen. Anhand der Reihenfolge der verschiedenen Nukleinbasen werden über entsprechende Codons die Aminosäuren zu Proteinen zusammengefügt.

Oberwoli: meine Bezeichnung für den von mir postulierten Chef des Woli-Volkes, der Lebewesen in den Zellen. Das Ich in zweiter Annäherung. In erster Annäherung ist es die Person, also der Körper samt Woli-Volk und Oberwoli. In zweiter Annäherung ist es derjenige, der Entscheidungen trifft und den Willen ausübt, also nach meiner Anschauung der Oberwoli. Für weitere Annäherungen reicht unser Vermögen nicht aus, außer dass wir feststellen können: Die Richtung geht ins Unendliche. Das mag für manche erschreckend sein, für andere ist es sicher tröstlich. *S. 213ff, 219, 220, 222, 224, 226, 227, 231, 235, 237, 241, 242, 245ff, 255, 256, 258ff, 265ff, 274ff, 281ff, 285, 286, 294, 296ff, 300, 304, 305, 312ff, 320, 321, 323, 331, 335*

Paradigma: im Sinne des Wissenschaftstheoretikers Thomas Samuel Kuhn die derzeitige wissenschaftliche Denkweise. Die „Vorschrift", wie das derzeit Bekannte zu betrachten und zu deuten ist. *S. 11, 223*

Peptidbindung: kovalente Bindung, welche zwei Aminosäuren in einer ganz bestimmten Weise mit einander eingehen. Siehe auch: Protein. *S. 48, 53ff, 65, 120*

Phosphate: Salze der Phosphorsäure. Im Stoffwechsel sehr wichtige Substanzen. Zum Beispiel wird in den Zellen Energie durch das Adenosintriphosphat bereitgestellt. Auch in der DNS sind Phosphate verarbeitet. Siehe auch: Phospholipide. *S. 49, 53*

Phospholipide: Verbindungen von Phosphaten und Fettmolekülen, Bausteine von biologischen Membranen. Siehe auch: Zellmembran. *S. 115*

Photonen: Lichtteilchen, auch Lichtquanten genannt. Allerdings stimmen genau genommen Quant und Teilchen nicht überein. Ein Teilchen ist nach Ansicht der Physiker eine „Energieportion", das Plancksche Wirkungsquantum hat aber die Dimension Energie mal Zeit. Trotzdem wird das Lichtquant als der Energiebetrag bezeichnet, um den sich ein elektromagnetisches Feld ändert, wenn ein Photon mit einer bestimmten Frequenz auftrifft oder ausgesandt wird. Siehe auch: Rhodopsin. *S. 19, 99, 100, 102, 105, 106, 229, 230, 233*

Plazenta: die Verbindung, die vom Embryo zur Schleimhaut der Gebärmutter aufgebaut wird. Ausgereift ist sie kuchenförmig, etwa 20 cm im Durchmesser und über die Nabelschnur mit dem Fetus verbunden. *S. 178, 179*

Prächordalplatte: Struktur der vorderen Keimscheibe. Verdickung des Entoderms, die mit dem Ektoderm fest verwachsen ist. In diesem Buch Kopf-Organisationszentrum genannt.

Primitivstreifen, später Primitivrinne: Struktur der hinteren Keimscheibe. Verdickung des Ektoderms(Austrittsort der Zellen des extraembryonalen Mesoderms), die sich entlang der Symmetrieachse ausdehnt und sich dann faltet. In diesem Buch Schulungszentrum genannt.

Primitivknoten: Verdickung als Abschluss des Primitivstreifens, wenn dieser etwa in der Mitte der Keimscheibe angekommen ist.

Prionen: bestimmte körpereigene Eiweißmoleküle, die eine Umformung durchmachen können und dann infektiös sind. Sie lösen Krankheiten wie Creutzfeldt-Jakob-Krankheit bei Menschen, Scrapie bei Schafen oder BSE bei Rindern aus. *S. 34ff, 41, 289, 326*

Protein: Eiweißmolekül aus mindestens 1000 Aminosäuren. Mittels Peptidbindung zusammengefügte, sehr komplexe Makromoleküle, deren wesentliche Kennzeichen ihre unterschiedlichen räumlichen Strukturen sind. Siehe auch: Aminosäuren, Antikörper, Endoplasmatisches Retikulum, Enzym, Genetischer Code, Histonspulen, Interferon, Ionenkanäle, Motorproteine, Rezeptor, Ribosomen, Ribonukleinsäure, Tubulin, Zellmembran. *S. 16ff, 29, 31, 35, 41ff, 48, 51ff, 55ff, 62ff, 71, 76, 87, 88, 91, 92, 95, 100, 104, 108, 111ff, 117, 119ff, 126, 128, 129, 139, 148, 163, 174ff, 289, 326, 328, 330*

Protonen: zusammen mit den Neutronen Bausteine des Atomkerns. Tragen eine positive Ladung. Nach derzeitiger Anschauung bestehen Protonen aus drei Quarks und einer großen Menge von Gluonen. Siehe auch: Gluonen, Neutron, Quarks. *S. 19, 44, 45*

Protonephridien: die Prototypen der Nephridien, die einfachsten Ausscheidungsorgane, wie sie zum Beispiel bei Plattwürmern vorkommen. *S. 133*

Pseudoarthrose: bei Knochenbrüchen anstatt knöcherner Heilung entstandene bewegliche Knochenverbindung (durch Einbau von Bindegewebe in den Bruchspalt). *S. 287*

Psychische Energie: Energie bedeutet im allgemeinen Sprachgebrauch Tatkraft, Schwung, körperliche und geistige Spannkraft. Dann bedeutet psychische Energie wohl Tatkraft, Antrieb der Seele. Meines Wissens ist der Begriff von dem schweizer Psychiater Carl Gustav Jung eingeführt worden. Wenn man wüsste, was Energie (im physikalischen Sinne) eigentlich ist, könnte man auf den Zusatz „psychisch" wohl verzichten. *S. 271*

Purinbasen: Untergruppe der Nukleinbasen. *S. 54, 66*

Pyrimidinbasen: Untergruppe der Nukleinbasen. *S. 54*

Quantenphysik: Teilgebiet der Physik, das sich mit subatomaren Erscheinungen befasst. *S. 19, 46, 266*

Quarks: Elementarteilchen, die bisher nur in „Dreierpacks" stabil nachgewiesen wurden, zum Beispiel in Protonen und Neutronen. Siehe auch: Protonen. *S. 19*

Rezeptor: in der Biologie mit zweifacher Bedeutung. Sinnesrezeptoren sind spezialisierte Zellen, die spezifische Reize (zum Beispiel Licht, Wärme, Druck) in Nervensignale umwandeln. Membranrezeptoren sind Proteine, die in der Zellmembran sitzen und ganz bestimmte Signalmoleküle binden. Die Bindung von Signalmolekülen (zum Beispiel von Hormonen) löst in der Zelle weitere Aktivitäten aus. Siehe auch: Empfindungen, Hormone, Netzhaut. *S. 63, 187, 195, 227, 267, 330*

Rhodopsin: auch Sehpurpur genannt, ist ein Pigment der Stäbchen, das bei Auftreffen eines Photons seine Form ändert. Diese Formänderung leitet eine Verstärkungsreaktion ein, die am Ende, bei der Summation mehrerer Photonenwirkungen, zu einem Aktionspotenzial führt. *S. 105*

Ribosomen: die „Maschinen" mit denen in den Zellen Proteine hergestellt werden. Sie bestehen selbst aus Proteinen und Ribonukleinsäuren. *S. 16, 18, 27, 63ff, 139*

Ribonukleinsäure: eigentlich eine halbe DNS. Sie hat nur eine Außenkette, und die Leitersprossen bestehen nur aus je einer Nukleinbase. Ribonukleinsäuren werden zum Beispiel beim Zusammenbau von Proteinen als Matrize und zum Transport der Aminosäuren benutzt. Siehe auch: Ribosomen, RNS. *S. 55ff, 63*

Rindenfeld: anatomisch und funktionell abgegrenztes Areal des Neocortex. Siehe auch: Sehrinde. *S. 228ff, 273, 275, 277, 278*

Rinne am hinteren Ende der Scheibe: von den Embryologen Primitivrinne genannte Struktur der Keimscheibe. Siehe auch: Primitivstreifen, Primitivknoten, Schulungszentrum. *S. 160*

RNS: in neuerer Zeit häufig RNA genannt. Abkürzung für Ribonukleinsäure. *S. 42, 55, 57, 139*

Sarkomer: Funktionseinheit der Muskeln. In den Sarkomeren bewegen sich bei Anregung gebündelte Myosinmoleküle an Aktinfilamenten entlang. Siehe auch: Muskelfaser. *S. 87ff*

Schablone: Vorrichtung, mit deren Hilfe etwas in immer gleicher Weise hergestellt werden kann. Ich benutze den Begriff „Schablone" in einem sehr weiten Sinn. Da fallen alle Denkschablonen mit hinein, zum Beispiel Meinungen, Dogmen, Paradigmen, Wissen allgemein. Es fallen da auch Verhaltensschablonen hinein, zum Beispiel Gewohnheiten, Reflexe, Körpersprache, Elemente erlernter Fertigkeiten. Im übertragenen Sinne sind Gesetze, Verordnungen und Gebote auch Schablonen (zur Regulierung von Verhalten). Der Einfachheit halber sage ich auch statt „Kopie von einer Schablone" nur „Schablone". Ich bin mir darüber im Klaren, dass wir Menschen unser Gehirn in sehr hohem Maße zur Sammlung, Verwaltung und Reproduktion von Schablonen benutzen. Die meisten Menschen bezeichnen diese Vorgänge bereits als Denken. Nach meiner Auffassung beziehen Denkprozesse zwar Schablonen mit ein, gehen aber über deren geschickte Auswahl und Reproduktion hinaus. *S. 247, 254, 264, 292, 330, 338*

Scheibe (aus zwei Zellschichten): von den Embryologen (zweiblättrige) Keimscheibe genannt. Siehe auch: Prächordalplatte, Primitivstreifen, Primitivknoten, Rinne am Ende der Scheibe, Schulungszentrum. *S. 153, 154, 156, 158*

Schulungszentrum: die Embryologen haben beobachtet, dass als erstes Kennzeichen einer Achsenbildung der Keimscheibe am späteren Schwanzende sich das Ektoderm verdickt. Aus dieser Verdickung treten die Zellen des extraembryonalen Mesoderms aus. Die Verdickung entwickelt sich in Richtung Kopfende zum so genannten Primitivstreifen weiter. Dieser faltet sich zur Primitivrinne, aus der die Zellen des intraembryonalen Mesoderms austreten. Die Mesodermzellen sind also Spezialzellen, die aus dem Ektoderm des Primitivstreifens hervorgegangen sind. Daher habe ich Primitivstreifen und Primitivrinne Schulungszentrum genannt. Siehe auch: Primitivstreifen. *S. 152, 159, 160, 167, 169*

Sehrinde: der Bereich der Großhirnrinde, der für die Verarbeitung von Informationen zuständig ist, die wir mit unseren Augen empfangen. Er gliedert sich in mehrere kortikale Rindenfelder. *S. 230*

See, der erste: meine Bezeichnung für die erste Höhle, die im frühen Keim entsteht. Zunächst Blastozystenhöhle genannt, wird sie dann von den Zellen des Entoderms mit der so genannten Heuserschen Membran ausgekleidet und heißt dann primärer Dottersack. Nach dem Platzen und der Reparatur heißt sie sekundärer oder definitiver Dottersack. Siehe auch: Blastozyste. *S. 149, 150, 152ff, 156ff, 161, 162, 164ff*

See, der zweite: meine Bezeichnung für die Amnionhöhle. *S. 153, 154, 156, 158, 160, 161, 164, 165*

See, der dritte: meine Bezeichnung für die Chorionhöhle. *S. 156, 158, 159, 161, 164, 165*

Seveso: Ort und Flüsschen in Oberitalien. Bekannt durch den Chemieunfall, der sich 1976 in einer nahe gelegenen Fabrik ereignete. Es trat das hochgiftige Dioxin aus und verseuchte mehrere Orte und 1800 Hektar Land. *S. 301*

Somatosensorisch: den 5. Sinn, das "Fühlen", die Körperwahrnehmung betreffend. Dahinter verbergen sich eine Reihe von Funktionen, zum Beispiel Druck-, Schmerz-, Temperatur-, Muskelanspannungs- und Gelenkstellungsempfindungen. *S. 194, 233, 277, 278*

Somiten: würfelförmige Strukturen, die sich im Embryo etwa vom 20. bis 30. Tag bilden und sich später wieder auflösen.

Synapse: Übertragungsstelle eines Axons auf die nächste Nervenzelle oder auf eine Muskel- oder Drüsenzelle. In den synaptischen Spalt zwischen Axonende und Folgezelle werden Vesikel entleert, die Neurotransmitter enthalten. Siehe auch: Axon, Azetylcholin, Dendriten, Motorische Endplatte, Nervenbahnen. *S. 97, 98, 190, 196, 198, 227ff, 266ff,289, 341*

Teleologie: die Lehre von einer ziel- und zweckbestimmten Ordnung. Diese bezieht sich auf alle Erscheinungen der Natur einschließlich des Menschen. *S. 25, 174*

T-Lymphozyten: weiße Blutkörperchen, die zur spezifischen Abwehr des Immunsystems gehören. Bei ihnen hat man festgestellt, dass sie im Thymus eine „Lernphase" verbringen, dass sie dann Informationen von Makrophagen an B-Lymphozyten weitergeben und auch direkt Erreger bekämpfen. Siehe auch: Lymphozyten, Makrophagen. *S. 300, 302*

Thrombozyten: auch Blutplättchen genannt, sind kleine kernlose Zellen des Blutes, die bei der Blutgerinnung mitwirken. *S.321*

Tubulin: Protein, das in verschiedenen Varianten in Eukaryonten vorkommt. Aus den Varianten alpha- und beta-Tubulin werden die Mikrotubuli hergestellt. Siehe auch: Mikrotubuli. *S. 62, 174*

Uterus: Gebärmutter, der Teil der weiblichen Geschlechtsorgane, in dem der Embryo normalerweise heranwächst. *S. 138, 141, 154, 171*

Vegetative Funktionen: Funktionen des vegetativen Nervensystems. Das vegetative Nervensystem ist für die automatischen Körperfunktionen zuständig, zum Beispiel Herzschlag, Atmung, Blutdruck, Verdauung. *S. 249*

Vegetative Zentren: Sammelpunkte, an denen Informationen des vegetativen Nervensystems zusammenkommen, das heißt Zusammenballungen von Nervenzellkörpern der vegetativen Nervenzellen. Kleine nennt man Ganglien, große nennt man Plexus. *S.240*

Versorgungsanschlüsse: meine Bezeichnung für die Chorionzotten. *S. 155*

Versorgungsmannschaft: die Wolis, die in der Außenschicht, in den äußeren Zellen des frühen Keims, tätig sind. Diese äußere einzellige Hüllschicht wird Trophoblast genannt. Sie stellt die Grenze zur Uterusschleimhaut dar und kleidet später die Chorionhöhle aus. Später wird sie von Zellen des extraembryonalen Mesoderms überlagert. Gemeinsam stellen die Mannschaften der beiden Zellarten die Chorionzotten her, die den „Anschluss" an den mütterlichen Blutkreislauf darstellen. *S. 150, 152ff*

Vesikel: membranumhüllte kleine Bläschen, die der Aufbewahrung, der Verarbeitung oder dem Transport von Stoffen in den Zellen dienen. Siehe auch: Golgi-Apparat, Synapse. *S. 16, 18, 63, 65, 66*

Virtuelles Bild: ein Bild, das im Gegensatz zu einem reellen Bild nicht auf einen Schirm abgebildet werden kann, zum Beispiel ein Spiegelbild. *S. 233*

Wahrnehmungsprozess: der Gesamtvorgang des Informationseingangs, der Informationsaufbereitung im Zentralnervensystem, der Projektion an den Ursprungsort und der Wahrnehmung durch die Wolis. Siehe auch: Bewusstsein, Holographie. *S. 222, 230, 233, 270, 272*

Woli: hypothetisches Lebewesen in den biologischen Zellen. Siehe auch: Evolution, Oberwoli, Versorgungsmannschaft, Wahrnehmungsprozess. *S.25ff*

Würfelförmige Körper, würfelförmige Segmente: meine Bezeichnung für die Somiten. Siehe auch: Somiten. *S. 163, 165, 170, 307*

Zellhügel: meine Bezeichnung für den Embryoblast. *S. 149, 150, 152, 153*

Zellkern: in Eukaryonten befindliche Zellorganelle. Im Zellkern befinden sich die Chromosomen. Siehe auch: Endoplasmatisches Retikulum, Eukaryonten, Histonspulen, Kernporen, Muskelfaser, Zellorganellen. *S. 44, 62ff, 66, 142, 144, 175, 176*

Zellmembran: die äußere Hülle der Zelle bei Viel- und Massenzellern. Sie besteht aus einer Doppelschicht aus Phospholipiden und ist mit den verschiedensten Proteinen bestückt. Siehe auch: Hormone, Ionenkanäle, Rezeptor, Zytoskelett. *S. 59ff, 121, 147*

Zellorganellen: die Organe der Zellen, zum Beispiel Zellkern, endoplasmatisches Retikulum, Mitochondrien, Golgi-Apparat. Siehe auch: Endoplasmatisches Retikulum, Eukaryonten, Golgi-Apparat, Mitochondrium, Zellkern. *S. 18, 30, 62, 70, 71, 139*

Zentralstab: meine Bezeichnung für den Chordafortsatz. Siehe auch: Chordafortsatz. *S. 161ff, 165, 166*

Zwischenzellen: meine Bezeichnung für das Mesoderm. Siehe auch: Externe Zwischenzellen, Interne Zwischenzellen, Mesoderm. *S. 155, 156, 158ff, 170, 177*

Zytoskelett: das Skelett der biologischen Zelle. Es besteht aus Verstärkungen der Zellmembranen durch Aktinfilamente und ein quer durch die Zelle laufendes System von Rohren (Mikrotubuli), die mit den Aktinfilamenten verbunden sind. Siehe auch: Aktinfilamente, Mikrotubuli. *S. 62*